数字媒体关键技术及应用研究

章荣丽　陆　莎　张春娟　著

中国商业出版社

图书在版编目（CIP）数据

数字媒体关键技术及应用研究 / 章荣丽，陆莎，张春娟著 . -- 北京：中国商业出版社，2019.6

ISBN 978-7-5208-0788-3

Ⅰ . ①数… Ⅱ . ①章… ②陆… ③张… Ⅲ . ①数字技术 - 多媒体技术 - 研究 Ⅳ . ① TP37

中国版本图书馆 CIP 数据核字（2019）第 115520 号

责任编辑：袁 娜

中国商业出版社出版发行

010—63180647 www.c-cbook.com

（100053 北京广安门内报国寺 1 号）

新华书店经销

北京亚吉飞数码科技有限公司

* * * * *

787 毫米 ×1092 毫米 16 开 16 印张 287 千字

2019 年 8 月第 1 版 2024 年 9 月第 2 次印刷

定价：70.00 元

* * * *

前 言

数字媒体包括用数字化技术生成、制作、管理、传播、运营和消费的文化内容产品及服务，具有高增值、低消耗、软渗透的属性。“文化为体，科技为酶”是数字媒体的精髓。顾名思义，数字媒体技术就是有关“数字媒体”的技术，也就是采用数字方式对媒体进行特定目的的处理或进行综合处理的技术。数字媒体技术不是艺术，但它却是数字媒体艺术的重要支撑，因为只有通过对数字媒体进行一定的技术处理才可能使其呈现出绚丽、奇妙，甚至以假乱真的艺术效果。然而，数字媒体技术处理的目的绝不仅仅是用于艺术表现，在媒体的采集、编辑、分发、传播、存储、管理、分析、检索、交互、版权认证，以及内容安全等诸多方面均离不开数字媒体技术的支撑。

与传统计算机应用技术相比，数字媒体技术在全球范围内持续、快速发展，应用领域遍及各行各业，应用形式各具特色：既有精深的技术实现，也有精美的艺术呈现，究其实质，主要在于采用数字方式对广义的媒体信息进行特定目的的处理或进行涉及多学科领域交叉融合的综合处理。

由于数字媒体产业的发展在某种程度上体现了一个国家在信息服务、传统产业升级换代及前沿信息技术研究和集成创新方面的实力和产业水平，因此数字媒体在世界各地得到了政府的高度重视，各主要国家和地区纷纷制定了支持数字媒体发展的相关政策和发展规划。鉴于此，作者在参阅大量相关著作文献的基础上，精心撰写了《数字媒体关键技术及应用研究》一书。

本书分 8 个章节，以数字媒体元素为主线，从数字媒体的基本特征和概念入手，全面而系统地论述了数字媒体技术所涉及的研究内容、关键技术、应用领域和发展趋势，以期对数字媒体进行全面深入的剖析，进而探索媒体发展的规律，把握未来媒体发展的方向。由于人类感知信息总量的 80% 左右是通过视觉来获得的，因此基于视觉感知的图像与视频称为数字媒体技术领域研究的主体。除了视觉感知之外，语音也是人类交流和获取信息的重要途径，因此数字音频技术也是数字媒体技术领域研究的主要内容之一。

本书在以下几个方面具有一定的特色：

(1)内容新颖，技术先进。

(2)结构合理，文字流畅，适合不同起点、不同层次读者的需求。

(3)知识丰富、内容全面，内容包括数字媒体技术概论、数字图像技术及应用、数字音频技术及应用、数字视频技术及应用、数字动画技术及应用、数字游戏开发技术及应用、数字媒体存储技术及应用、数字媒体传输技术及应用等。

(4)在一定理论的基础上，注重结合实际，结合一系列数字媒体技术的相关实验，把数字媒体的概念、理论和技术知识融入实践当中，加深读者对数字媒体技术知识的认识、理解和掌握。本书在技术应用章节中设有操作实例，方便读者根据具体步骤，进行实际操作，充分做到理论联系实际，帮助读者更好地掌握多媒体技术的应用。

本书内容丰富新颖，可供从事数字媒体技术研究、开发和应用的工程技术人员以及数字媒体产业的从业人员参考使用。

该书能顺利出版，首先，要感谢校领导的大力支持和关怀，还有众多同事的帮助。其次，本书在写作过程中得到了许多专家的指导和建议，在此表示衷心的感谢；撰写时参阅了许多著作和文献资料，引用了一些图表和数据等资料，在此向有关作者致谢。此外，出版社的工作人员为书稿的整理做了许多工作，感谢你们为本书顺利问世所做的努力。

鉴于作者水平有限，经验不足、时间仓促，书中难免存在疏漏及不足之处，真诚希望各同行专家以及广大读者批评指正，以使本书不断完善。

作　者

2018 年 8 月

目 录

第1章　数字媒体技术概论

1.1　媒体与数字媒体

1.1.1 媒体及其特性

传播学研究的重点是人与人之间信息传播的过程、手段、媒介，以及传递速度与效度、目的与控制，也包括如何凭借传播的作用而建立一定的关系。媒体在传播学范畴中有两种含义：一是指具备承载信息传递功能的物质，如电视、广播、报纸等，被称为大众媒介；二是指从事信息的采集、加工制作和传播的社会组织，即媒体机构，如电视台、报社等，被称为大众媒体。媒介和媒体两个概念有着细微的差别。也有学者认为，媒介指的是介于传播者与受众之间的用以负载、传递、延伸特定符号和信息的介质，如动作、表情、声音语言、文字、音符、线条、色彩。而媒体则主要指媒介载体，如报纸、杂志、图书、广播、电视等载体及其发行机构。实际上媒体和媒介是不可分离的。传播类的书刊中常使用“媒介”一词，如新闻媒介、大众媒介等；而通信类相关的书刊中常使用“媒体”一词，如多媒体。

媒体的分类有很多种，这里，为了更好地说明他们之间不同的特性，特将其分为四大媒体，即报纸、广播、电视、网络。其他的诸如杂志、手机媒体的特性都可以从这四大媒体中延伸。

1. 报纸

报纸是这四类媒体中最古老的，它以印刷术为科技基础，以纸张为载体。它主要有以下几大优点：易保存，有利于流传后世；携带方便，可随时随地接收信息；信息容量大，选择方便。

2. 广播

作为20世纪伟大的发明之一，广播改变了全球人类的生存环境、生活方式、价值观念和文化体验，而且对社会的政治、经济、文化、公共事务等各个方面都产生了深远的影响。广播传播范围广，传播速度快，穿透能力强；多语种广播，针对性强；成本低；接收方便。但是，随着新型媒体的出现，广播也逐渐暴露了一些缺点：只有声音传播；信息展露转瞬即逝；表现手法不如电视吸引人。

3. 电视

电视是现代所有媒体中最家庭化的媒体。人们几乎每天都要接触它。它的主要优点是诉诸人的听觉和视觉，富有感染力，能引起高度注意，触及面广，送达率高。而主要缺点在于成本高、干扰多，信息转瞬即逝，选择性、针对性较差。

4. 网络

继报纸、广播和电视三大媒体之后，近年来，因特网、移动通信网已然成为新的媒体传播渠道。网络与传统的三大媒体相比，具有以下优点：多种传播符号组合，表现形式丰富；信息丰富，资源共享；网上信息可随时更新，时效性强；实现信息双向传播，建立传受平等的新型传播模式；信息选取由“推”到“拉”，便于搜索查询；网上信息以超链接的方式发布，信息之间关联性高；通信方式迅捷便利。但是，目前网上传播的相关法律规范尚不完善，导致色情、暴力等不当信息泛滥，利用网络散布恶意谣言、危害个体或公众的正当利益时有发生；网上知识产权的保护也是一个亟待解决的问题；由于在网络传播中，受众占主动，因此需要受众的主动选择，网络媒体才有市场。

此外，还有一些新的传播形式，如移动电视、车体广告、户外或楼宇广告等。同时，各种媒体形式之间在相互衍生和渗透，如电视媒体就衍生出了有线数字电视、网络电视、车载电视、手机电视、IHV楼宇电视、户外大屏幕等多种传播形态——媒体正变得无所不在。

1.1.2 数字媒体及其特性

数字媒体，是指以二进制数的形式记录、处理、传播、获取过程的信息载体。这些载体包括数字化的文字、图形、图像、声音、视频影像和动画等感觉媒体；这些感觉媒体的表示媒体（编码）等（通称为逻辑媒体）；以及存储、传输、显示逻辑媒体的实物媒体。但通常意义下，数字媒体就是指感觉媒体。

数字媒体是一种新型的传播方式，它的出现改变了传统媒体属于纯粹的大众传播媒介这一属性，使其能在大众传播的基础上进行精确化传播。数字媒体的发展使以传播者为中心转向以受众为中心，数字媒体将成为集公共传播、信息、服务、文化娱乐、交流互动于一体的多媒体信息终端。数字媒体的主要特点如下：

（1）传播者多样化。由于数字方式不像模拟方式那样需要占用相当大的电磁频谱空间，因此，传统模拟方式因频道“稀缺”导致的垄断将会被打破，使传播者可以出现多样化。

（2）传播内容海量化。内容供应商将一部分生产内容的功能分出来，进行节目的社会化生产，这不仅使数字媒体的节目数量海量化增长，节目内容更加丰富，而且也增加了一些个性化很强的增值业务，使传播的内容更加丰富多彩。

（3）传播渠道交互化。数字媒体的出现，数字技术在电影、电视、音乐、网游等行业的广泛应用，双向电视、交互式多媒体系统、数字电影的普及，使数字媒体传播形式发生了根本性变化。

（4）传播受众个性化。用户可以根据自己的个性化需求定制数字媒体内容，也可以利用数字媒体享受其他的个性化服务。

（5）传播效果智能化。借助计算机系统和数据分析工具，一般数字媒体能够对观众的收视行为及收视效果进行更为精确的跟踪和分析。

1.2 数字媒体技术的提出及其基本特征

从本质上说，数字媒体就是以“数字”形式来表示的媒体，而该“数字”的最小单元是可由计算机进行各种形式处理的信息基本单元——比特，也即“0”或“1”。

1.2.1 数字媒体技术的提出

早在 1967 年，美国的 Nicholas Negroponte 就创立了麻省理工学院的联合实验室——体系结构机器组（Architecture Machine Group），作为 MIT 的智囊团，专门研究人机接口（Human-computer Interface）。1985 年，Nicholas Negroponte 进一步与 MIT 前校长 Jerome B.Wiesner 联合成立了大名鼎鼎的媒体实验室，开始了更广泛的数字媒体技术的研究。

1987 年,美国 RCA 公司的戴维·德萨尔诺夫实验室(David Sarnoff Labs)推出了数字视频交互技术(Digital Video Interactive),开创了多媒体信息检索的先河。同年, Apple 公司 CEO John Sculley 则提出了可以访问大型网络超文本数据库的"知识导航者"(Knowledge Navigator)的构想,通过软件代理即可实现对各种形式的信息进行搜索与媒体访问。

1989 年,美国 IBM 公司推出了可以对音频媒体进行可视化编辑的 AVC 系统(Audio Visual Connection)。

2001 年 3 月 11 日,IBM 公司在北京发布了一种全新的解决方案——数字媒体工厂(Digital Media Factory, DMF),用来帮助各个行业企业管理、存储、保护和分发数字视频、音频以及图像等多种数字内容。

2003 年 5 月 29 日, IBM 进一步宣布与美国思科、MPI 等公司合作提供新的数字媒体解决方案——数字媒体传输解决方案(Digital Media Delivery Solution, DMDS)。

2005 年 12 月 26 日,由我国国家科技部牵头制定的《2005 中国数字媒体技术发展白皮书》正式发布,该白皮书具体定义了"数字媒体"这一概念: 数字媒体是数字化的内容作品,以现代网络为主要传播载体,通过完善的服务体系,分发到终端和用户进行消费的全过程。这一定义强调数字媒体的传播方式是通过网络,而将光盘等媒介内容排除在数字媒体的范畴之外,这也是国家"863 计划"计算机软硬件技术主题专家组本着"文化为体,科技为媒"这一精髓对数字媒体本质的概括。专家组组长怀进鹏教授表示,数字媒体产业链长,规模巨大,白皮书从整体上厘清了数字媒体产业发展的现状与趋势,将能更好地指导整个数字媒体产业的发展。

1.2.2 数字媒体技术的基本特征

数字媒体技术主要有以下几个特点:

1. 数字化

数字媒体的主要特点是数字化,所有的媒体信息都是以比特(Bit)的形式通过计算机进行存储、处理和传播。这里,比特只是一种存在的状态: 开或关、真或假、高或低、黑或白……最终都可以简记为"0"或"1"。比特易于复制,可以快速传播和重复使用,不同媒体之间可以相互混合。

2. 多样性

数字媒体涉及文字、图形、图像、动画、影视、语音及音乐等各种媒体信息,因此数字媒体技术通常需要对多种媒体信息进行综合处理,使得计算机处理的信息空间扩展并放大。

3. 集成性

数字媒体技术是结合文字、图形、图像、动画、影视、语音及音乐等多种媒体资源的一种应用，并且是建立在数字化处理的基础上。因此其涉及的技术范围也非常广，往往需要多种技术及相关设备的集成。

4. 交互性

数字媒体技术需要为用户提供有效的控制和使用信息的交互手段，从而有效增加用户对信息的注意和理解，延长信息的保留时间。交互性能的实现，特别是自然人机交互技术以及面向不同应用的互动业务模式，这在模拟域中是相当困难的，而在数字域中却容易得多。

5. 实时性

数字媒体技术强调了数字化的媒体信息以现代网络为主要传播载体，必须保证媒体传输的实时性。流媒体技术的出现，使得基于网络传输的媒体新闻发布、电子商务、电子政务、远程教育、远程医疗、视频监控、视频直播/点播、视频会议等应用系统的实时性得到了保证。

6. 趣味性

互联网、IPTV、数字游戏、数字电视、移动流媒体等为人们提供了宽广的娱乐空间，也使得媒体的趣味性能够真正体现出来。比如，观众实时参与的电视互动节目、观看体育赛事时可以自主选择多个不同视角、从浩瀚的数字内容库中搜索并观看感兴趣的影视节目、分享图片和家庭录像、浏览感兴趣的媒体信息内容等。而基于计算机、平板电脑、手机等的各类游戏显然在交互过程中为用户带来了更多的趣味性。

7. 艺术性

数字媒体技术可以使某些艺术作品呈现出令人震撼的艺术效果，如2008年北京奥运会开幕式的巨幅“卷轴”画册、2010年上海世博会中国馆的动画版“清明上河图”等。

虽然信息技术与人文艺术、左脑与右脑之间都有着明显差异，但数字媒体传播则在这些不同的领域之间架起了桥梁。也就是说，某些数字媒体传播涉及信息技术与人文艺术的融合。

8. 主动性

数字媒体的多样化表现使得广大受众对于媒体信息变被动接受为主动参与，媒体资源可以定制，可以自行编辑修改，可以自行发布(自媒体)。

9. 交叉性

数字媒体技术涉及诸多学科领域的交叉融合，如计算机软件、硬件和体系结构，编码学与数值处理方法，图形、图像处理，视频分析，计算机视觉，光存储技术，数字通信与计算机网络，仿生学与人工智能等。

1.3 数字媒体应用设备

数字媒体设备主要包括几大类：数字媒体采集设备、数字媒体存储设备和数字媒体输出设备等。

1.3.1 数字媒体采集设备

数字媒体信息采集技术是数字媒体信息处理的基础，包括文字、图像、声音和视频等数据获取技术、人机交互技术等，主要设备包括手写板、扫描仪、数码相机、数码摄像机、录音笔、键盘、鼠标、触摸屏，以及用于运动数据采集与交互的数据手套和数据衣等。

1. 手写板

手写板是一个总称，由手写板和手写笔两部分组成。其作用与键盘类似，是一种手写绘图输入和文字输入设备，也带有一些鼠标的功能，如图 1-1 所示。

（a）电磁式

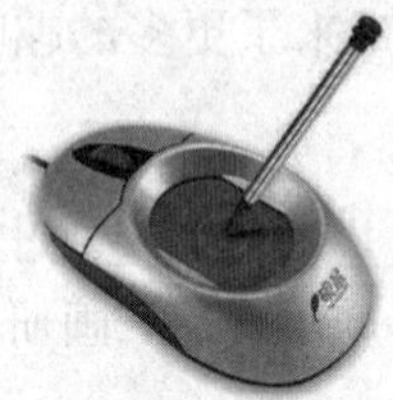

（b）电容式

（c）电阻式

图 1-1　手写板

手写板主要分为电磁式感应板、电容式触控板和电阻压力式板。电磁式手写板又可细分为有压感手写板和无压感手写板两种。有压感手写板可以感应到手写笔在手写板上的力度，从而产生粗细不同的笔画，这一技术成果被广泛应用在美术绘画和银行签名等领域。

2. 扫描仪

扫描仪是重要的图像输入设备，可以将图片、照片、胶片及各类文稿资料扫描到计算机中，从而实现对这些资料的信息处理、使用、存储和输出等。根据扫描的幅面和质量，可将扫描仪分为手持式扫描仪、平板式扫描仪和滚筒式扫描仪，如图 1–2 所示。

（a）手持式　　（b）平板式　　（c）滚筒式

图 1–2　扫描仪

手持式扫描仪体积较小，质量较轻，携带方便，价格较低，早期应用于办公和家用领域，但由于其扫描精度、扫描质量和扫描幅面的限制，目前只应用于特殊图像输入领域，如条码读入器、卡片阅读机等。

平板式扫描仪是最常见的扫描仪，被扫描的图稿正面向下置于扫描平台上，由机械传动装置移动扫描头逐行完成扫描图稿。平板式扫描仪广泛用于办公及家用领域。

滚筒式扫描仪一般应用于大幅面的扫描，如大幅面工程图纸的输入。它通过旋转滚筒的进纸方式来工作，主要应用于专业领域。

扫描仪一般都配有相应的扫描应用软件，用户通过软件来选择扫描时的工作参数，包括实际扫描所采用的分辨率等，由此控制扫描仪的工作。扫描软件还可以对图像进行一些预处理，生成的数字图像可以按不同的文件格式存储。

3. 数码相机

数码相机是近几年来迅速发展起来的多媒体信息输入设备，它可以将用户拍摄的照片直接输入计算机中进行加工、处理和输出。数码相机记录的影像可以不经复杂的暗房操作，直接由相机本身的液晶显示屏、电视机或个人计算机再现，也可以通过打印机输出。与传统摄影技术相比，数码相机简化了影像再现加工过程，可以便捷地显示被摄画面。数码相机可以分为单反数码相机、卡片数码相机、长焦数码相机和单电数码相机等，如图 1–3 所示。

（a）单反数码相机

（b）卡片数码相机

（c）长焦数码相机

（d）单电数码相机

图 1-3　数码相机

单反数码相机指的是单镜头反光数码相机，可以更换不同规格的镜头，比较适合专业人士使用。

卡片数码相机在业界并没有明确的概念，小巧的外形、相对较轻的机身，以及超薄时尚的设计是衡量此类数码相机的主要标准。卡片数码相机的手动功能相对薄弱，液晶显示屏耗电量较大，镜头性能不强，比较适合家庭使用。

长焦数码相机指的是具有较大光学变焦倍数的机型。光学变焦倍数越大，能拍摄的景物越远。

单电数码相机，是指采用电子取景，并且具有数码单反相机功能的相机。单反数码相机，是指单镜头反光取景的相机。因此“单电”和“单反”的数码相机主要区别是取景方式的不同。单电数码相机和单反数码相机相比有它自身的优势，因为它没有五棱镜和移动的反光镜，避免了活动反光镜的动作所产生的震动，提高了影像的质量，同时消除了反光镜动作的声音。缺点是费电，只要打开电源，电子取景器就一直工作。

4. 数码摄像机

数码摄像机可分为广播级机型、专业级机型和消费级机型，如图 1-4 所示。

（a）广播级机型

（b）专业级机型

（c）消费级机型

图 1–4　数码摄像机

广播级机型主要应用于广播电视领域，图像质量高，信噪比大，性能全面，但价格较高，体积也比较大。

专业级机型应用在广播电视以外的专业电视领域，图像质量略低于广播用摄像机。

消费级机型一般应用在图像质量要求不高的非专业场合，如家庭娱乐等。这类摄像机体积小，质量轻，便于携带，操作简单，价格便宜。

5. 录音笔

录音笔又称为数码录音笔、数码录音棒或数码录音机，如图 1–5 所示。其工作原理是：通过对模拟信号的采样、编码将模拟信号利用数模转换器转换为数字信号，并进行一定的压缩后进行存储。数码录音笔拥有多种功能：声控录音、电话录音、自动录音、MP3 播放、FM 调频、TTS 文字转语音功能、定时录音、外部转录、分段录音，以及录音标记、多种播放查找、可用做复读机等，其中声控录音和电话录音功能是比较重要的。声控录音可以在没有声音信号时停止录音，有声音信号时恢复工作，延长了录音时间，也更省电；电话录音功能则为电话采访及记事提供了方便；分段录音及录音标记功能对录音数据的管理效率比较高。

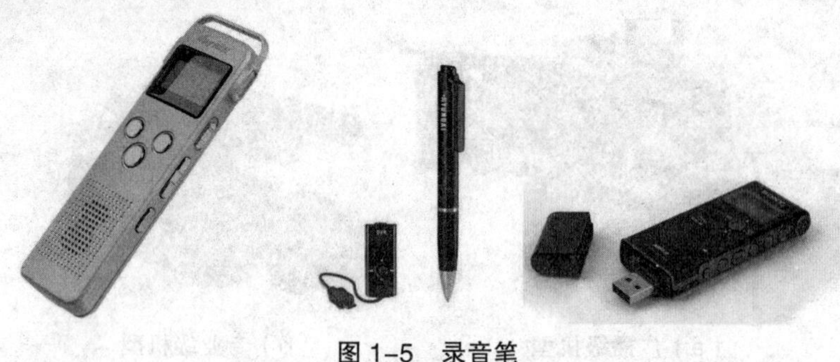

图 1-5　录音笔

1.3.2 数字媒体存储设备

数字媒体对存储容量、传输速度等性能指标的高标准和高要求，促使数字媒体存储媒介，以及相关控制手段、接口标准、机械结构等方面的技术飞速发展。目前，主流的存储技术主要有磁存储技术、光存储技术和半导体存储技术等，主要的存储设备有 CD、DVD、U 盘、移动硬盘及各种类型的存储卡等。

1.CD

CD 是通过光学方式来记录数字信息的存储设备。目前，用于计算机系统的光盘按其记录原理的不同，大致可分为只读光盘、一次性写入光盘和可擦写光盘。只读光盘中的数据只能读取而不能修改或写入，它可规模化生产，适于廉价、大批量地发行同一种信息。一次性写入光盘的发展则极大方便了普通的计算机用户，它既可用于小批量复制发行，也能用于数据备份，但是数据只可以一次性写入，而且已写入的数据不能改写。可擦写光盘允许用户在同一张光盘上反复进行数据擦写操作，如果光盘刻录失败或必须重写，可通过软件清除已有数据，重新写入新数据。

2.DVD

DVD 的应用不仅可以用来存放影视节目，而且可以用来存储其他类型的数据，因此 DVD 也称为数字多用途光盘。DVD 和 CD 一样，都是光学存储媒体，但 DVD 的存储容量和带宽都明显高于 CD。人们通常用 DVD 存放影视节目，它利用 MPEG-2 的压缩技术来存储影像，能提供高清晰度的数字影像、高存储容量及高品质的音响效果。

3.U 盘

U 盘即 USB 盘的简称，也叫闪存盘，是采用闪存存储技术、基于 USB

接口、以闪存芯片为存储介质的存储设备。任何带有USB接口的电脑都可以使用它来交换数据，部分U盘还具备系统启动、杀毒、加密保护和装载一些工具等功能，如图1-6所示。

图1-6　U盘

4. 移动硬盘

移动硬盘以高速、大容量、轻巧便捷等优点赢得许多用户的青睐。从外表上看，移动硬盘的体积比U盘大，其实两者的存储原理不同。U盘以闪存芯片作为存储介质，移动硬盘则以磁性介质作为存储器。移动硬盘可以提供相当大的存储容量，且大多采用USB和IEEE1394接口，能提供较高的数据传输速度，如图1-7所示。

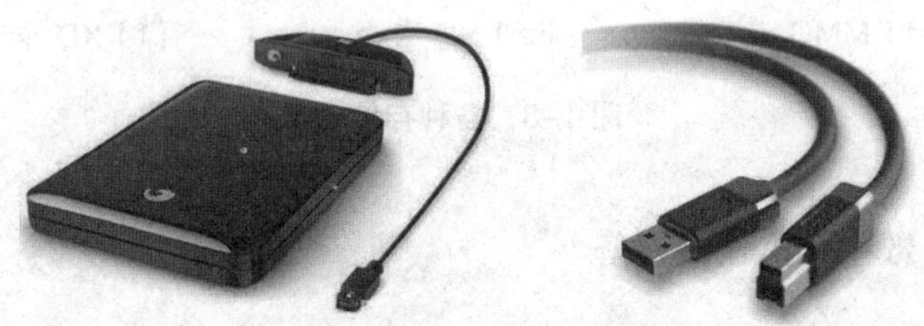

图1-7　移动硬盘及其数据线

与U盘相比，移动硬盘有自身的一些不足。其一，耗能相对较大，有时一个USB端口提供的电流不能保证其正常运行，因此移动硬盘配置的数据线一般都有两个USB端口，甚至需要配置专门的电源，这也是一些移动硬盘不能正常工作的原因。其二，移动硬盘内部有机械读写装置，容易因碰伤、跌落等原因造成机械损坏，抗震动和潮湿性能及可靠性不如U盘。

5. 各种类型的存储卡

存储卡也是利用闪存技术存储数字信息的存储器，一般应用在数码相机、掌上电脑、MP3播放器和手机等小型数码产品中。

存储卡和U盘的工作原理是完全一样的。U盘体积较大是因为它除了存储介质外还自带了I/O接口元件。存储卡的这些接口是安装在数码相机里的，如果电脑要读取存储卡的内容，则需要读卡器。换句话说，U盘就是把存储卡和读卡器制作在一起了。

目前，市面上有各种类型的存储卡，如 CF（Compact Flash）卡、SM（Smart Media）卡、记忆棒（Memory Sticks）、MMC（Multi Media Cards）卡、SD（Secure Digital）卡和 XD（XD-Picture Card）卡等，如图 1-8 所示。

（a）CF 卡　（b）SM 卡　（c）记忆棒

（d）MMC 卡　（e）SD 卡　（f）XD 卡

图 1-8　各种存储卡

1.3.3 数字媒体输出设备

数字媒体输出技术是将数字信息转化为人类可感知的信息，其主要目的是为数字媒体内容提供更丰富的交互界面，主要设备有打印机、投影仪、各种音视频播放器、耳机、音箱、显示器等。

1. 打印机

根据打印原理不同，常见的打印机可分为针式打印机、喷墨打印机和激光打印机，如图 1-9 所示。

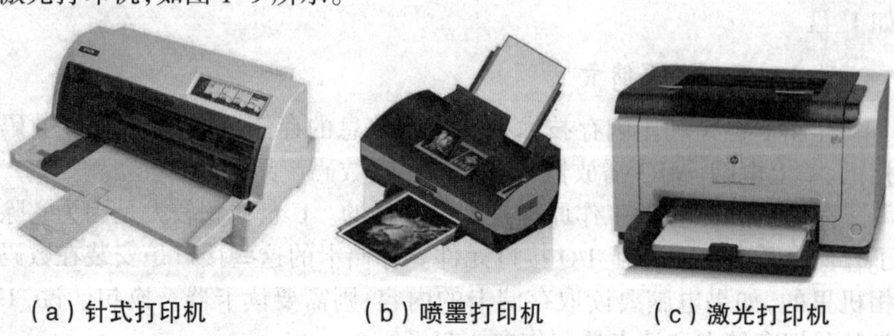

（a）针式打印机　（b）喷墨打印机　（c）激光打印机

图 1-9　打印机

针式打印机通过打印头中的 24 根针击打复写纸,从而形成字体。在实际使用中,只有针式打印机能够快速完成多联纸的一次性打印。这一特性决定针式打印机一直都有着独特的市场份额,服务于一些特殊的行业用户,如医院、银行和邮局等。

喷墨打印机是在针式打印机之后发展起来的,采用非击打的工作方式,其比较突出的优点有体积小,操作简单、方便,打印噪声低,打印效果好,使用专用纸张时可以打印出和照片相媲美的图片等。喷墨打印机适合小型企业或家庭用户。

激光打印机综合采用了激光扫描技术和电子照相技术,具有精美的打印质量、低廉的打印成本、优异的工作效率以及极高的打印负荷等特点。

2. 投影仪

多媒体应用系统的显示设备,除了计算机显示器外,还有在一些公共场合,如学校的多媒体教室、会议、各种培训、演示中经常使用的多媒体投影仪,如图 1–10 所示。另外,现在也有不少家庭选择投影仪来组建家庭影院,获得更好的视觉感受。

图 1–10　投影仪

3.MP 系列播放器

MP3 是在 1991 年由位于德国埃尔朗根的研究组织 Fraunhofer Gesellschaft 的一组工程师发明和标准化的,是 MPEG–1 Audio Layer 3 的缩写。它是当今较流行的一种数字音频编码和有损压缩格式,音频编码具有 10 : 1 ~ 12 : 1 的高压缩率,同时基本保持低音频部分不失真,但是牺牲了声音文件中 12 kHz 到 16 kHz 高音频(人类的听觉对这段音频不敏感)这部分的质量来换取文件的小容量,相同长度的音乐文件,用 *.mp3 格式来储存,一般只有 *.wav 文件的 1/10,而音质要次于 CD 格式或 WAV 格式的声音文件。MP3 又可理解为能播放 MP3 音乐文件的播放器,有的还集成了收音机播放、录音等功能,这类播放器具有音质好、体积小、价格低、操作方便但显示屏较小的特点,如图 1–11 所示。

图 1-11　MP3 播放器

MP4 全称为 MPEG-4 Part 14，是一种使用 MPEG-4 的多媒体计算机档案格式，文档名后缀为 .mp4，以储存数码音频及数码视频为主。另外，MP4 又可理解为 MP4 播放器，是一种集音频、视频、图片浏览、电子书、收音机等于一体的多功能播放器。这类播放器种类繁多：支持 AAC 文件格式的 MP4、能播放视音频的 MP4、硬盘式 MP4、闪存式 MP4、智能 MP4 等，如图 1-12 所示。

图 1-12　MP4 播放器

MP5 是 MPEG Layer 5 的简称，通常被理解为能收看电视的 MP4，其核心功能就是利用地面及卫星数字电视通道实现在线数字视频直播收看和下载观看等功能。同时，MP5 内置 4 ~ 10 G 硬盘，使用者可以将 MP3、网络电影甚至 DVD 影片、电视连续剧、照片等统统纳入其中。其特点是能够用相对较低的功耗、技术难度和费用，使产品具有很高的协同性和扩展性；还第一个将 ARM11 平台应用于手持多媒体终端，其主频可高达 1GHz，能够播放更多视频格式的文件，如 AVI、ASF、DAT、RM、RMVB 等。如图 1-13 所示。

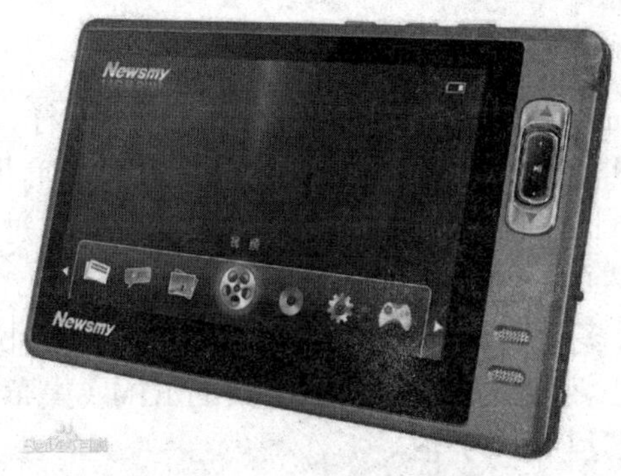

图 1-13　MP5 播放器

MP6 是一种改变原文件存储读取方式，实现数码设备与网络无线连接的新一代创新型网络音频播放设备，也称作“网络音响”。如图 1-14 所示。所应用的领域有：

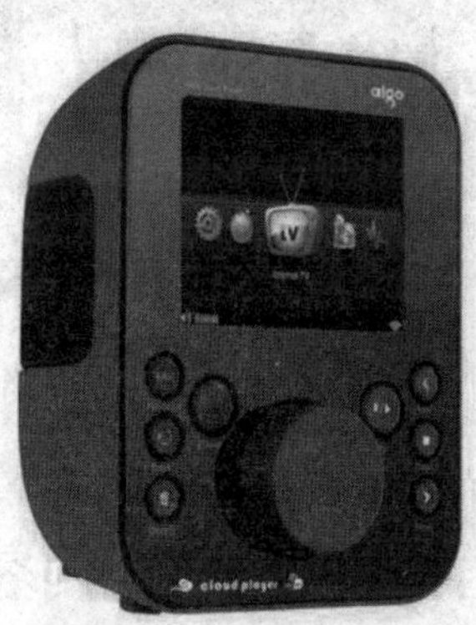

图 1-14　MP6 播放器

①完全取代 MP5 播放器，可看视频、听歌曲、玩游戏、电子书、图片浏览等，如 2008 年 6 月，爱立信推出的歌王 MP6；

②代替电视，这种 MP6 机器可以内置 CMMB 功能，也可以直接连接机顶盒放电视，白天当 21 英寸的电视看，晚上当 60 英寸的电视，方便携带，空问不受移动限制；

③代替计算机，WinCE 5.0 系统，WIFI 无线上网功能直接上网，直接插键盘，鼠标操作；

④代替大型的投影机，这类 MP6 主要是通过 LCOS 三色投影仪技术，在传统视频播放器基础上扩大视频视觉，把传统的播放器便携化、娱乐化。

未来的播放功能将越来越强大，越来越齐全，就像随身携带的一款小多媒体计算机，随着科技的发展与进步，以后的随身播放器可能是无法想象的。

4. 智能手机和平板电脑

智能手机(Smart Phone),是指像个人计算机一样,具有独立的操作系统,可以由用户自行安装软件、游戏等第三方服务商提供的程序,通过此类程序来不断对手机的功能进行扩充,并且可以通过移动通信网络来实现无线网络接入的一类手机的总称。

目前,全球大多数手机厂商都有智能手机产品,中国的华为、美国的苹果、韩国的三星、芬兰的诺基亚、加拿大的RIM(黑莓)、美国的摩托罗拉、中国台湾的宏达(HTC)等。

图1-15展示了常见的几款智能手机。

图1-15 智能手机

1.4 数字媒体技术的研究内容及发展趋势

1.4.1 数字媒体技术研究内容

1. 数字媒体信息获取技术

数字媒体信息的获取是数字媒体信息处理的基础,其关键技术包括声音和图像等信息的获取技术、人机交互技术、传感技术等。对于不同的媒体信息,获取设备各有不同,如适用于图像信息获取的扫描仪、数码相机、数码摄像机、视频采集系统等,适合音频信息获取的话筒、数码录音机、录音笔、音乐合成器等,还有用于运动数据采集的数据手套、数据衣,用于三维立体建模的立体扫描仪、自动跟踪仪等。

2. 数字媒体信息处理技术

数字媒体信息处理技术主要包括数字声音处理技术、数字语音处理技术、数字图像处理技术、数字视频处理技术等。数字声音处理是将模拟声音信号经采样、量化和编码转换为数字音频信号，其中数字音频压缩编码技术尤为关键。数字语音处理技术包括语音合成和语音识别等技术。对视觉信息的处理，则涉及数字图像处理技术和数字视频处理技术，其中编码技术、图像识别技术等在数字媒体系统中应用广泛。

3. 数字媒体信息存储技术

由于数字媒体对计算速度、性能及数据存储的要求高，数字媒体数据一般都非常大，且具有并发性和实时性，因此，数字媒体存储技术不仅要考虑存储介质，还必须考虑存储策略。随着数字媒体存储介质以及相关控制、接口、机械结构等技术的发展，高存储容量和高速的存储产品不断涌现。目前，主流的存储技术主要有磁存储技术、光存储技术和半导体存储技术。

4. 数字媒体信息传输技术

数字媒体信息传输技术为数字媒体的传播和信息交流提供了高速、高效的网络平台，全面应用和综合了现代通信技术和计算机网络技术。数字媒体信息传输技术是指各类调制技术、差错控制技术、数字复用技术、多址技术等。流媒体技术、P2P（Peer-to-Peer）技术和IPTV（Internet Protocol Television）技术是目前流媒体传输采用的主要技术。数字媒体信息输出技术包括显示技术、硬拷贝技术、声音系统，以及用于虚拟现实技术的三维显示技术等。目前，平板高清显示器、三维显示技术及带有交互功能的输入、输出技术已经成为一种趋势。

5. 数字信息检索与信息安全技术

数字媒体的数据库技术、信息检索技术是对数字媒体信息进行高效管理、检索、查询的关键技术。如何让数据库管理系统满足各类数字媒体的应用需求，建立专用的数字媒体数据库是数据库技术的研究方向。基于内容的检索技术也是目前研究的趋势，如直接对图像、视频、音频内容进行分析，抽取特征和语义，建立索引并进行检索等。数据媒体信息安全技术的应用则包括数字信息保护和数字版权管理。数字水印技术是数字信息安全领域一个新的研究方向。

除此之外，数字媒体技术还包括在这些关键技术基础上综合的技术，如基于人机交互、计算机图形显示等技术，广泛应用于娱乐、教育等领域的虚拟现实技术等。

1.4.2 数字媒体技术的发展

计算机技术的发展促进了数字媒体技术的发展，而因此连带的数字媒体产业的发展在某种程度上体现了一个国家在信息服务、传统产业升级换代及前沿信息技术研究与集成创新方面的实力和产业水平，因此数字媒体技术在世界各地得到了高度重视，各主要国家和地区纷纷制定了支持数字媒体技术和产业发展的相关政策和发展规划。美、日等国都把大力推进数字媒体技术和产业作为经济持续发展的重要战略。

为了迎合数字媒体技术的发展趋势，满足市场对数字媒体技术人才的需求，浙江大学于 2004 年在全国首先开设了 4 年制的数字媒体技术专业（工学学科）。随后，全国数十所高校陆续开设了数字媒体技术专业或数字媒体艺术专业。至 2016 年，仅开设数字媒体技术专业的高校就达 136 所。然而，无论是数字媒体技术专业还是数字媒体艺术专业，不同的高校在专业课程体系上对于“技术”或“艺术”的偏重程度有较大的不同（传统工科院校的课程体系似乎更偏向于艺术类相关课程）。

2005 年 5 月 13 日，国家科技部发布了《关于同意组建“国家数字媒体技术产业化基地”的批复》，正式同意在北京、上海、成都、长沙组建“国家数字媒体技术产业化基地”，旨在对数字媒体产业积聚效应的形成和数字媒体技术的发展起到重要的示范和引领作用。

2005 年 9 月 8 日，云南省昆明市成立了我国第一个数字媒体技术实验室——“云南省电子计算中心数字媒体技术重点实验室”。该实验室瞄准了新兴的数字媒体技术领域，立足电视和网络媒体行业，结合广播电视工程技术学科发展方向，紧密跟踪国内外最新发展动态，在数字媒体网络、数字媒体处理、数字媒体内容等领域开展应用基础研究、应用技术开发和层次人才培养。实验室通过自主创新科研成果，在重点领域形成技术特色和优势，带动了云南省数字媒体产业及相关产业的发展。

2006 年 4 月 4 日，上海“国家 863 数字媒体技术产业化基地”举行揭牌仪式，国家科技部领导明确指出：在“十一五”期间将进一步通过“863 计划”和“现代服务业科技专项”加大对数字媒体技术及其产业化的投入，实现我国数字媒体技术从支撑到引领的跨越。

2006 年 12 月 10 日，以“创意、科技、文化”为主题的首届中国北京国际文化创意产业博览会（以下简称文博会）在北京开幕，为联合国教科文组织、国际视觉艺术协会、美国国际知识产权联盟、世界动漫协会、经合组织等国际组织和美国、英国、德国、法国、加拿大、意大利、瑞典、比利时、俄罗斯等国家和地区与中国政府和业界进行广泛交流，探讨文化创意产业的国际合作搭建了平台，而其“点亮创意智慧，融入科技力量，焕发文化魅力，创造财富价值”的宗旨间接折射出数字媒体技术对文化创意产业的支撑作用。截至 2015 年的第十届文博会，仅在文博会期间达成的合作意向、协议及交易总金额就达 6 902 亿元人民币。

其实早在我国的《2005 中国数字媒体技术发展白皮书》中，就已经明确了在“十五”期间，国家“863 计划”已率先支持了通用网络游戏引擎、协同式动画制作、三维动画捕捉、人机交互等关键技术的研发，以及动漫网游公共服务平台的建设。国家“863 计划”计算机软硬件技术主题专家徐波研究员表示，数字媒体技术的研究将以虚拟现实、数字版权等前瞻性技术为中心，并采用国际通用的专利池管理模式。仅 2004 年，中国数字媒体的产业规模就达到了 537 亿元，并一直处于快速增长中。

值得一提的是，在举世瞩目的 2008 年北京奥林匹克运动会的开幕式上，也大量使用了数字媒体技术来实现炫目的艺术表现，其独特的设计以及如此高的技术含量令世人震惊。比如，鸟巢体育场场地中央面积达 147 m × 22 m 的地幕（异形 LED 显示屏构造的“画轴”）就是由 LED 灯条拼接而成的，但在此基础上配合巨大画轴转动而使影像以书画卷的形式徐徐展开，则是技术与艺术结合的亮点，如图 1–16 所示。另外，体育场顶部高 14 m、周长达 492 m 的碗边环幕，则是由 63 台大型数码投影机以 3 机重叠形式组成的 21 组互相连接的画面构成。画面边缘自然融接、毫无痕迹，可谓天衣无缝。本次开幕式的全部数字影像内容都是由国内知名的数字媒体技术公司和多国艺术家精诚合作而共同完成的，配合不同的展现形式，使影像内容起到了烘托创意主题、恰当配合现场表演的作用。

图 1–16　2008 年北京奥运会开幕式中的“画轴”

如今，文化科技融合业态发展势头强劲，基于数字媒体技术的产业化发展势头迅猛，虚拟现实（VR）、增强现实（AR）、混合现实（MR）技术已融入几乎所有的应用领域。

1.5 数字媒体的应用领域

1.5.1 数字游戏

当代世界，数字游戏俨然已成为一种新的流行文化产品。流行文化与当代商业和媒体系统的高度结合，又使流行文化同时具有文化、商业和意识形态的三重性质。数字游戏就兼具文化、商业和意识形态三重性质。

数字游戏作为高新技术与内容产业、创意产业的结合物，已经引起当代新媒体艺术与文化的大跨度融合。人们通过数字游戏平台，如计算机、家用游戏主机、便携式游戏机、智能手机等来获得娱乐体验的过程，就是数字游戏艺术传播的过程。

数字游戏作为一种集视觉效果、音乐音效、对话剧情和互动操作于一体的复合型艺术形式，往往以最新的数字技术为支撑，以视觉效果来吸引眼球。一方面，数字游戏开创了娱乐消费的新时代，为大众带来前所未有的游戏娱乐体验。另一方面，数字游戏成为以生产快感和意义为主旨的一种视觉文化形态。由于数字游戏打破了原来的高雅或精英化的传统艺术做法，成为人们日常生活的一部分，并在消费中使人获得快感和满足感，所以数字游戏的普及不断丰富着视觉文化形态。

1.5.2 数字动漫

动漫是动画和漫画的一个缩略称谓。从目标受众方面来说，动漫的目标受众从少儿向大众拓展。动漫目标受众还包括青少年、成人。这样，对于动漫生产公司来说，要充分考虑到这一趋势，准确把握市场变化及动态；在动漫的创作内容方面，要考虑到“大众”的需求，而不仅仅局限于少儿。

国内动漫产业并非在原地踏步，2014 年年初，几部国产动漫从小荧屏跃进大荧幕，均取得不错的票房成绩。其中，《熊出没之夺宝熊兵》拿下 2.5 亿票房，《喜羊羊》《赛尔号 4》《神笔马良》等其他 6 部电影也有超过 5 000 万的票房佳绩。

还应当看到，近几年动漫产业之所以能快步发展，离不开国家这几年的政策支持，但一些政策补贴优惠反而被某些别有用心的商家利用，恶化市场。从 2004 年开始,国家就出台了一系列扶植动漫产业的政策,先是构架动画播出频道,批准动画上星频道和少儿频道;又限制引进国外动画片以保护本国动漫业发展,随后兴建了一大批动漫产业园区;2009 年,多部委下发《动漫企业认定管理办法(试行)》,《办法》中规定动漫企业自主开发生产动漫产品可以享受软件产业的增值税和所得税优惠,但个别商家利用补贴漏洞,批量生产一些粗编滥造的动漫产品,恶化市场。

1.5.3 数字影音

数字影音是运用计算机软硬件技术对数字化的影音信号进行处理,在数字化的环境中完成影音节目的前、后期制作。数字影音制作是一个综合性的过程,它要求制作者掌握数字影音制作的基本流程;掌握数字影音制作硬件和软件等工具操作使用的基本技能;同时,在技术的基础上,还应具备相应的审美能力。

相对于便携式设备的小屏幕,电视的大屏幕更具视觉享受之乐。

1.5.4 数字出版

数字出版大致经历了数字化、碎片化和体系化三个发展阶段。每个阶段都有不同的特征,并伴随着代表性的数字出版产品出现;每个阶段都是下一阶段的准备和铺垫,同时也是上一阶段的提高和升华。

数字化阶段赋予了传统出版物新生命,使得传统书报刊以崭新的媒介、强大的功能、丰富的内容进行更为广泛的传播,其代表性产品形态是数字图书、数字期刊和数字报纸。2010 年被誉为“中国的电子书元年”。彼时中国的电子书市场处于方兴未艾的阶段,无论是以终端阅读为代表的电子书产品,还是以数字图书馆为代表的在线电子书,均展示出了强劲的市场前景,数字出版在数字化阶段的代表性产品形态——数字图书从那时起开始发力。

碎片化阶段打破了结构化的“书”的形态,新闻出版企业能够面向特定的用户提供个性化、定制化、条目化的知识解决方案,其代表性作品形态是数据库产品和原创网络文学。在碎片化阶段,民营信息提供商往往走在了出版社的前面,推出了众多数据库产品。例如,在法律领域,有北大法律信息网的北大法宝数据库、同方知网的法律数据库、北大法意的法意数据库、超星公司的法源搜索引擎等;在建筑领域,有正保教育集团打造的建设工程教育网。同时,汤森路透和励德爱思唯尔(现已更名为励讯集团）等境外出版传媒集团也纷纷在法律、医疗、金融等领域推出自己的数据库产品，不断开拓我国的个人和机构用户市场。应该说，无论是民营企业还是境外企业，其数据库产品技术功能和市场占有率都远远超过了出版单位，有所不同的是，民营企业占据了企业用户、事业单位用户和政府机关用户市场，而境外企业大多仅在企业用户、事业单位用户市场占据优势。

体系化阶段以知识体系为内在逻辑主线，把所有数字化、碎片化的知识片段串联起来，运用语义标引技术和云计算技术，进行知识数据的智能整理，实现知识发现的预期效果，为实现知识图谱和大数据知识服务提供了可能，并有可能催生出数据出版这一智慧化的出版新业态。

数字出版发展的第三阶段——体系化发展阶段，其主要特征有：以知识体系为逻辑内核，以知识服务为新的产品（服务）形态，以大数据、云计算、语义分析、移动互联网为技术支撑，以存量资源、在制资源、增量资源为服务基础，出版业态呈现出数据化出版和智慧化出版的态势，呈现出内在逻辑清晰、外化形态合理、服务提供全面、知识自动成长的生态圈特征。

1.5.5 互动媒体

互动媒体（Interactive Media）又称互动多媒体、互动式多媒体。它是在传统媒体的基础上加入了互动功能，通过交互行为并以多种感官来呈现信息的一种崭新的媒体形式。

运用计算机对相关素材进行编程集成，使其融合成一个有机的整体——“多媒体软件”，因为通常是使用光盘作为载体，所以称为互动多媒体光盘。

互动多媒体光盘能够运用丰富的媒体来呈现和表达内容，具有丰富生动的表现力。而简洁人性化的阅读界面，让用户可以根据自己的需要随意地跳跃选择适合自己的内容来观看，这是传统传播工具所无法比拟的。

1.5.6 数字电视

1. 高清数字电视技术

高清电视具备极高的清晰度，其技术标准也更加的严格，对于数字信号的质量、信号接收及传送技术标准都有相当高的要求。

随着现代人对电视节目画面清晰度要求的提升，各大电视生产企业以及互联网视频中都能够看到“高清”“超清”等字眼，所以高清数字电视技术的发展应用前景非常广阔，是数字电视技术发展的一个重要方向。

2. 网络电视

网络电视指的是以互联网为载体向受众传输信息。网络电视自身的互动性给传统电视带来了很大的影响，加之近年来网络技术突飞猛进的发展，网络电视节目的质量也越来越高，清晰度也逐渐提升。因此可以说，互联网技术与数字电视技术的发展必然会推动网络电视朝着更高的方向发展。

3. 卫星直播电视技术

卫星直播电视技术是指利用卫星进行信号转播的电视节目。卫星技术的发展让通信卫星的转发器功能逐渐增强，卫星转发器具备超大的功率，能够有效地处理数字电视信号从发送到接收的所有传输作业。

卫星直播电视技术的一大优势在于其拥有不可比拟的覆盖范围，能够实现全球范围的数字信号传输。不但如此，卫星直播电视的收看也不需要非常复杂的设备，受众只需要利用天线就可以接收到优质的卫星电视节目。

1.5.7 数字电影

数字影视摄影机可以通过外接的高分辨的监视器观测到将被记录的最终画面，对场景的改动可以第一时间反映到监视器里，辅助设备能帮助摄影师对画面质量进行判断，将各种误操作带来的损失降低到最小。

数字摄像机可以同时记录画面和声音，使拍摄变得更简单。

数字影视摄像机采用磁带存储和数据存储，可以长时间拍摄，数据存储分为硬盘和存储卡存储，相比胶片拍摄，不需要携带很多胶片，而且拍摄完成后也不必急着尽快送去洗印。

数字摄像机，即使在光线极暗的情况下，仍然能够保证拍摄出高质量的画面，对机动画面的控制也让人刮目相看，要是没有数字摄像机，数字影视无法完成。影视摄影机主要是向轻便化、小型化、低噪声、自动化方向发展。

数字放映技术不断革新，使影院的票房出现了显著增长。影片通过数字投影仪放映的时候，完全没有颗粒，都有三维的质量，感觉自己都好像能深入屏幕内。目前，数字影视的摄影采用最多的技术设备是高清摄像机，它能够与传统的影视摄影机和零部件兼容，使用更为方便；大多采用硬盘记录，容量更大。

1.5.8 手机媒体

手机媒体，是以手机为视听终端、手机上网为平台的个性化信息传播载体，它是以分众为传播目标，以定向为传播效果，以互动为传播应用的大众传播媒介，被公认为继报刊、广播、电视、互联网之后的“第五媒体”。

手机媒体的基本特征是数字化，最大的优势是便携和使用方便。手机媒体作为网络媒体的延伸，具有网络媒体互动性强、信息获取快、传播快、更新快、跨地域传播等特性。手机媒体还具有高度的移动性与便携性，信息传播的即时性、互动性，受众资源极其丰富，多媒体传播，私密性、整合性、同步和异步传播有机统一，以及传播者和受众高度融合等优势。从传播角度来看，手机媒体拥有的独特优势有：高度的便携性，跨越地域和计算机终端的限制，拥有声音和震动的提示，几乎做到了与新闻同步；接收方式由静态向动态演变，用户自主地位得到提高，可以自主选择和发布信息；信息的即时互动或暂时延宕得以自主实现，使人际传播与大众传播完美结合。

1.5.9 数字广播

数字广播技术的发展使得数字多媒体广播出现，数字多媒体广播不仅可以传送音频，还可以传送图像数据等，使广播在本质上发生飞跃。也使得广播听众范围更加广阔。无论用户什么时间什么地点，只要是在信号范围之内，就都可以接收到数字多媒体广播。

数字广播技术蓬勃发展，数字化技术被引入与广播相关的各个方面。数字调幅广播技术是数字广播技术的又一个成果。调幅广播历史久远，标准统一，是一项全球性的广播技术。相比传统调幅方式，数字调幅技术所产生的信号更加稳定，不易受到电磁干扰，安全可靠。

1.5.10 互联网电视

互联网电视是电视技术和网络技术结合的产物，因此既具备传统电视直观性强、信息传达丰富等特点，又具备网络交互性、多元化、内容海量的特性，更好地满足了用户的个性化需求。在我国，互联网电视是指通过公共互联网面向电视机传输的由国有广播电视机构提供视频内容的可控可管服务。

1.“电视机生产商+运营商”合作模式

目前,国内互联网电视对播出平台及内容来源的集成有着严格要求,一台电视机只能植入一家集成商的客户端,并且必须由获得 OTT TV 播控业务牌照的集成服务商提供,而一般家电厂家不得涉足播控平台。因此,电视机生产商想进军互联网电视领域,必须与运营商合作,这也成为最典型的模式。

2.“电视机生产商+互联网企业”合作模式

彩电业与互联网业深度融合之势必不可挡。一方面使得电视终端能够通过新的电商渠道出货,降低对原有渠道的依赖,集成更多的电子商务及网络支付功能;另一方面使互联网企业将电商搭载到客厅屏幕媒介上,获得更多的广告收益。

3.“内容+平台+应用+终端”垂直整合模式

自有品牌电视的互联网公司,已经摈弃单一的内容分发业务,打造出垂直化的产业链条,构建“内容+平台+应用+终端”的四大核心路径。

对于内容供应商而言,借助自身丰富的内容资源,逐步进军电视终端已成为不可避免的趋势。通过自有品牌电商销售的模式省去营销成本、渠道成本和不合理的品牌溢价,全流程直达用户,这使得其定价更为灵活,加上自有的海量用户,优势大大凸显。

4.电视台独立运营模式

芒果 TV 是该模式的典型代表,它是湖南卫视新媒体金鹰网旗下的网络电视台。湖南卫视作为第一省级卫视,拥有相当丰富的综艺节目及独播电视剧资源,借助牌照便利和内容优势,湖南电视台开始独立运作互联网电视。芒果互联网电视是湖南卫视出品节目的唯一互联网电视播出平台,从牌照商、内容商进入终端和渠道,成为中国版的 HULU。

1.5.11 3D 打印

未来学家里夫金提出互联网、绿色电力和 3D 打印技术影响“第三次工业革命”。而 3D 打印技术以数字化、智能化等多种特点,被誉为“第三次工业革命”的主要标志。

3D 打印又称增材制造。3D 打印通过计算机辅助设计完成一系列数字切片，然后将切片信息传送到3D打印机上，通过逐层扫描、堆叠，最后生成实物。3D打印可以制造的东西很多，如产品模型、航天航空、医疗机械、艺术设计、电子产品等。作为一项集光学工程、计算机技术、控制技术、材料科学、机械设计为一体的技术，3D打印可以极大地释放人们的创造力。

1.5.12 全息影像

全息技术是利用干涉和衍射原理来记录并再现物体真实的三维图像的技术。全息摄影采用激光作为照明光源，并将光源发出的光分为两束，一束直接射向感光片，另一束经被摄物的反射后再射向感光片。两束光在感光片上叠加产生干涉，最后利用数字图像基本原理再现的全息图进行进一步处理，去除数字干扰，得到清晰的全息图像。

全息摄影技术记录了更多的信息，因此容量比普通照片信息量大得多(百倍甚至千倍以上)。全息影像的显示，则是通过光源照射在全息图上，这束光源的频率和传输方向与参考光束完全一样，就可以再现物体的立体图像。观众从不同的角度看，就可以看到物体的多个侧面，只不过看得见摸不到，因为记录的只是影像。

全息技术不仅可制作出惟妙惟肖的立体三维图片美化人们的生活，还可将其用于证券、商品防伪、商品广告、促销、艺术图片、展览、图书插图与美术装潢、包装、室内装潢、医学、刑侦、物证照相与鉴别、建筑三维成像、科研、教学、信息交流、人像三维摄影及三维立体影视等众多领域，近年来还发展成为宽幅全息包装材料而得到了广泛的应用。

第 2 章　数字图像技术及应用

2.1　图像及其特征

2.1.1 图像的分类

图像是某个原物体的不完全、不精确，但在某种意义上（某个角度）是最恰当的表示。可以引入集合论对图像进行广义的分类，将图像看成东西（物体）的一个子集，并且该子集中的每一幅图像都与其所表示的物体有对应关系，如图 2–1 所示。

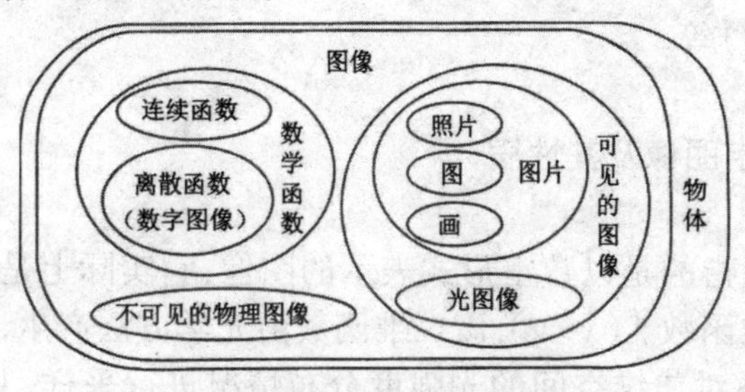

图 2–1　基于集合论的图像分类

由图 2–1 可见，图像集合中的一个非常重要的子集就是人眼可见的图像（Visible Image），该子集中主要包含由几种不同方法产生的子集，即图片（Picture）子集和光图像（Optical Images）子集。在图片子集中，包括由摄影器材拍摄的照片（Photograph）、由线条构成的图（Drawings）、由画笔绘出的画（Paintings）；而在光图像子集中，则包括用透镜、光栅和全息技术产生的各种不同形式的图像。

1. 可见的图像

可见图像是指可被人类视觉直接感知的图像，其中图片是颜色在二维空间的分布，通常是将人、物、场景等实景或绘制的内容以某种形式在平面介质上形成硬拷贝；而光学图像则是光强度在二维空间的分布，它反映人、物、场景的内容，但依赖于光而存在。

2. 数学函数对应的图像

数学函数是抽象的，由连续函数和离散函数组成，其性质（如极值点、周期性、单调性、曲率等）可以通过与函数对应的图像表现出来，是数学函数值在特定坐标空间的一种分布。对于连续函数，可以在坐标纸上绘出函数对应的图像，如一次函数对应直线，二次函数对应抛物线；对于离散函数，则可以给出函数对应的离散点阵（数学矩阵），这也恰恰是计算机可以处理的数字图像。

3. 不可见的物理图像

物理图像是物质或能量的某种分布，但是对于温度、压力、磁场、引力场等物理量，不能被人类视觉直接感知，而距离、高度等度量参数或人口密度等统计参数也不是人类视觉直接感知的物理量。因此都属于不可见图像，但其分布情况仍然可以用图像的形式表现出来。比如，气象温度的分布情况，通常在地图上用红色表示高温地区，用蓝色表示低温地区；对于高度分布，在中国地形图上通常是用深褐色表示青藏高原、用棕黄色表示黄土高原、用青绿色表示长江中下游平原、用蓝色表示海洋（其中深海区域用深蓝色）等。

2.1.2 数字图像及其性质

数字图像指的是以数字形式表示的图像，它实际上是一个被采样和量化后的二维函数 $f(x, y)$，该二维函数由光学方法产生，通常采用等距离的矩形网格对二维空间的光强度分布情况进行采样，并对采样值（幅度）进行等间隔量化。因此，一幅数字图像就是一个被量化了采样数值的二维矩阵。物理图像与数字图像的对应关系，如图 2-2 所示。

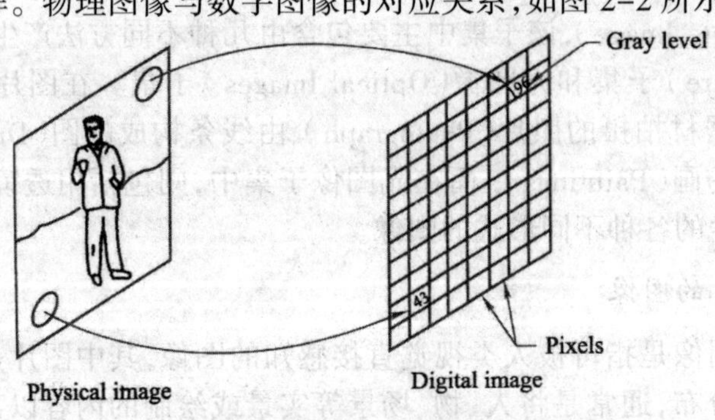

图 2-2　物理图像与数字图像的对应关系

由图 2-2 可知，构成数字图像的每一个元素（像素）都具有特定的位置和幅值，其中位置相当于函数 $f(x, y)$ 的空间坐标，幅值则代表该位置所对应像素的灰度值。由于采样和量化的原因，(x, y) 坐标须为整数坐标，f 值也须为整数值，因此，一幅数字图像所包含的原物体的信息进一步减少。

相对于表现原物体的原始图像来说，数字图像的像素数越多，越容易反映原始图像的细节（分辨率高），图像画面越清晰；每一个像素使用的比特数越多，该像素所对应的灰度值范围越宽，图像的灰度层次越丰富。当单个像素的面积一定时，构成一幅数字图像的像素数越多，其对应的图像幅面越大。当整幅图像的幅面一定时，若要求图像画面更清晰，所需的像素数就应更多，同时单个像素的面积就会越小。由于单个像素的面积受半导体感光器件技术的限制不能太小，因此高分辨率特别是超高分辨率成像设备的图像传感器感光靶面尺寸一般都比较大。

2.1.3 颜色模式

颜色模式是指色彩协调一致地用数值来表示的一种方法。在处理图像时，可以使用 RGB 或 CMYK 等多种颜色模型来描述颜色、指定色彩。

1.RGB 颜色模式

RGB 颜色模式是进行图像处理时最常使用的一种模式，RGB 分别代表 Red（红色）、Green（绿色）、Blue（蓝色），由三基色混合而构成各种颜色。图像中每个 RGB 分量的强度值都为 0 ~ 255，当所有分量的值均为 255 时，结果是纯白色；当所有分量的值均为 0 时，结果是纯黑色。RGB 所包括的颜色信息（色域）有 1 670 多万种（256×256×256），因此，称为真彩色。RGB 模式是一种发光模式（也叫加光模式），RGB 颜色模式的图像只有在发光体上才能显示出来，如显示器、电视等。

2.CMYK 颜色模式

CMYK 颜色模式是一种印刷模式，CMYK 分别代表 Cyan（青色）、Magenta（洋红）、Yellow（黄色），而 K 代表 Black（黑色），由 4 种颜色混合而构成各种颜色。CMYK 颜色模式是一种减光模式，包含的颜色总数比 RGB 模式少很多，所以该模式下的图像只有在印刷体（如纸张）上才可以观察到，而且显示器上观察到的图像要比印刷出来的图像亮丽。

3. 灰度模式

灰度模式使用单一色调来表现图像，在图像中可以使用 0 ~ 255 的不同灰度级来表示图像，0 表示黑色，255 表示白色，其他颜色模式可以直接转换为灰度模式。

4. 位图模式

位图模式其实就是黑白模式，它只能用黑色和白色来表示图像。将图像转换为位图模式会使图像减少到两种颜色，从而大大简化图像中的颜色信息，同时也减少文件的大小。由于位图模式只能包含黑、白两种颜色，因此将一幅彩色图像转换为位图模式时，需要先将其转换为灰度模式再转换为位图模式。

5.Lab 颜色模式

Lab 颜色模式是由照度（L）和有关色彩的 a、b 这 3 个要素组成的。L 表示亮度，分量值为 0 ~ 100；a 表示从红色到绿色的范围，分量值为 +127 ~ −128；b 表示从黄色到蓝色的范围，分量值为 +127 ~ −128。

6. 各彩色模型之间的转换关系

（1）RGB 与 CMY 模型之间的关系

在 RGB 彩色模型和 CMY 彩色模型中，R、G、B、C、M、Y 都取 1（100%）和 0 来混合，RGB 彩色模型和 CMY 彩色模型之间的关系如表 2–1 所示。

表 2–1　RGB 与 CMY 模型之间的关系

RGB	CMY	生成的颜色
000	111	黑色
001	110	蓝色
010	101	绿色
011	100	青色
100	011	红色
101	010	品红
110	001	黄色
111	000	白色

从表 2–1 中可知，RGB 彩色模型和 CMY 彩色模型之间的颜色是成对出现的。要生成相同的颜色，在 RGB 的颜色值为 1 的地方，CMY 相应的颜色值为 0。

（2）YUV 与 RGB 彩色模型的变换关系

颜色视频图像编码的过程是：首先，把外部输入的 RGB 信号进行坐标变换，从 RGB 模型变换为 YUV 模型，其变换关系为：

$$Y=0.299R+0.587G+0.1114B$$
$$U=-0.147R-0.289G+0.436B$$
$$V=0.615R-0.515G-0.0100B$$

在接收端收到 YUV 信号后，需经过逆变换把 YUV 信号再变换成 RGB 三基色信号，加到彩色显示上。其变换的公式如下：

$$R=Y+V$$
$$G=Y-0.19U-0.51V$$
$$B=Y+U$$

（3）YIQ 与 RGB 彩色模型的变换关系

YIQ 与 RGB 彩色模型的变换关系为：

$$Y=0.299R+0.587G+0.114B$$
$$I=0.596R-0.2759G-0.321B$$
$$Q=0.212R-0.5123G+0.311B$$

（4）YC_bC_r 与 RGB 彩色模型的变换关系

YC_bC_r 与 RGB 彩色模型的变换关系为：

$$Y=0.299R+0.587G+0.114B$$
$$C_r=0.500R-0.4187G-0.0813B+128$$
$$C_b=0.1687R-0.3313G+0.500B+128$$

（5）HIS 彩色模型与 RGB 模型的转换关系

HIS 彩色模型与 RGB 模型的转换关系为：

$$I=\frac{R+G+B}{3}$$

$$H=\begin{cases}\frac{1}{360}\left(90-\arctan\frac{2R-G-B}{\sqrt{3}\left(G-B\right)}\right), G>B\\ \frac{1}{360}\left(90-\arctan\frac{2R-G-B}{\sqrt{3}\left(G-B\right)}\right)+180, G<B\end{cases}$$

$$S=1-\frac{\min\left(R,G,B\right)}{I}$$

2.2　图像的数字化过程

2.2.1 采样

将图像按照等间距分别在 x 与 y 方向划分为 $M\times N$ 个网格，每个网格就是一个采样点，每个采样点被称为像素。这样，一幅模拟图像在空间上就被转换成由 $M \times N$ 个采样点组成的像素矩阵。在进行采样时，采样点间隔的选取是一个非常重要的问题，它决定了采样后图像的质量。采样间隔的大小依据原图像中包含的细节变化而定。采样点间隔称为采样率，单位是 dpi，即每英寸的采样点数。

2.2.2 量化

在把模拟图像分成像素矩阵之后，每一个像素的灰度值用二进制进行编码的过程就是量化。二进制位数取决于图像，对于仅由黑白点组成的图像（如棋盘），1 位二进制已足够表示像素，0 表示黑像素，1 表示白像素。然后，这些二进制一个一个被记录并存储在计算机中。图 2-3 显示了这种图像及其表示。

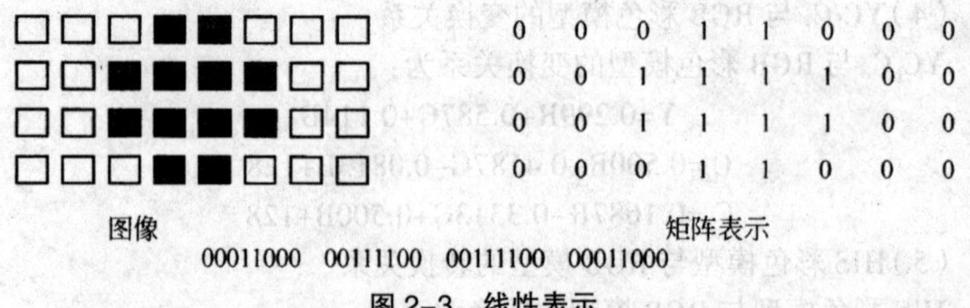

图 2-3 线性表示

如果一幅图像不是由纯黑、纯白像素组成，那么可以增加二进制的长度来表示灰度。例如，可以使用 2 位二进制来显示 4 种灰度级。黑色像素被表示成 00，深灰色像素被表示成 01，浅灰色像素被表示成 10，白色像素被表示成 11。

如果表示彩色图像，则每一种彩色像素可被分解成 3 种主色：红、绿和蓝（RGB）。然后测出每一种颜色的强度，并把二进制（通常 8 位）分配给它。换句话说，每一个像素有 3 个 8 位二进制组合，一个表示红色的强度，一个表示绿色的强度，一个表示蓝色的强度。

将表示数字图像的灰度值范围分为等间隔的子区域叫线性量化，而非线性量化是将灰度范围分成不等间隔的子区域，如图 2-4 所示。

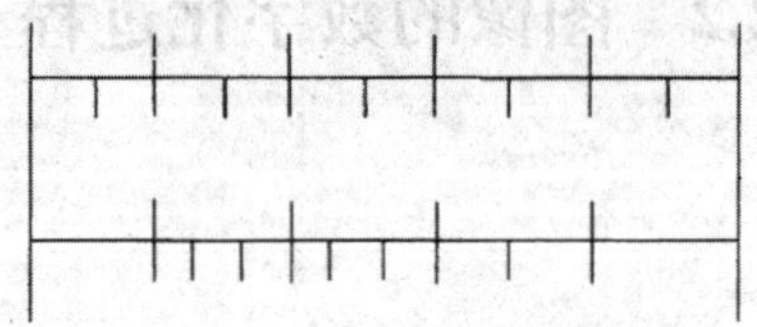

图 2-4 非线性与线性量化

2.3　数字图像压缩技术

数字化的声音、图像和视频的数据量是非常巨大的。数据压缩技术（包括算法及实现视频及音频压缩的国际标准化、专用芯片等）的发展，使得实时存储、传输大容量的图像数据成为可能。

多媒体数据的数字化带来了很多好处，如能更方便地处理数据，易于存储和远距离传输，没有累积失真等。同时，数字化也带来了很多问题，其中一个主要问题就是庞大的数据量，如表 2–2 所示列出了一些未压缩的多媒体数据的数据量。

表 2–2　多媒体数据的数据量

多媒体数据类型	样本数	存储方式	数据量
电话（20 ～ 3 400Hz）	8 000 个 /s	12 bit/ 样本	96 kbit/s
宽带语音（50 ～ 7 000Hz）	16 000 个 /s	14 bit/ 样本	224 kbit/s
宽带音频（20~20 000Hz）	441 000 个 /s	16 bit/ 样本，两个信道	1.412 Mbit/s
图像	512~512 像素的彩色图像	24 bit/ 像素	6.3 Mbit/ 每幅图像
视频	640 × 480 像素的彩色图像	24 bit/ 像素，30 帧 /s	221 Mbit/s
高清晰度电视（HDTV）	1 280~720 像素的彩色图像	24 bit/ 像素，60 帧 /s	1.3 Gbit/s

庞大的数据量如果不压缩，将带来如下问题：对 CPU 的处理速度要求太高；对外部存储设备的容量要求太高；对数据传输带宽要求太高。例如，一幅 640 × 480 分辨率的彩色图像，约为 0.921 6 MB/ 帧[（640 × 480）像素 × 3 基色 / 像素 × 8 bit/ 基色 =0.921 6 MB]，如果是视频（运动图像），要以 30 帧每秒的速度播放，则视频信号的传输速度为 221.2 Mb/s。如果存放于 650 MB 光盘中，只能播出约 23 s（秒）。视频和音频信号不仅数据量大，需要较大的存储空间，还要求传输速度快。

2.3.1 数据无损压缩的基本原理与编码

无损压缩的基本原理是将相同的或相似的数据或数据特征归类,使用较少的数据量描述原始数据,达到减少数据量的目的。从本质上看,无损压缩的方法可以删除一些重复数据,这样就可以大大减少要在磁盘上保存的文件尺寸。但是,无损压缩的方法并不能减少文件在内存中的占用量,这是因为,当从磁盘上读取文件时,系统又会把丢失的数据用适当的信息填充进来。无损压缩方法的优点是能够比较好地保存文件的质量,但是相对来说这种方法的压缩率比较低。

常见的无损压缩编码主要有哈夫曼编码、算术编码和 LZW 编码等。

1. 哈夫曼编码

哈夫曼(Huffman)于 1952 年提出了一种编码方法,该方法借助了数据结构中的树形结构建立最优二叉树,即哈夫曼树,以哈夫曼树为基础构造出的编码形式就是哈夫曼编码(Huffman Coding)。

(1)哈夫曼编码的基本原理

哈夫曼编码是根据字符出现的概率来构造平均长度最短的编码,也就是说,对于出现概率较高的字符,它的编码就相应的较短,而出现概率较低的字符,它的编码就相应较长,这样构造后的编码的平均长度是最短的,从而达到了数据压缩的目的。因此,哈夫曼编码是一种变长的无损压缩编码。

例如,如果在计算机中不压缩而存储这样一句话: seeing is believing.,就需要 20 个字节(1 个字符占 1 个字节,1 个字节由 8 个二进制位构成),共 160 个二进制位的数据来实现。但若对其采用哈夫曼编码,即出现概率高的 e 和 i(各出现 4 次)用较短编码,而出现概率低的 n 等用较长编码,则可缩短其编码长度,节省存储空间。

(2)哈夫曼编码过程

要想得到一段数据的哈夫曼编码,其构造过程如下:

①统计原始数据中各字符出现的概率,并将所有字符出现的概率升序排列,作为哈夫曼树的叶子结点。

②利用得到的概率值建立哈夫曼树。先找出排序概率中值最小的两个概率作为左右叶子结点,然后将其相加之和作为这两个概率的父结点,父结点与剩下的其他结点重新排列,再重复前面的操作,如此循环,直到只剩下一个结点,即根结点为止。

③在哈夫曼树上，由父结点至左子结点的路径上标 0，由父结点至右子结点的路径上标 1。

④记录下由根结点到每个字符之间的 0、1 序列。

例如，信源符号的概率如下，请画出哈夫曼编码的编码树，求其哈夫曼编码，并求出平均码字长度。

	X_1	X_2	X_3	X_4	X_5	X_6
$P(X)$	0.30	0.26	0.25	0.10	0.06	0.03

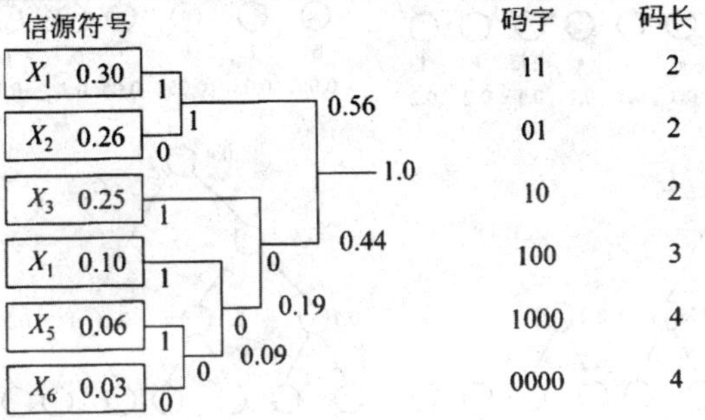

信源符号	码字	码长
X_1 0.30	11	2
X_2 0.26	01	2
X_3 0.25	10	2
X_1 0.10	100	3
X_5 0.06	1000	4
X_6 0.03	0000	4

0.56　1.0　0.44　0.19　0.09

平均码长为：

$$
\begin{aligned}
R &= \sum P_i \times \text{码长} \\
&= 0.30\times 2+0.26\times 2+0.25\times 2+0.10\times 3+0.06\times 4+0.03\times 4 \\
&= 2.28
\end{aligned}
$$

以 seeing is believing. 为例，构建其哈夫曼编码。

①统计 seeing is believing. 中各字符出现的概率并升序排列，如表 2–3 所示。

表 2–3　seeing is believing. 各字符出现的概率表

字符	b	l	v	.	s	n	g	空格	e	I	总字符数
出现次数	1	1	1	1	2		2	2	4	4	20
概率	0.05	0.05	0.05	0.05	0.1	0.1	0.1	0.1	0.2	0.2	

②建立哈夫曼树。在概率集合中，b 和 l 的概率值最小，先将这两个概率相加得 0.1，再与剩下的字符概率重新升序排序；这时，“v” 和 “.” 的概率值最小，再将其相加的和与其他概率重新升序排序，以此类推，直到仅有一个值为止。seeing is believing. 的哈夫曼树构造过程如图 2–5 所示，左侧路径标 0，右侧路径标 1。

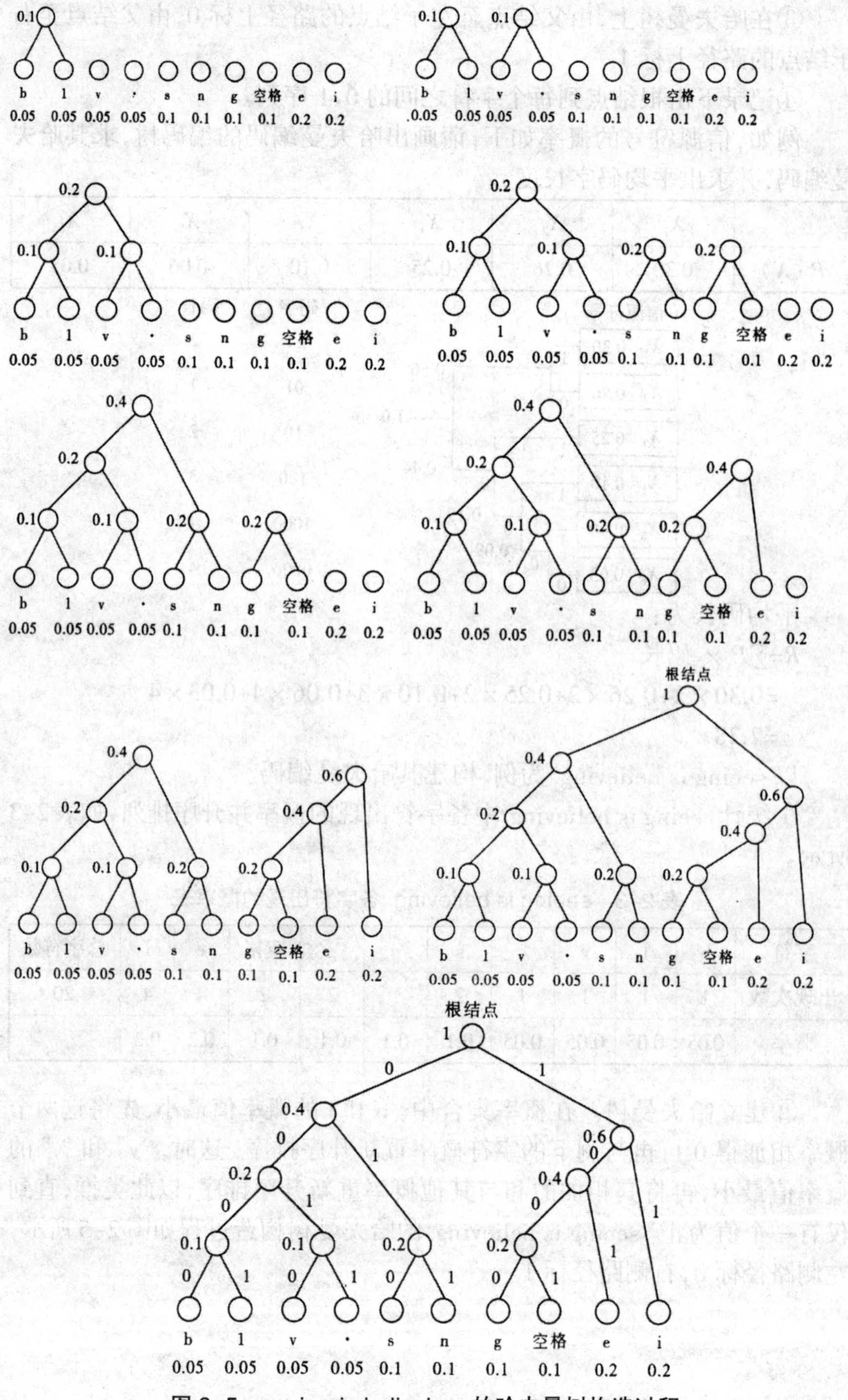

图 2–5　seeing is believing. 的哈夫曼树构造过程

③由根结点到 b 的 0、1 序列为 0000，依次类推：

l：0001；v：0010；.：0011；s：010；n：011；

g：1000；空格：1001；e：101；i：11。

构造哈夫曼编码后，可知 seeing is believing. 仅需 35 个二进制位即可存储。由此可见，哈夫曼编码可以有效地压缩数据的存储空间。

2. 算术编码

算术编码是一种基于信源统计特性的无损压缩编码，由于它对于数据量非常大的各种媒体信息有很高的压缩效果，因此算术编码有着非常广泛的应用，尤其是在图像数据压缩标准中扮演了重要的角色。

（1）算术编码的基本原理

算术编码是把信源集合表示为 0 到 1 之间的实数区间，按可能发现的不同符号序列的概率，把这个实数区间划分为互不重叠的子区间，每个子区间的宽度是对应符号序列的概率，从而使信源发出的符号均可与相应子区间一一对应，而不同的符号序列也都可以用相应区间上的一个浮点小数来表示，这个浮点小数就是该符号序列所对应的码字。简言之，算术编码就是把需要编码的符号序列编码为一个数，一个处于 [0,1] 之间的浮点小数。

（2）算术编码过程

算术编码需要两个过程，第一个过程是建立信源概率表，第二个过程是对信源发出的符号序列进行扫描编码。通过这两个过程的实现来完成对信源的编码压缩。

例如，假设信源符号的集合为 {a, b, c}，这些符号的发生概率分别为 P（a）=0.2，P（b）=0.3，P（c）=0.5，若输入符号序列为：bacba，则算术编码应是怎样的？

①在 1 和 0 之间给每个符号分配一个初始子区间，子区间的长度等于它的概率，如表 2-4 所示。

表 2-4　各符号初始子区间

符号	a	b	c
概率	0.2	0.3	0.5
子区间	[0,0.2]	[0.2,0.5]	[0.5,1]

令 high 为编码区间的上限，low 为编码区间的下限，len 为编码区间的长度，sublow 为编码字符分配的子区间下限，subhigh 为编码字符分配的子区间上限。

初始 high=1，low=0，len=high-low，一个字符编码后新的 low 和 high 按下式计算：

low=low+lenx sublow

high=low+len × subhigh

②输入的符号序列中第一个符号是 b，它所对应的子区间为 [0.2，0.5]，即 b 的 sublow=0.2，subhigh=0.5，根据上面公式计算：

low=0+1 x0.2=0.2，

high=0+1 x0.5=0.5，

即区间 [0.2，0.5] 将作为新的编码区间。

③输入的符号序列中第二个符号是 a，a 编码时应使用新的编码区间 [0.2，0.5]。由表 2-4 得知，a 的 sublow=0，subhigh=0.2，利用上面公式计算 a 在 [0.2，0.5] 内的子区间。

此时，high=0.5，low=0.2，所以：

len=0.5-0.2=0.3，

low=0.2+0.3 × 0=0.2，

high=0.2+0.3 × 0.2=0.26，

即 [0.2，0.26] 将作为新的编码区间。

④输入的符号序列中第三个符号是 c，c 编码时应使用编码区间 [0.2，0.26]。由表 2-4 得知，c 的 sublow=0.5，subhigh=1，利用上面公式计算 c 在 [0.2，0.26] 内的子区间。

此时，high=0.26，low=0.2，所以：

1en=0.26-0.2=0.06，

low=0.2+0.06x0.5=0.23，

high=0.2+0.06x 1=0.26，

即 [0.23，0.26] 将作为新的编码区间。

⑤输入的符号序列中第四个符号是 b，b 编码时应使用编码区间 [0.23，0.26]。由表 2-4 得知，b 的 sublow=0.2，subhigh=0.5，利用上面公式计算 b 在 [0.23，0.26] 内的子区间。

此时，high=0.26，low=0.23，所以：

1en=0.26-0.23=0.03，

low=0.23+0.03 × 0.2=0.236，

high=0.23+0.03 × 0.5=0.245，

即 [0.236，0.245] 将作为新的编码区间。

⑥输入的符号序列中最后一个符号是 a，a 编码时应使用编码区间 [0.236，0.245]。由表 2-4 得知，a 的 sublow=0，subhigh=0.2，利用上面公

式计算 a 在 [0.236,0.245] 内的子区间。

此时，high=0.245，low=0.236，所以

1en=0.245−0.236=0.009，

low=0.236+0.009 × 0=0.236，

high=0.236+0.009 × 0.2=0.2378，

[0.236,0.2378] 是最后一个区间，那么该区间内的任何一个实数就可以表示整个符号序列 bacba，该符号序列的算术编码构造完成。

（3）算术编码的特点

算术编码的特点如下：

①对整个消息只产生一个码字。

②小数的精度不可能无限高，在运算中存在溢出的问题需要解决。

③对错误非常敏感。

④算术编码可分静态模型和自适应模型。

3. LZW 编码

LZW 是一种先进的压缩技术，由 Lempel、Ziv 和 Welch 三人共同创造，因此用他们的名字命名。LZW 编码能够很好地处理可预测性较小的数据，压缩得到很小的文件格式，而且它不依赖于任何数据格式。所以 LZW 编码的应用领域比较广泛，常用于 GIF 和 TIFF 等简单图像和平滑且噪声小的信号源数据的压缩，同时还可以用于文本数据的压缩处理。

（1）LZW 编码的基本原理

LZW 编码的主要思想就是把数据流中复杂的数据用简单的代码来替换，并用一个转换表记录这些替换关系，这个转换表又叫“串表”或“字典”。

转换表并不是事先定义好的，而是在压缩或解压缩过程中动态生成的表，该表只在进行压缩或解压缩过程中需要，一旦压缩或解压缩结束，该表将被丢弃。图 2–6 描述了 LZW 编码中数据流、转换表及代码流的关系。数据流是源文件中未经压缩的数据，代码流是压缩后写入文件的压缩数据。

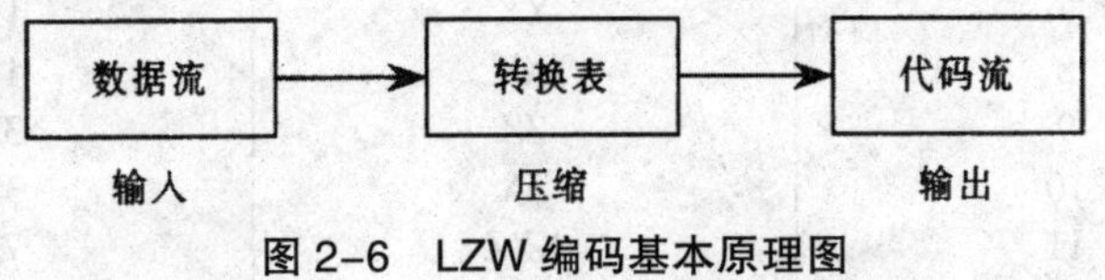

图 2–6　LZW 编码基本原理图

（2）LZW 编码过程

LZW 编码时，首先要建立一个转换表，然后把每一个第一次出现的字符串放入转换表中，并用一个代码（与此字符串在转换表中的位置相关

的数字)来表示,再将这个代码存入压缩文件中,当这个字符串再次出现时,便可以用转换表中与其对应的代码来代替,也要将这个代码存入文件中。例如 Welcome 字符串,如果在压缩时用 266 表示,只要 Welcome 再次出现,均用 266 表示,并将 Welcome 字符串存入转换表中。在解压缩时,转换表可以根据压缩数据重新生成。对于图像数据也是这样进行 LZW 编码,图像中某像素用转换表中的一个代码表示,则在图像上再次遇到这个像素时,便可用转换表中的相应代码代替。

LZW 编码的步骤如下:

(1)初始化

扫描、统计出独立的 ASCII 字符,将所有单个字符串放入串表并分别赋予代码值。

(2)扫描编码

①读第一个输入的字符作为前缀串 W。

②读下一个输入字符 K(如果没有字符 K 表示输入已完)。

③如果 WK 已存在表中(已定义,给定码值),则 WK 作为前缀串 W。

④重复②、③两步,如果 WK 不在表中(尚未定义),则输出 W 的码值加 K,并把 K 作为前缀串 W。

⑤重复②~④直到字符输完为止。

例如,输入字符串 XYYYXXZZXXZZZZZ,求 LZW 编码的字符串表。

①初始化。在本例中只有 3 个独立的 ASCII 字符 X、Y、Z。把这 3 个字符放入串表中并赋予代码值 1、2、3,如表 2–5 所示。

表 2–5 字符串表

代码(指针)	分析得到的字符	导出的字符(编码)
1	X	1
2	Y	2
3	Z	3
4	XY	1Y
3	YY	2Y
6	YYX	5X
7	XX	1X
8	XZ	1Z
9	ZZ	3Z
10	ZX	3A
11	XXZ	7Z
12	ZZZ	9Z

②扫描编码。

A. 读第一个输入的字符作为前缀串 W（W='X'）。

B. 读下一个输入字符 K（K='Y'）。

C.WK（'XY'）不在表中，把 'XY' 加入表中，导出的字符(编码)为 '1 Y'。把 K（'Y'）作为前缀串 W。

D. 读下一个输入字符 K（K='Y'），WK（'YY'）不在表中，把 'YY' 加入表中，导出的字符(编码)为 '2Y'。把 K（'Y'）作为前缀串 w。

E. 读下一个输入字符 K（K='Y'），WK（'YY'）已经在表中，则 WK（即 'YY'）作为前缀串 W。

F. 重复 B~D 直到字符输完为止。结果见(表 2–5)。

2.3.2 数据的有损压缩的基本原理与编码

有损压缩的基本原理是在进行数据压缩时牺牲一些质量来减少数据量，使压缩比提高，因而在数据解压缩时，其结果与原始数据有所不同，但是不会影响人的感观对原始数据的理解。有损压缩广泛应用于声音、图像和视频数据的压缩。

常见的有损压缩编码主要有预测编码、变换编码等。

1. 预测编码

这种利用原图像与其预测图像的差值代替原图像进行编码的方法称为预测编码。预测编码是针对空间冗余和时间冗余的压缩方法。如果预测编码的数学模型足够好，预测比较准确，那么误差值就会越小，从而数据压缩效果就会越好。预测编码方法在声音、图像的数据压缩方面得到广泛的应用和研究。

预测编码中典型的压缩方法有差分脉冲编码调制和自适应差分脉冲编码调制等。

（1）差分脉冲编码调制

DPCM（Differential Pulse Code Modulation），意为差分脉冲编码调制，是一种对模拟信号的编码模式，主要用于图像压缩。它的基本思想是先根据前一个信号计算出下一个信号的预测值，然后对实际值与预测值之差进行量化编码，从而减少了表示每个样本信号的位数。

如图 2–7 所示为 DPCM 编码的基本原理相图。其中，编码部分由量化器、预测器和编码器组成，解码部分由解码器和预测器组成。

为便于描述，将要编码图像像素按其传输次序表示为 $f=\{f_1, f_2\cdots, f_{n-m}, f_{n-(m-1)}, \cdots f_{n-1}, f_n\}$，其中 f_n 为当前要编码的像素灰度值，f_{n-m}，$f_{n-(m-1)}$，⋯，

f_{n-1} 是与 f_n 相关的前 m 个像素灰度值，则 f_n 可由与之相关的前 m 个像素来预测，即 f_n 的预测值为：

$$f_n=F\left(f_{n-m}, f_{n-m+1}, \cdots, f_{n-2}, f_{n-1}\right) \tag{2-1}$$

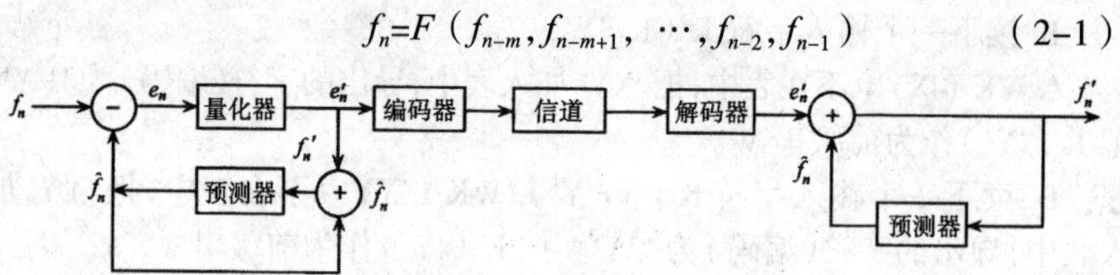

图 2-7　DPCM 编码原理框图

图像像素灰度值 f_n 送入减法器，使 f_n 与其预测值 f_n 相减得出差值信号，即 $e_n=f_n-\hat{f}_n$。然后将 e_n 送入量化器，量化后再送入编码器进行编码。另外，一路是将 e'_n 送入相加器，在这里 e'_n 与 f_n 相加后再送入预测器，以便预测下一个要编码的像素值。这里的预测器一般带有存储器，它能把 $f'_{n-1}, f'_{n-2}, \cdots f'_{n-m}$ 存储起来，并据此按式（2-1）对 f_n 进行预测，得到预测值 $\hat{f}_n$。

收端对接收到的编码值进行解码，得到 e'_n 后再送入相加器与预测值 $\hat{f}_n$ 相加得到 f'_n，另外 f'_n 又送到预测器存储，以便预测下一个样本。收发两端所用的预测器相同，在收端即可恢复出 f'_n，它是输入像素灰度值 f_n 的近似值。f_n 和 f'_n 之间的差别是由发端量化器造成的。对 e_n 量化越粗，压缩比就越高，所引起的失真也越大。当量化器设定后，DPCM 的关键问题就是设计预测器，预测器预测的 $\hat{f}_n$ 越接近 f_n，e_n 的方差就越小，则压缩比也就越高。

可见，DPCM 系统中的误差来源是发送端的量化器，而与接收端无关，若去掉量化器，可实现信息保持的无失真编码。基于 DPCM 的无失真编码的优点是硬件易实现，重建图像质量好；缺点是压缩比太低，大约为 2∶1。

（2）自适应差分脉冲编码调制

进一步提高编码性能的方法是将自适应量化器和自适应预测器结合在一起用于 DPCM 上，即自适应差分脉冲编码调制（Adaptive Differential Pulse Code Modulation，ADPCM）。该编码具有自适应特性，包括自适应量化和自适应预测两种形式，所用的量化间隔的大小可按差值信号的统计结果自动适配，达到最佳量化，从而使因量化造成的失真最小。目前，ADPCM 以其简单实用的特点广泛应用到数字音乐盒和数字录音笔中。

ADPCM 编码方法，即定期地重新计算协方差矩阵和相应的加权因子，充分利用其统计特性调整预测参数，使预测器随着输入数据的变化而变化。也就是使预测器和量化器的参数根据所要记录的数据内容（如图像的不同部位）的具体特点进行自行调整，以便匹配图像的局部变化，使其具有更大的灵活性，从而获得较高的压缩比和较好的图像质量。

ADPCM 编码原理框图，如图 2-8 所示。

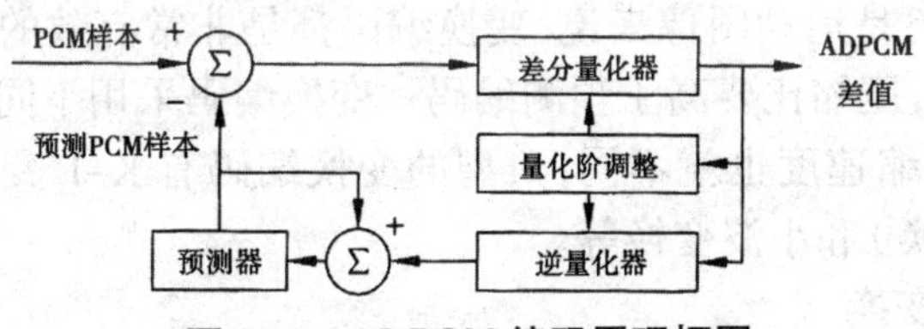

图 2-8　ADPCM 编码原理框图

2. 变换编码

在日常生活中，对于一些复杂的事情，总可以找到方法将其变得容易些。比如，在数学计算中，某些复杂的计算或数据，可以通过另外途径将其转换得易计算易读取。例如，乘法计算：100 000 000 × 1 000 000= 100 000 000 000 000，以这样的形式进行运算，数据大，且不易读取，那么将其转换成另一种形式 $10^8 \times 10^6$=10 M，这样无论是读取还是计算都容易许多。变换编码的理念与此类似，它是将一组信号转换成另一种表示形式，以便用较少的数据表示大量的信息。

预测编码是一种较好地去除音频、图像信号相关性的编码技术，而变换编码也可以有效地去除图像信号的相关性，而且其性能往往优于预测编码。

变换编码主要有变换、量化和编码 3 个步骤。具体地说，在空间域、时间域和频率域 3 个域中进行变换，然后对变换后的数据进行量化和编码操作。变换是可逆的，本身并不进行压缩，它只是把信号映射到另一个域，使信号在变换域里容易进行压缩，变换后的样值更独立和有序。

变换编码原理框图，如图 2-9 所示。输入图像 G 经正交变换 U 变换到频率域空间，像素之间相关性下降，能量集中在变换域中少数变换系数上，已经实现了数据压缩的效果。

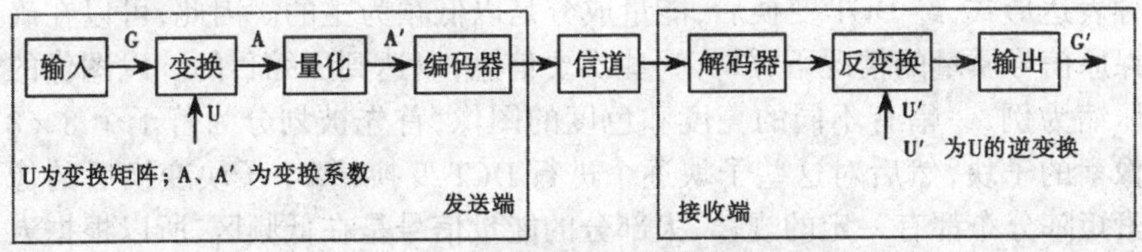

图 2-9　变换编码的编译基本原理框图

对变换系数 A 中那些幅度大的元素予以保留，其他数量多、幅度小的变换系数全部当作零不予编码，再辅以非线性量化，进一步压缩图像数据。

由于量化器存在，量化后变换系数 A' 和 A 之间必然存在量化误差，从而引起输入图像 G 和输出图像 G' 之间存在误差。图中 U' 是 U 的逆变换。

虽然变换编码是一种有损编码方法，但无论是对单色图像、彩色图像、静态图像还是运动图像来说，变换编码都是非常有效的方法，具有较好的抗干扰性，压缩比要高于预测编码。变换编码采用不同的变换方式，其压缩比和压缩速度也就不同，典型的变换编码有 K–L 变换、离散余弦变换（DCT 变换）和小波变换等。

（1）K–L 变换

K–L 变换（Karhunen–Loeve Transform），也称为霍特林（Hotelling）变换，是建立在统计特性基础上的一种离散变换。

K–L 变换能使变换后的协方差矩阵为对角阵，并且有最小均方误差，向量信号的各个分量互不相关，因而它是失真最小的一种变换，故称为最佳变换。由于它的“最佳”特性，所以常常作为对其他变换技术性能的评价标准。

K–L 变换的压缩性能是：对语音而言，用 K–L 变换在 13.5 kb/s 下得到的语音质量可与 56 kb/s 的 PCM 编码相比；对图像来讲，2 b/pixel 的质量可与 7 b/pixel 的 PCM 编码相当。

K–L 变换的突出优点是相关性好，但其计算量相当大，计算过程复杂，变换速度慢，很难满足实时处理的要求。

（2）离散余弦变换

离散余弦变换（Discrete Cosine Tranform，DCT）与 K–L 变换在性能和误差方面是最为接近的一种变换。虽然 K–L 变换是一种最佳变换，其变换后的系数是互不相关的，但在变换成本和实时性方面，K–L 变换通常被认为是最困难的一种变换。而 DCT 计算复杂度适中，又具有可分离、运算速度快、易实现等特点，近年来在图像数据压缩中，采用 DCT 编码的方案很多。

DCT 是通过一种复杂的数学变换将信号从一种表达形式转换为另一种表达形式，经 DCT 变换后，能量成分是以低频为主的。因此，可以在确保原信号质量的情况下，放弃一些次要信息，以达到压缩目的。以图像的压缩为例，一幅有不同的亮度和色度的图像，首先被划分为若干个 8×8 像素的子块，然后对这些子块逐个进行 DCT 变换，每个子块变换后的像素矩阵分布都有一定的规律，大部分的能量信号是在低频区，所以根据人眼视觉特性，可以去掉一些不影响图像基本内容的高频分量，以达到很好的压缩效果。

DCT 的优点很多，诸如可以将 8×8 像素的图像空间域转换为频率域，只需少量的数据点表示图像；DCT 产生的系数容易被量化，以获得较好的压缩效果；DCT 算法是对称的，逆 DCT 算法可用来解压缩图像等。因此，DCT 变换已被广泛应用于各种图像与视频压缩中，如 JPEG、MPEG 等都采用了 DCT 编码方法。

（3）小波变换

小波变换（Wavelet Transform，WT）是 20 世纪 80 年代中后期发展起来的一个数学分支，类似于离散余弦变换，即都是将图像由时域变换到频域，然后再量化、编码，最后输出。但小波变换能够有效地克服 DCT 所产生的方块效应，而且还可以对图像进行多分辨率的描述，分析与细化时频局部特征，把图像信息定位在任意精度级上，弥补了 DCT 进行影像压缩时细节信息损失较多的缺陷。

小波变换的基本原理是：将原始信号通过伸缩和平移后，分解成一系列具有不同空间分辨率、不同频率特性和方向特性的子带信号，这些子带信号良好的时频特性可以用来表示原始信号的局部特征，从而实现了对原始信号进行时间和频率上的局部化分析。比如，对于一幅图像来说，低频部分是图像的平滑区域，集中了图像的大部分能量，高频部分是图像的边缘和细节部分，人眼对于图像的平滑区域比较敏感，而对于水平和垂直方向的高频噪声和失真最不敏感。

小波变换分成两个大类：离散小波变换（DWT）和连续小波变换（CWT）。两者的主要区别在于，连续变换在所有可能的缩放和平移上操作，而离散变换采用所有缩放和平移值的特定子集。

①连续小波变换。

设 $\Psi(t) \in L^2(R)$，当其傅里叶变换 $\Psi(\omega)$ 满足条件：

$$C_{\Psi} = \int_R \frac{|\Psi(\omega)|^2}{|\omega|} \mathrm{d}\omega < \infty$$

则称 $\bar{\Psi}(\omega)$ 为基本小波或母小波（Mother Wavelet）。将其平移、伸缩可以得到一个小波序列：

$$\overline{\Psi_{a,b}(t)} = \frac{1}{\sqrt{|a|}} \Psi\left(\frac{t-b}{a}\right) a, b \in \mathrm{R};\ a \neq 0$$

式中：a 为伸缩因子；b 为平移因子。对于任意的函数 $f(t)L^2(R) \in L^2(R)$，其连续小波变换为：

$$W_f(a,b) = \langle f, \Psi_{a,b} \rangle = |a|^{-1/2} \int_R f(t) \overline{\Psi\left(\frac{t-b}{a}\right)} \mathrm{d}t$$

重构公式（逆变换）为：

$$f(t)=\frac{1}{C_\Psi}\int_{-\infty}^{\infty}\int_{-\infty}^{\infty}\frac{1}{a^2}W_f(a,b)\Psi\left(\frac{t-b}{a}\right)\mathrm{d}a\mathrm{d}b$$

图 2-10 和图 2-11 分别给出了伸缩因子和平移因子对基本小波（母小波）的影响。

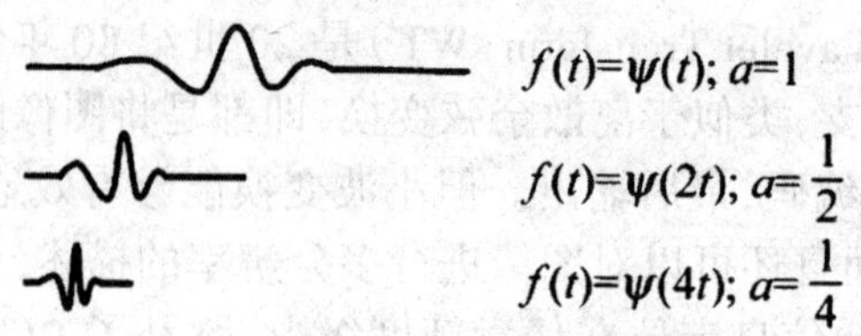

图 2-10　伸缩因子的影响

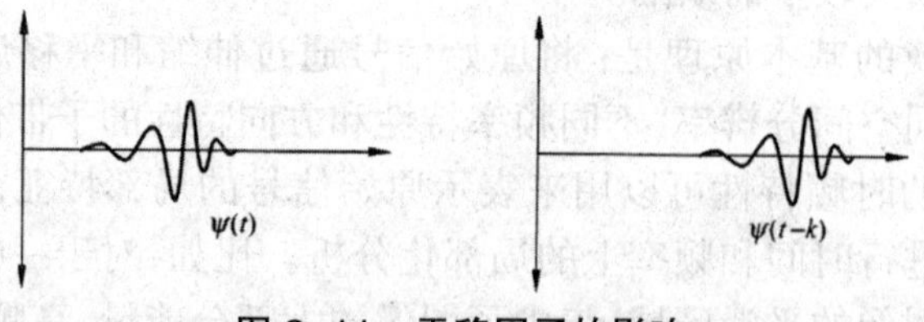

图 2-11　平移因子的影响

②离散小波变换。

小波离散化不是针对时间变量 t 的，而是针对连续的尺度参数 a 和连续的平移参数 b。通常取其离散化参数为 $a=a_0^j$；$b=ka_0^jb_0$。此处 $j\in\mathbf{Z}$，扩展步长 $a_0\neq 1$ 是固定值（通常假定 $a_0>1$），其离散小波函数为：

$$\Psi_{j,k}(k)=a_0^{-j/2}\Psi\left(\frac{t-ka_0^jb_0}{a_0^j}\right)=a_0^{-j/2}\Psi\left(a_0^jt-kb_0\right)$$

离散化小波变换系数为：

$$C_{i,j}=\int_{-\infty}^{\infty}f(t)\Psi_{j,k}^*(t)\mathrm{d}t=\left\langle f,\Psi_{j,k}\right\rangle$$

重构公式为：

$$f(t)=C\sum_{-\infty}^{\infty}\sum_{-\infty}^{\infty}C_{j,k}\Psi_{i,k}(t)$$

式中，C 是与系数无关的常数。

网格点越密（a_0、b_0 越小），使用的小波函数 $\Psi_{j,k}(t)$ 和离散小波系数 $C_{j,k}$ 越多，重构精度越高。

为了使小波变换具有可变化的时间和频率分辨率，适应分析信号的平稳性，需要改变 a、b 大小使得小波具有“变焦”功能。最常用的是二进制动态网格，$a_0=2$，$b_0=1$，则每个网格点对应尺度为 2^j，平移为 2^jK。由此得到二进小波（Dyadic Wavelet）：

$$\Psi_{j,k}\left(t\right)=2^{-j/2}\Psi\left(2^{-j}t-k\right),j,k\in\mathbf{Z}$$

小波分析的应用领域十分广泛，除了用于信号与图像压缩方面外，还可以用于其他领域，如信号分析、图像识别、医学方面的 CT 成像等。

2.4　图像创意设计与编辑技术

随着多媒体技术的发展，数字图形图像技术逐渐取代了传统的模拟图像技术，形成了独立的“数字图形图像处理技术”。同时，多媒体技术借助数字图形图像处理技术得到进一步发展，为数字图形图像处理技术的应用开拓了更为广阔的空间。

2.4.1 图像处理原理分析

1. 人的视觉模型

一幅图像可看作无数多个像点的集合，这里的每个像点可看作一个点光源。

在数学上，点源可以用函数表示。表示平面图像的二维 δ 函数定义为：

$$\begin{cases}\int_{-\infty}^{+\infty}\int_{-\infty}^{+\infty}\delta\left(x,y\right)\mathrm{d}x\mathrm{d}y=1\\ \delta\left(x,y\right)=\begin{cases}\infty & x=0,y=0\\ 0 & \text{其他}\end{cases}\end{cases}$$

即一个冲激函数，通过它可以表示任意一幅图像 $f(x,y)$。

$$f(x,\ y)=\int_{-\infty}^{+\infty}\int_{-\infty}^{+\infty}f\left(\alpha,\beta\right)\delta\left(x-a,y-\beta\right)\mathrm{d}\alpha\mathrm{d}\beta$$

一个光学成像系统可用(图 2–12)来描述。

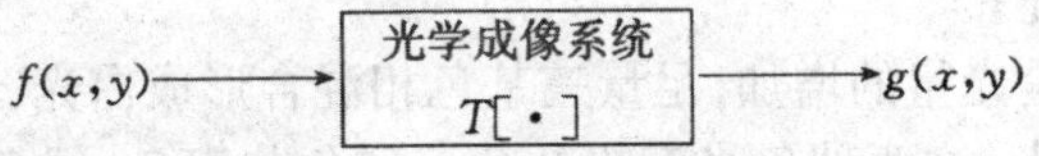

$f(x,y)$ → 光学成像系统 $T[\cdot]$ → $g(x,y)$

图 2–12　光学成像系统

原图像经过光学成像系统后，其输出为：

$$\begin{aligned}g(x,y)&=T\left[f(x,y)\right]\\&=T\left[\int_{-\infty}^{+\infty}\int_{-\infty}^{+\infty}f(\alpha,\beta)\delta\left(x-a,y-\beta\right)\mathrm{d}\alpha\mathrm{d}\beta\right]\end{aligned}$$

人眼是一个构造极为复杂的器官，具有感光特性。通过对人眼的研究并结合光学成像系统，人们通过建立视觉模型来解释某些视觉特性。目前，常用的视觉模型是视觉系统的低通—对数—高通模型，大多数视觉现象都可以用它来解释，如图 2–13 所示。

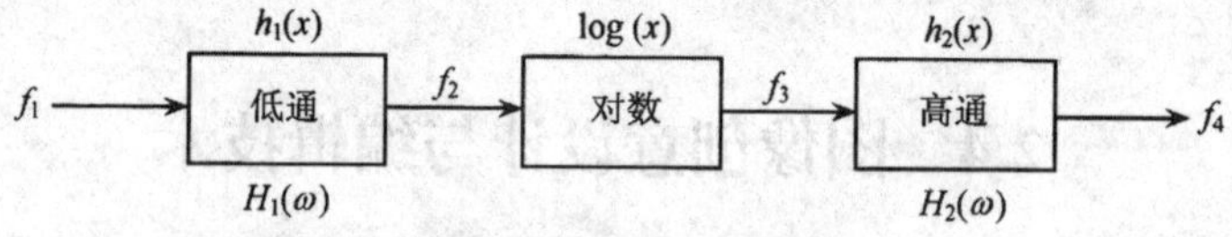

图 2–13　视觉的低通—对数—高通模型

①光反射到人眼视网膜的过程中会存在一定的光学像差，加上人眼的分辨力有限，使得视觉系统的上限频率受到限制，对高频变化不敏感，与低通滤波器的效果类似，这就是(图 2–13)的“低通”部分。

②人眼视觉细胞对亮度的范围很大，但在同一时间所感受的亮度范围有所限制。人眼对亮度的主观感觉与物体对象本身的实际亮度值和周围环境的平均亮度有关。调查显示，主观亮度感觉和客观亮度之间呈单调非线性的对数关系，即(图 2–13)的中间部分。

③由于视神经细胞的侧向抑制作用，其等效于一个高通滤波器，即使在客观亮区的边沿也会存在一条主观亮度更亮的光带。

2. 颜色模型

颜色模型是将某种颜色表现为数字形式的模型，或者说是一种记录图像颜色的规则和定义，分为 RGB 模型(面向监视器和彩色摄像机等)、CMYK(CMY)模型(面向印刷工业中的打印机和印刷机)、YUV 模型(又称为 YCrCb，面向电视信号传输)和 YIQ 模型(面向彩色广播电视系统)。

(1)RGB 模型

颜色是光的物理属性和人的视觉属性的综合反映。光的基色或原色为红(R)、绿(G)、蓝(B)三色，也称光的三基色。三基色以不同的比例[某一颜色 =R(红色的百分比)+G(绿色的百分比)+B(蓝色的百分比)]混合，可形成各种色光。

光的混合是光量的增加，足量三基色相混合形成白光，若两种色光相混合而形成白光，这两种色光互为补色。红色与青色，绿色与品红色，蓝色与黄色互为补色，如图 2–14 所示。互补色是彼此之间最不一样的颜色，这就是人眼能看到除了基色之外其他色的原因。

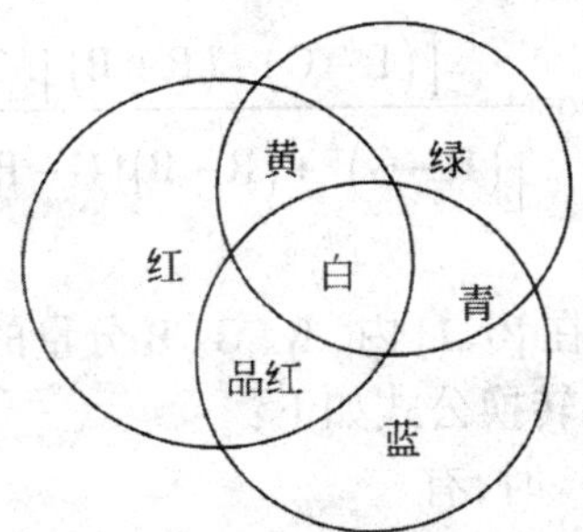

图 2-14　RGB 模型的互补色

（2）HSI 模型

HSI 模型是利用颜色的 3 个属性色调 H（Hue）、饱和度 S（Saturation）和亮度 I（Intensity）组成一个表示颜色的圆柱体，如图 2-15 所示。

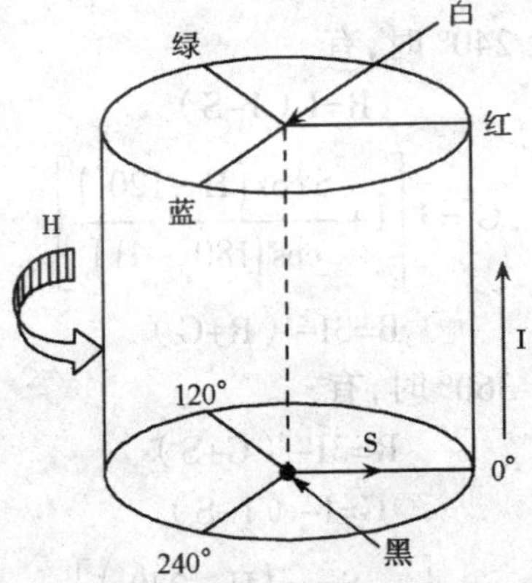

图 2-15　HSI 颜色圆柱体

HSI 颜色圆柱体的轴线方向表示亮度，其中底部最暗，顶部最亮。

RGB 模型面向机器，而 HSI 模型与人的颜色感知一一对应。因此，在实际应用中经常要用到 RGB 和 HSI 之间的模型转换。

RGB 转换到 HSI。

首先将 R、G、B 分量归一化到 [0,1] 范围内，然后根据下列公式计算出对应的 H、S 和 I 分量分别为：

$$H=\begin{cases}\theta & B\leqslant G\\ 360^{\circ}-\theta & B>G\end{cases}$$

$$S=1-\frac{3}{R+G+B}\left[\min(R,G,B)\right]$$

$$I=\frac{R+G+B}{3}$$

$$\theta = \arccos \frac{\left[(R-G)+(R+B)\right]/2}{\left[(R-G)^2+(R-B)(G-B)\right]^{1/2}}$$

HSI 转换到 RGB。

若设 S、I 分量的值在 [0,1] 内，R、G、B 分量的值也在 [0,1] 内，则由 HSI 模型向 RGB 模型的转换公式如下：

①当 0° ≤ H < 120° 时，有

$$R = I\left[1+\frac{S\cos H}{\cos\left(60^{\circ}-H\right)}\right]$$

$$G=3I-（B+R）$$

$$B=I（1-S）$$

②当 120° ≤ H < 240° 时，有

$$R=I（1-S）$$

$$G = I\left[1+\frac{S\cos\left(H-120^{\circ}\right)}{\cos\left(180^{\circ}-H\right)}\right]$$

$$B=3I-（R+G）$$

③当 240° ≤ H < 360° 时，有

$$R=3I-（G+S）$$

$$G=I-（1-S）$$

$$B = I\left[1+\frac{S\cos\left(H-240^{\circ}\right)}{\cos\left(300^{\circ}-H\right)}\right]$$

（3）CMYK 模型

从理论上说，任何一种颜色都可以用 3 种基本颜料——青（Cyan）、品红（Magenta）和黄（Yellow）按一定比例混合得到，称为 CMY 模型。由于在印刷中常加有一种黑色颜料（Black），所以 CMY 又写成 CMYK。

在 CMYK 模型中，由光线照到有不同比例 C、M、Y、K 油墨的纸上，部分光谱被吸收后，反射到人眼的光产生颜色。由于 C、M、Y、K 在混合成色时，随着 C、M、Y、K 这 4 种成分的增多，反射到人眼的光会越来越少，光线的亮度会越来越低，因此 CMYK 模式产生颜色的方法又被称为色光减色法。CMYK 模式主要适用于创建要打印的图像。

在 CMYK 模型中，当 3 种基本颜料等量比例时得到黑色；等量黄色和品红而青色为 0 时得到红色；等量青色和品红而黄色为 0 时得到蓝色；等量黄色和青色而品红为 0 时得到绿色，如图 2-16 所示。

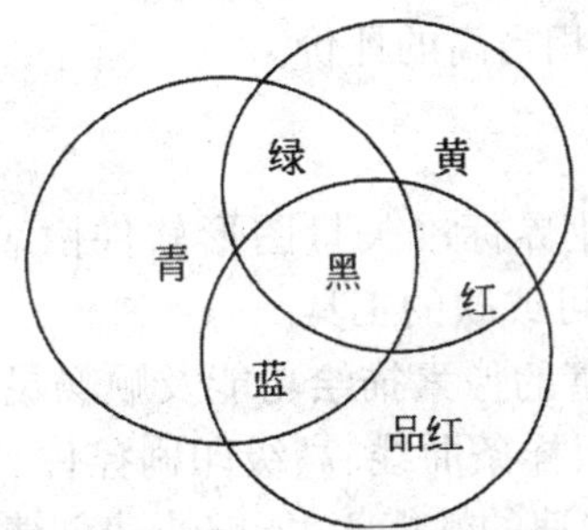

图 2-16　CMYK 模型

利用 RGB 和 CMYK 之间的关系可以把显示的颜色转换为输出打印的颜色。RGB 和 CMYK 模式下的颜色之间成对出现互补色。例如，当 RGB 为 1∶1∶1 时，颜色为白色，那么 CMY 为 1∶1∶1 时，其表示的颜色则为白色的互补色即黑色。当 RGB 为 0∶1∶0 时，颜色为绿色，那么打印色绿色的对应 CMY 比例则为 1∶0∶1。

在一个典型的多媒体计算机图像处理系统中，常常可以用几种不同的色彩空间表示图形和图像的颜色，以对应于不同的场合和应用。因此，在数字图像的生成、存储、处理及显示中对应不同的色彩空间需要进行不同的处理和转换。

2.4.2 图像处理软件

图像处理软件被广泛运用到数字照片、广告、装潢、包装等各个行业，面向广告公司、室内装潢设计、建筑设计院、新闻媒介、网络科技公司等进行广告策划、创意设计、室内装饰、效果图设计、平面宣传、三维动画制作、网站设计制作等工作，起着重要的作用。

1.CorelDRAW

CorelDRAW 作为世界一流的平面矢量绘图软件，为平面设计提供了先进的手段和最方便的工具。目前，几乎所有商用设计和美术设计的 PC 上都安装了 CorelDRAW。

CorelDRAW 界面设计友好，同时还提供了特殊笔刷，如压力笔、书写笔、喷洒器等。其实色填充提供的多种模式调色方案及专色的应用、渐变、颜色匹配管理方案，实现了显示、打印和印刷的颜色一致。

CorelDRAW 号称“所有图形的解决方案”，在它的各个版本中，始终保持着“轻轻松松地绘图、制表、简报、图像处理”等功能，且不断地针对使用者的需求增加各种新的功能。不论是一般使用者还是专业创作人员都给予 CorelDRAW 以相当高的评价。

2.Illustrator

Adobe Illustrator 业界标准矢量图形软件由著名的美国 Adobe 公司出品，是平面设计中不可或缺的工具。

Illustrator 提供丰富的像素描绘功能及顺畅灵活的矢量图编辑功能，诸如三维原型、多边形、样条曲线、高级印刷控件、平滑 Adobe PDF 集成、增强打印选项以及更快速的性能等，能够快速创建并设计工作流程。

3.Freehand

Freehand 是由 Adobe 公司研制的一种功能强大的平面矢量图形设计软件。Freehand 提供可编辑的向量动态的透明功能，同时提供包括字型预视、显示及隐藏、文字样式、大小写转换等功能。另外，使用自由造型工具可对一些基本图形采用拖拉、推挤等方式来产生需要的形态。

4.Photoshop

Photoshop（简称 PS）是 Adobe 公司开发的图像处理软件。Photoshop 的专长在于图像处理（对已有的图像进行编辑加工处理及运用一些特殊效果），而不是图形创作。

5.ACDSee

ACDSee 作为最常见的看图软件，广泛应用于图片的获取、管理、浏览、优化。ACDSee 还能处理如 MPEG 之类的常用视频文件。

目前，许多广告和片头都是把两种处理技术结合起来使用，以取得相当完美、逼真和生动的效果。例如，《侏罗纪公园》中的恐龙是三维制作技术造出的模型和设计的动作，影片中的人是电影手法拍摄的，三维图形和图像两者合成，产生了人和恐龙共生的场面。

2.4.3 图像编辑技术

采集到计算机中的图像往往并不直接使用，一般是先对其进行修改及编辑等处理。图像处理大多以点阵为单位，诸如图像几何运算、图像增强、图像复原和重建、图像分割和特征提取、图像编码和压缩、图像识别等。

1. 图像的变换

图像的变换包括几何变换和正交变换。

（1）图像的几何变换

原始图像是空间坐标下像素值的描述，因此被称为空间域图像。图像空间域处理即图像的几何变换处理，是指利用某种方法直接对数字图像中的像素进行修改，主要指对图像进行缩放、裁剪、拼接、平移、旋转和变形等几何变换操作。

对数字图像而言，缩放图像就意味着改变图像的分辨率。放大图像，常利用相邻区域的像素来估算新的像素值，用以填充，这种操作称为插值；缩小图片时，会适当丢弃一些像素，也可以利用被丢弃的像素值来修改保留的像素值。通常来说，为了保持原图中形状、高度和对比度，在改变像素数目的时候会在效果和计算复杂度上进行权衡。

取出图像的一部分单独进行处理，或者将两幅图像组合在一起，这些操作分别称为裁剪和拼接。裁剪操作是根据某个几何参数抽取一块图像，即子图像，而拼接操作是将几幅图像或子图像合成为一幅新图像。平移和旋转可以校正输入图像的位置和方向，以便放正图像或进行图像比较。变形可以改变图像原先的像素值空间布局，实现图像的特殊显示效果。

（2）图像的正交变换

在实际应用中，某些图像的数据量很大，诸如遥感和卫星图等，在空间域对它们进行处理，涉及的计算量很大。因此，往往采用各种图像变换的方法对这些图像进行处理，变换后的图像是转换域图像。转换域图像还可以反变换为空间域图像，这个逆反过程被称为图像的正交变换。图像的正交变换利用变换域的数值刻画空域中的图像，同时通过对这些数值和变换性质的分析达到揭示图像本质特性的目的。正交变换可分为 3 大类型：余弦型变换、方波形变换和基于特征向量的变换。图像正交变换在图像增强、恢复、编码、描述和特征提取等方面都有着广泛的应用。

2. 图像增强

图像增强是指增强图像中有用的信息、压低噪声，其目的是提高图像质量，使得原始图像更为清晰、更适合于人的观察，同时变换图像以方便人或机器的分析和处理。增强过程不会增加数据内在信息量，却能增大所关心信息的动态范围，使之更易于检测。图像增强包括灰度变换、图像平滑、图像锐化、图像位色彩增强等。

3. 图像复原和重建

在成像过程中，由于成像系统本身或噪声等多种因素的影响，使图像变得模糊的现象称为图像退化。分析和了解了图像退化现象及其原因，建立退化过程的数学模型是进行图像复原的必要条件。图像复原就是对退化或劣化的图像进行校正处理、滤去退化痕迹、恢复图像的本来面目，其原则是应尽可能复现或逼近无退化的真实图像。

图像复原和图形增强都是用以改善图像质量的图像处理技术，但两者之间存在一定差别。图像增强是以人机交互方式用某种试探性方法提高图像的质量，以改善人眼的视觉效果和主观感受，或突出图像中的某些特征，以便计算机更好地识别和理解图像。而图像复原强调的是尽可能客观地以最大保真度恢复图像的本来面目，图像复原的质量不是由人的主观心理感觉决定的，而是根据某些客观的质量标准来决定的。

4. 图像分割和特征提取

图像分割，是将图像分割成不同的部分或区域的过程。图像分割是对图像进行处理、分析及理解的一个重要基础操作，其目的是把图像分成一些有用的或有意义的部分或区域，以便进一步对图像进行分析与理解。例如，在一张卫星拍摄的地球图像上，把水域与陆地分开；在一张田野的照片上，把农田与道路分开等。

图像特征提取就是检测和提取图像的特征。一般来讲，特征是由图像中不连续或空间中亮度过渡不光滑而形成的，所以特征提取就是检测图像中的不连续特征的过程，而这些不连续特征一般表现在点、线和边缘处，因此有点检测、线检测和边检测等几种基本手段。

5. 图像识别

图像识别属于模式识别的范畴，其主要内容是图形经过某些预处理（如增强、复原、压缩）后进行图像分割和特征提取，然后根据图像的几何和纹理特征利用模式匹配、判别函数、决定树及图匹配等识别理论对图像进行分类，并对整个图像做结构上的分析，从而进行判定和识别。

图像结构包括图像中物体的形状、位置、方向和分类或灰度级空间构型中的等级。这些结构信息的分析推论依赖于不同的图像特征（在二维平面中，点、线段或区域）和对应的物体特征（在三维空间中，点、线段、弧线段或曲面、平面）之间的匹配。物体的种类、背景、图像传感器、感觉视点决定了识别问题的难易。例如，在全黑背景上白色平面方块可用简单的拐点特征来识别。

计算机识别和物体检测是一个复杂的过程，一般来说它包含图像格式化、调整、标记、分组、提取和匹配 6 个步骤。

6. 图形处理实例

由美国 Adobe 公司出品的 Photoshop 产品在图像处理方面被认为是目前世界上最优秀的图像编辑软件。Photoshop 自问世以来就以其在图像编辑、制作、处理方面的强大功能和易用性、实用性而备受广大计算机用户的青睐。

Photoshop 的特色在于分层编辑技术和滤镜标准化技术。分层编辑技术的具体形式是图层,这是一种由程序构成的物理层,由于各层面上所承载的内容均为图像,因此得名“图层”。一幅图片被导入 Photoshop 后,一般作为最底下的图层,随着编辑操作的进展,可在底层之上形成多个层面,编辑操作可在各个层面上单独进行。

图层编辑有如下特点:

A. 所有编辑工具可用于各个图层,独立编辑,互不干扰。

B. 图层内容的相对位置可调,可随意取舍。

C. 图层间的关系可采用各种形式的叠加等合成方式。

D. 带有图层的图像可以 PSD 格式保存,便于下次继续编辑。

效果滤镜是 Photoshop 提供的一组图像加工工具,能完成特定视觉效果。通过改变效果控制参数可得到不同效果。效果滤镜具有简单易用、效果可调、可重叠使用、可对图像局部施加效果等特点。

PS 工作主界面主要包含菜单栏、工具箱、选项栏和属性面板,具体操作过程不在赘述,读者可查阅相应资料。本节以制作春节网站的 Banner 为例。

(1)新建文件

新建一个 700×178 像素、RGB 颜色模式的“春节”空白文档,如图 2–17 所示。

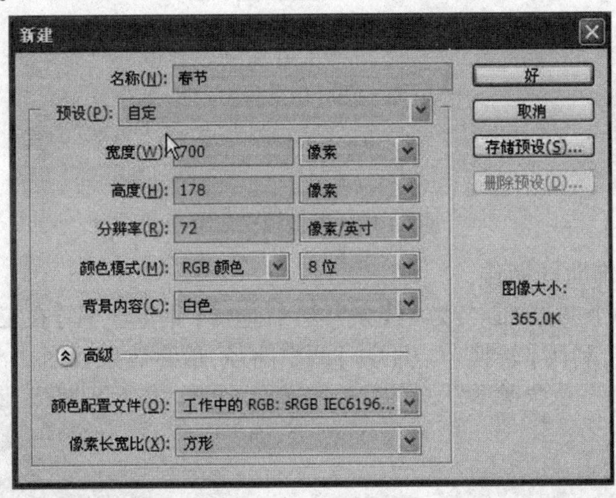

图 2–17　新建文件

（2）背景渐变填充

新建一个图层，命名为“填充”，在工具面板上选择【渐变工具】，打开【渐变编辑器】，【预设】选择“橙色、黄色、橙色”，【渐变类型】选择【实底】，【平滑度】选择“100%”，如图 2-18 所示。按住【Shift】键从左边向右边进行填充，效果如图 2-19 所示。

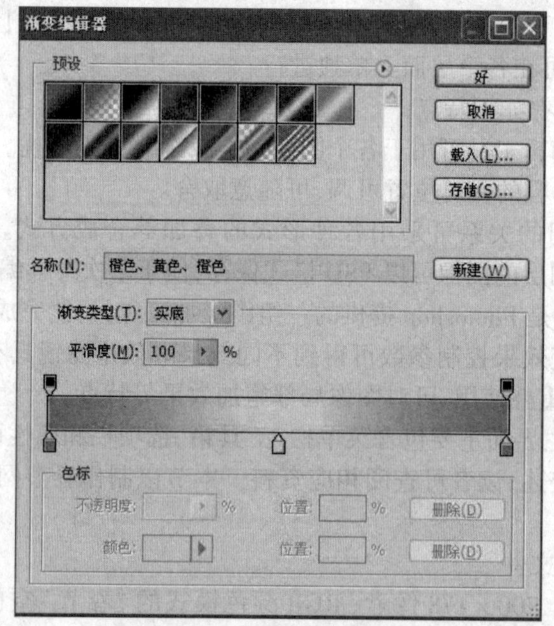

图 2-18　渐变颜色设置

图 2-19　渐变填充效果

（3）装饰曲线制作

新建一个图层，命名为“线条”，然后选择【钢笔工具】在工作区上绘制一条路径，利用【转换节点工具】调整路径，最终效果如图 2-20 所示。

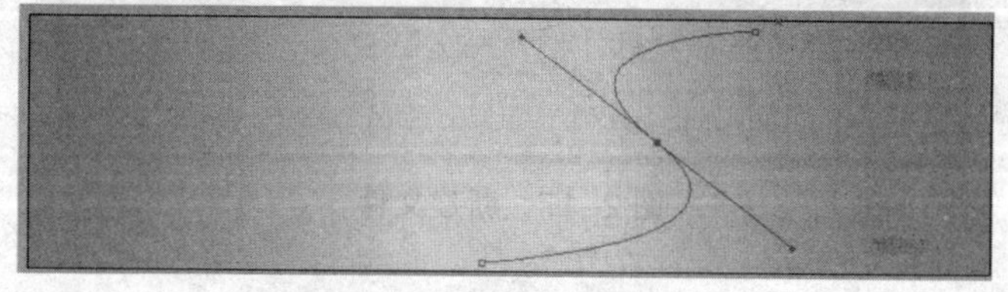

图 2-20　装饰曲线路径

将前景色设为红色，画笔直径设为“2”，选中【钢笔工具】，在路径上右击，从弹出的快捷菜单中选择【描边子路径】命令，如图 2–21 所示。

图 2–21　选择【画笔】工具对路径描边

选中三个节点的中间节点，利用键盘上的方向键【→】向右移动两次，再次执行【描边子路径】命令；向右移动两次，执行【描边子路径】命令，这样多次执行，即可绘制出一个简单的线条集合，如图 2–22 所示。

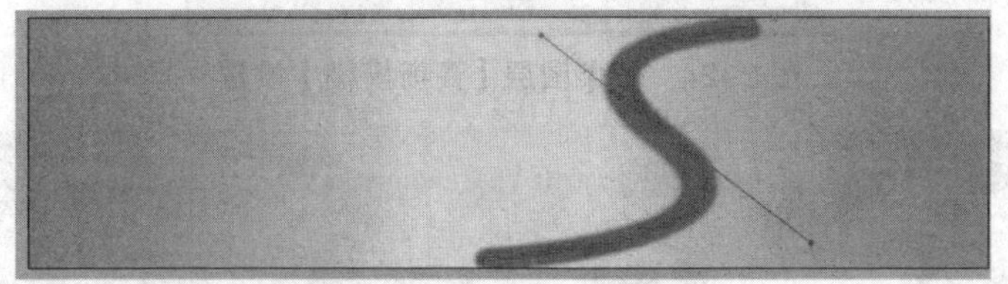

图 2–22　路径描边效果

切换到【路径】选项卡，在空白处单击，取消路径，切换回【图层】选项卡，并将线条图层的不透明度设为 70%，如图 2–23 所示。

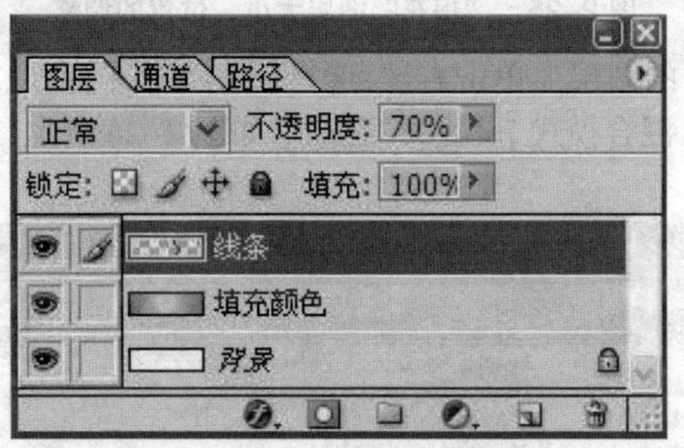

图 2–23　线条图层透明度设置

执行菜单栏【滤镜】→【模糊】→【高斯模糊】命令，将半径设为“1”像素，如图 2–24 所示，单击【确定】按钮。

（4）素材图片的置入

置入素材“梅花”图片，按【Ctrl+T】组合键调整图片的大小和位置，如图 2–25 所示，并将图层名改为“梅花”。

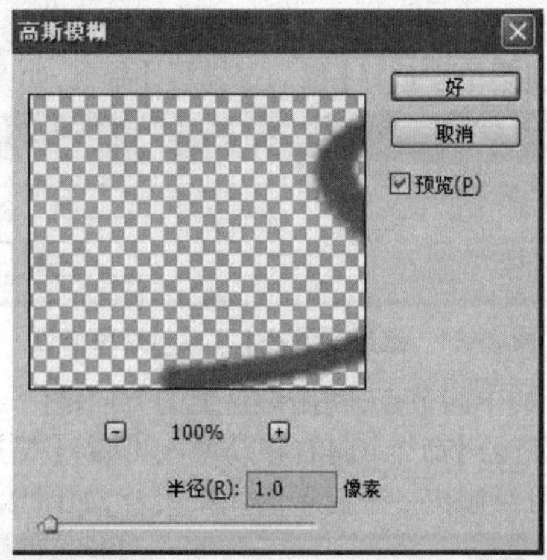

图 2-24　线条图层【高斯模糊】设置

图 2-25　“梅花”图层大小、位置的调整

在“梅花”的图层上单击右键，选择【混合选项】命令，打开【图层样式】对话框，将【混合模式】设置为“叠加”，如图 2-26 所示，效果如图 2-27 所示。

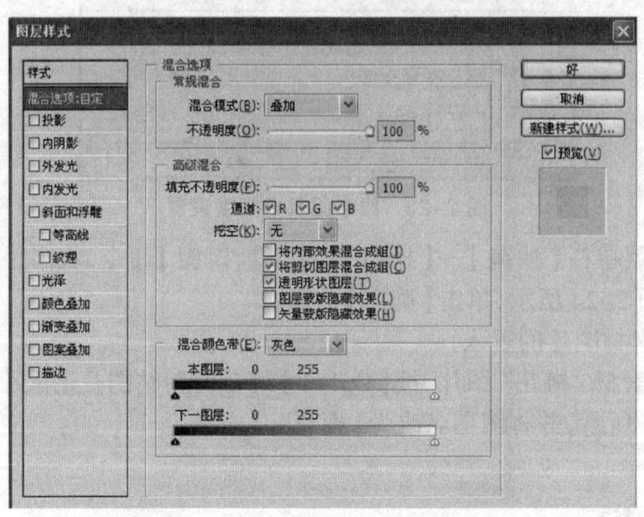

图 2-26　“梅花”图层【混合模式】的设置

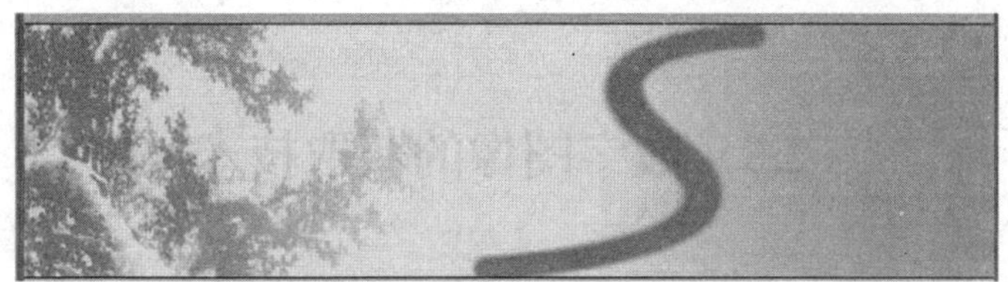

图 2-27　“梅花”图层叠加效果

置入素材“人物”,将图层命名为“人物”,按【Ctrl+T】组合键调整图片的大小和位置,将“人物”图层的【混合模式】设置为“正片叠底”,【不透明度】设置为“36%”,效果如图 2-28 所示。

图 2-28　“人物”图层混合效果

置入素材“鞭炮”,将图层命名为“鞭炮”,调整图片的大小和位置,将“鞭炮”图层的【混合模式】设置为“变暗”,效果如图 2-29 所示。

图 2-29　“鞭炮”图层融合效果

(5)输入文字

输入文字“春节”,设置字体为“赵孟頫楷书”,字号设置为“6pt”。调整文字的位置。最终效果如图 2-30 所示。

图 2-30　最终效果图

2.5 数字图像的获取技术

2.5.1 扫描仪获取

以 DA MICROTEK Scan Maker 4850 Ⅲ为例说明扫描仪的使用。

1. 连接和安装扫描仪的软件和硬件

(1)用扫描仪附带的 USB 缆线将扫描仪与计算机连接起来。

(2)电源一端插在电源插座上,另一端接在扫描仪背面的电源接口上。

(3)安装扫描仪驱动,选择 UAB 为扫描接口方式。

(4)安装文字识别软件。

2. 扫描仪的使用

(1)打开扫描仪电源。

(2)将需扫描的图片在扫描仪面板上摆正。

(3)双击桌面图标 Scan Wizard 5,启动扫描仪扫描程序。扫描操作界面,设定合适的扫描参数。

(4)单击控制面板左上方的【预览】按钮预扫图片。

(5)确定扫描区域,选择扫描类型、输出目的、输出比例。

(6)单击【扫描】按钮,若是输入图像则图像类型设置为"RGB 色彩",保存扫描得到的图像 *.tif 文件,开始扫描图像,再用 Photoshop 处理图像;若是输入文字则图像类型设置为"灰度",保存为 *.jpg 文件,再使用 OCR 软件识别成文字。

(7)在桌面上双击"汉王文字专业版本"图标,启动汉王文字识别软件。

(8)单击"打开图像"图标,打开【打开图像文件】对话框,选择要识别的文字图像文件,单击【打开】按钮。

(9)右击选择要识别的文字。

(10)单击【识别】按钮,开始识别文字。

(11)用鼠标选中全部识别的文字,按上方的创建 Rtf 文档键,创建 Word 文档,复制将其粘贴到 Word 文档,便可对其进行修改了。

2.5.2 网络获取

图像获取的另一个常用途径是网络获取。在网络上获取图像常用的方法分为搜索引擎获取、资源库下载和软件获取。

常用的图片搜索引擎有：

· 百度图片搜索（http：//image.baidu.com/）；

· 谷歌图片搜索（http：//images.google.cn/）；

· 雅虎图片（http：//sg.images.search.yahoo.com/）。

常用的图片资源库包括：

· 站长素材（http：//sc.chinaz.com/tupian/）；

· 素材中国（http：//www.sccnn.com/）；

· 创意素材库（http：//sc.52design.com/）。

通过软件获取网络图片是为了批量获取网站图片，避免到计算机 IE 缓存文件夹中复制图片，是节省时间的方法。例如，采用 SnagIt 软件的“网页中的图像”解决方案，设置查找深度并输入网络地址，可以进行自动获取并保存到指定目录中。

第 3 章 数字音频技术及应用

3.1 声音与数字音频

声音是人类认识自然和进行交流的主要媒体形式，通常的声音主要是指语音、自然声和音乐。如何将声音数字化转换成数字音频，更加方便地进行传输、存储和处理，成为多媒体研究的一个重要领域。数字音频信号的处理主要表现在数据采样和编辑加工两个方面。其中，数据采样的作用是把自然声转换成计算机能够处理的数字音频信号；对数字音频信号的编辑加工则主要表现在剪辑、合成、静音、增加混响及调整频率等方面。

3.1.1 声音

声音，是听觉器官对声音传媒介质的机械振动的感知。从振动波的角度而言，声音是一种模拟振动波，是用连续波形表示的模拟信息，通常称为波形声音。

1. 声音的基本技术指标

（1）振幅：振幅是声音波形振动的幅度，表示声音的强弱。振幅用来定量研究空气受到压力的大小。

（2）周期：周期是声音波形完成一次全振动的时间，通常用 T 表示，单位是秒。

（3）频率：频率是声音波形在一秒钟内完成全振动的次数，表示声音的音调，单位是赫兹（Hz），通常用 f 表示，很显然 $T=1/f$。

2. 声音的频率

声波的频率就是声源振动的频率，即每秒钟声源来回往复振动的次数。频率的单位通常用 Hz（赫兹）表示，简称赫。声波的频率对人的听觉感受影响很明显。按照声波的频率不同，声音可以分为次声波、超声波和人耳可听声 3 种，如图 3-1 所示。

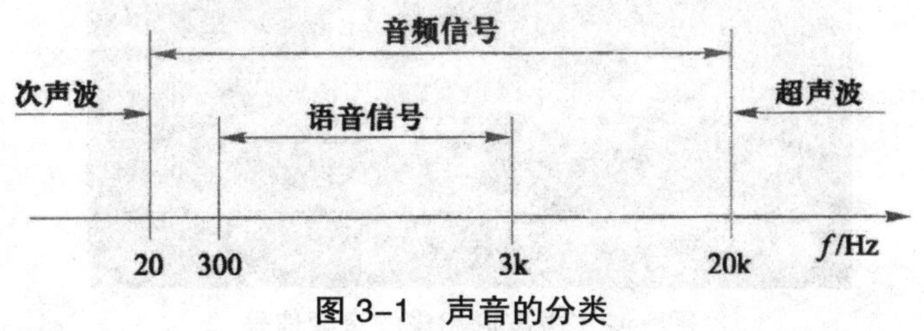

图 3-1　声音的分类

介于 20 Hz ~ 20 kHz 这段频率的声音是人耳可以听到的声音。以 500 Hz 和 2 000 Hz 为分界点，可将人耳可听声分为低频、中频、高频。人说话的声音一般不会超过 800 Hz，主要集中在低中频。

超声波的频率高于 20 kHz，具有频率高、方向性好、穿透力强等特点，可以广泛地应用于测距、测速、清洗、焊接、碎石和医学诊断等领域。由于超声波的振动频率高于人耳的听阈范围，因此超声波也是人耳无法听到的。

次声波，是指频率低于 20 Hz 的声波。一般情况下，地震、火山爆发、风暴、海浪冲击、枪炮发射和热核爆炸等都会产生次声波。

3.1.2 数字音频

1. 音频信号的转换过程

音频信号是随时间变化的连续的模拟信号，它们由波形组成，如图 3-2 所示，波形的峰和谷代表不同的音调；而计算机只能处理数字信号。因此，在计算机处理音频信号之前，首要的一步是把音频信号变成用“0”和“1”表示的数字信号，这个过程称为数字化，或者叫作模（拟）/ 数（字）转换，即 A/D 变换（Analog/Digital）。完成这个转换的器件称为模数转换器，常用 ADC（Analog to Digital Converter）表示。

计算机对音频信号处理完成之后，得到的信号依然是数字信号。这时，如果把这种信号直接送给喇叭发声，我们根本就听不懂，因此，必须再把数字音频信号转变成模拟信号，即数 / 模转换（D/A 变换）。完成这个转换的器件称为数模转换器，常用 DAC（Digital to Analog Converter）表示。

由此我们知道，音频是先通过模数转换器数字化，再通过数模转换器播放出来的。这一过程是由声卡来完成的。

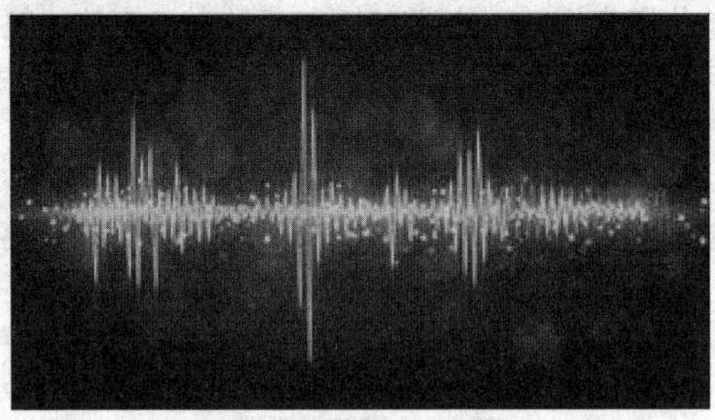

图 3-2　由波形组成的音频信号

数字音频和模拟音频之间要进行转化需要依靠声卡。声卡一般都会有 3 个接口，分别接不同的设备，如图 3-3 所示。

图 3-3　声卡及其接口

2. 常用的数字音频格式

音频有数字音频、合成 MIDI 音频和 CD 音频 3 种格式。下面介绍几种常用的数字音频格式。

（1）MP3 格式

MP3 具有体积小、音频质量高的特点。它能在音质损失很小的情况下对音频文件进行压缩，是目前应用最广泛的音频格式。

（2）MIDI 格式

MIDI 并不是数字化的声音，它仅仅是以数字形式存储音乐的一种速记表示。MIDI 文件是用来记录音乐“动作”的一套与时间有关的指令，即命令约定，所占的空间小。它所产生的声音是与用来回放特定的 MIDI

设备紧密联系的。

（3）WAV 格式

WAV 格式是微软公司开发的一种声音文件格式，也叫波形声音文件，是最早的数字音频格式，受 Windows 平台及其应用程序广泛支持。它的音质与 CD 相差无几，但存储空间大。

（4）WMA 格式

WMA 比 MP3 具有更高的压缩率但保持音质，适合在网络上在线播放。

（5）Real Audio 格式

Real Audio 是由 Real Networks 公司推出的一种文件格式，主要用于网络上的在线播放，其最大的特点是可以实时传输音频信息。文件格式主要有 RA、RM、RMX3 种。

3.2 音频采集、记录、还音设备及其特性

3.2.1 设备普遍特性参数

1. *动态范围及动态余量*

动态范围是用来描述某一段音频或者某一台设备能够处理的最大信号与最小信号的差值。其中，最大信号值是指设备的失真允许值，即信号在失真前的最大值；最小信号值是指设备在静态时的本底噪声值。

通常，一台音频设备包括采集、记录、处理及还音在内的一套音频系统中，动态范围决定着它能够通过的最大音量与最小音量的信号范围。比如，动态范围下限越低，越能够录到小音量的声音，如针落地的声音；上限越高，越能录到大音量的声音，如原子弹爆炸的声音。如果只有一支话筒，不能调节输入增益，需要在同一个系统不停机地录制“针掉在地上紧接着原子弹爆炸”的声音，假设这套系统的动态范围能覆盖这两个声音的响度，那么就能够比较完美地录制下来；如果这套系统的动态范围不能够覆盖这两个声音的响度，那么结果要么就是听不到针掉地上的声音，要么就是原子弹爆炸的声音会破掉。当然这只是个假设，事实上会有很多办法来录制这两种声音然后在后期进行合成。

动态余量，是指正常信号电平与失真电平之间用分贝来表示的电平差。与动态范围类似，动态余量越大，则通过设备或系统的不失真信号电平越高。如果设备或系统拥有充裕的动态余量，那么其能通过高峰值电

平的信号，而不只将信号削波。这对于类似“打火机声音”这样典型的拥有高峰值低响度的音频信号的声音尤其有用。

动态余量与动态范围不同之处在于，动态范围是指系统在静态时本底噪声值与失真允许值之间的空间范围，而动态余量是指信号与失真允许值之间的空间范围。动态范围是某个设备或某套系统固有的参数，而动态余量是可以根据经验或协定而随时更改的。

2. 频率响应

频率响应用来描述某一设备对相同能量的音频信号在不同频率上的不同灵敏度。很多设备说明书上会用一幅“频率响应图”来描述设备的频率响应特性。

3. 信噪比

信噪比，是指信号与噪声的比例。信噪比越大，得到的信号质量越好。在录音中应该尽量得到高信噪比的信号。通过话筒离声源更近的方式，可以得到更好的信噪比。

4. 失真

如果输入的音频信号过高，超过了设备所能承载的电平量，就会出现“削波失真”。会听到类似于“沙砾般的、咔嗒般的”声音，这是因为信号的波峰被削去以后成为平顶形的波形。失真的音频无法被还原。所以，在录制的时候一定要检测电平量，以免失真。

3.2.2 话筒

传声器俗称话筒，是一种将声能转化为电能的换能装置。空气的波动引起话筒振膜的振动，然后振膜带动线圈切割磁感线，将振动转化为电信号通过线缆传导出去。

1. 话筒的种类

根据把声音变为电信号的转换方式，录音用的话筒可分为两大类：动圈式和电容式。它们采用不同类型的振膜，导致录制声音的特性也不一样。

动圈式话筒更加坚固耐用，它的结构使它适合录制大声级的冲击性声音，它的振膜比电容话筒的振膜振动得稍慢，导致它对高频声音不是特别灵敏，动圈式话筒不需要外部供电。

电容式话筒更加灵敏也更加脆弱，它的振膜通常不能长时间承受大声级的声音。在可控情况下，电容式话筒可以使原始声音得到的更真实、细腻，并能延伸至高频，电容式话筒在录制中使用最为广泛。电容式话筒需要供电，电容式话筒的振膜使用所谓的幻象供电，如果没有幻象供电就不能将声信号转化为电信号。一般来说，幻象供电为 48 V，一些话筒要求较低为 12 V。在使用幻象供电前，需参考话筒的使用手册，以免损坏话筒。

话筒的指向性类型：话筒的指向性，是指声音入射角与灵敏度的关系的特性，其分类如图 3-4 所示。

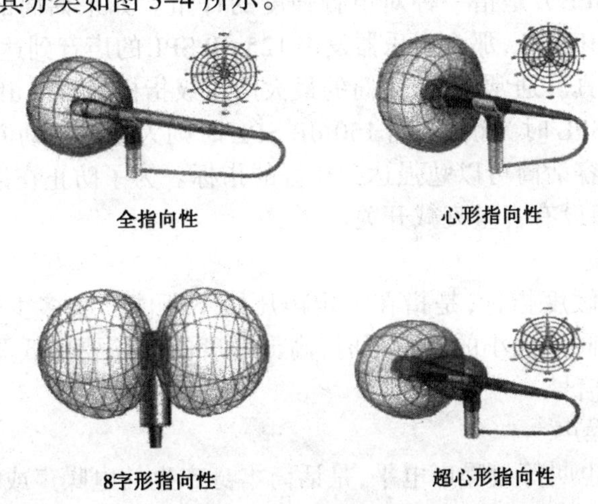

图 3-4 话筒的指向性

全指向性：又称无指向性。这种类型可以拾取到来自话筒周围的声音。同一距离下，越靠近话筒指向性越强，灵敏度最高的地方，拾取的声音越清晰、结实。

心形指向性：又称单指向性。这是一种心形的指向类型，主要拾取来自话筒前方的声音，同时排除了部分来自侧面和所有来自话筒后面的声音。

8 字形指向性：又称双指向性。这是一个双重的心形指向，可以拾取来自话筒两侧的声音。

超心形指向性：这是更加集中的心形，排除了更多来自话筒侧面的声音和所有来自后面的声音。

2. 话筒的其他参数

（1）频率响应

频率响应，是指话筒能够再现的最高和最低的声音频率。每支话筒因为使用的材料和形状的差异，以及其他因素导致其对于声音频率的响应不同。根据经验，话筒能够接收声音的频谱越宽，再现的声音就越精确。

（2）阻抗

话筒阻抗，是指话筒在 1 kHz 时的有效输出电阻。阻抗在 150 ~ 600 Ω 的话筒为低阻话筒；1 000 ~ 4 000 Ω 的话筒为中阻话筒；高于 25 km 以上的话筒为高阻话筒。通常使用的是低阻话筒，这样可以用较长的话筒线而不致拾取交流声或是失真高频成分。

（3）最大声压级

声压级（SPL），是指一种对声音强度的计量。如果话筒的最大声压级指标为 125 dB SPL，那么当乐器发出 125 dB SPL 的声音到达话筒上时，话筒将出现失真。通常认为，话筒的最大声压级指标为 120 dB SPL 时属良好，135 dB SPL 时为很好，而 150 dB SPL 时则为极好。动圈话筒不易失真。一些电容话筒可以勉强达到较好的指标。为了防止在话筒电路内失真，有些话筒设有音量衰减开关。

（4）灵敏度

话筒的灵敏度指标，是指在一定声压级下所能产生多少输出电压。两支话筒处于同等大小的音量下时，高灵敏度的话筒要比低灵敏度的话筒输出更强的信号。

（5）本底噪声

本底噪声也叫等效噪声电平，是话筒本身产生的电噪声或咝咝声，噪声产生的输出电压与信号源产生的输出电压甚至可以相等。由于动圈式话筒没有有源的电子部件来产生噪声，所以它与电容式话筒相比具有很低的本底噪声。因此，大多数动圈式话筒的指标中没有本底噪声指标。

3. 常用话筒的型号与应用

（1）立体声话筒

立体声话筒使用的立体声拾音技术主要有 3 种：两支话筒间隔摆放、XY 制和 MS 制。间隔摆放技术是使两支话筒相隔一定的距离，立体声的感觉来自两支话筒形成的时间差和强度差。XY 制拾音技术是将两支话筒以一定角度对置这个角度在 90° ~ 135° ，这是一种最基础，使用最广泛的立体声拾音技术。MS 制立体声录音技术更先进、更复杂，这种制式使用一支心形话筒直接指向声源，从而提供了 M 声道。此外，还有一支 8 字形指向性的话筒与中间话筒垂直放置来提供 S 声道。一个矩阵解码器被用来使两个声道（M+S/M−S）的声音产生立体的效果。

（2）枪式话筒

枪式话筒专门为拾取来自话筒前方的声音而设计，并对来自话筒两侧和后方声音有屏蔽作用。电影或电视里大部分对话都是用枪式话筒拾

取的(也被称为吊杆式话筒)

例如, Sennheiser MxH-416是电影电视制作领域枪式话筒的行业标准。这种话筒可以完美地录制单声道音效,它的拾音类型使它可以在很大程度上摒除来自话筒两侧和后面的噪声。

话筒类型: 电容;

频率响应: 40 ~ 20 kHz;

话筒指向类型: 超心形;

话筒极头: 小振膜;

最大声压级: 130 dB;

幻象供电: 48 V。

(3)人声话筒

人声话筒是为了录制人声而设计的,特点是配备有大振膜,它们为近距离拾音的人声提供了平滑、平衡的音质。

例如, Shure SM58这款话筒是在录音棚、演出现场录制人声的行业标准。尽管在声音设计工作中它不被推荐使用,但是它可以录制用于需要通过滤波器处理,从而模仿对讲机和民用收音机的人声。

话筒类型: 动圈;

频率响应: 50 ~ 15 kHz;

话筒指向类型: 心形;

话筒极头: 小振膜;

最大声压级: 小于180 dB;

幻象供电: 无。

(4)领夹式话筒

领夹式话筒可以暴露或隐藏起来。通常这种话筒使用无线系统,但是可以通过电缆连接到调音台。

例如, tram TR-50是电影和电视剧制作中领夹式话筒的行业标准。它的频率响应在8 kHz并有所提升,用以补偿话筒隐藏在衣物和戏服下所带来的音色损失,其拾音类型使它也可以被固定在话筒架上或车内使用。

话筒类型: 电容;

频率响应: 40 ~ 16 kHz;

话筒指向类型: 全指向;

话筒极头: 领夹式;

最大声压级: 134 dB;

幻象供电: 12 V内置/48 V。

3.2.3 调音台

录音棚的心脏就是调音台。它是接入所有信号端口的控制中心；它们可以混合或组合；可加入效果、均衡和进行立体声声像定位，然后把信号分配到录音机和监听音箱上去。

现在使用的调音台多种多样，虽然它们的基本功能大致相同，但根据用途及所采用的技术不同，他们之间存在着一定的差异，从而出现多种类型调音台。

由于分类标准的不同，通常采用下列几种分类方式：

①按节目种类可分为音乐调音台和语言调音台。

②按使用情况可分为便携式调音台和固定式调音台。

③按输出方式可分为单声道、双声道立体声、四声道立体声及多声道调音台。

④按信号处理方式可分为模拟式调音台和数字式调音台。

除此之外，还有另一种特殊的调音台：软件调音台（虚拟调音台），这是一种只能在计算机显示屏上见到的仿真调音台。

3.2.4 音频信号处理器

1. 均衡器

在多声道录音中使用最多的信号处理设备之一就是频率均衡器，所谓均衡指的是某一频段上信号的声能与其他频段上的信号声能相比发生了相对的变化，而这种相对变化的大小称为均衡量。均衡（EQ）可以改善真实性，可以使迟钝的鼓声变得清脆，使软弱无力的电吉他变得犀利，EQ也能使某一声轨的声音变得更自然。为理解EQ的工作情况，需要了解频谱的概念，每一种乐器的声音或人声都会产生很宽广的频率成分，称为频谱，它们中有基波频率和谐波成分。如果提升或衰减频谱中的某些频率成分，就会改变所录的声音的音质。升高或降低某段频率范围的电平，可以调节声音的低音、高音和中音，也就是改变了频率响应，从而导致人耳对声音频谱结构的听觉感受——音色发生了改变。这便是通过均衡器改变音色的基本原理。

2. 压缩器

压缩器是常用的振幅处理设备，压缩器处理的对象是声频信号的动态范围。声源的动态范围指的是在某一指定时间内，声源产生的最大声压级（SPLmax）与最小声压级（SPLmin）之差。表达式为动态范围（DR）=（SPLmax-SPLmin）。压缩器对信号的动态范围进行压缩处理，使信号能满足记录和发送设备对动态范围的要求。因为设备的动态范围是指其最大不失真电平与其固有的噪声电平之差，所以在记录或发送动态范围很大的声源时，为了避免高电平信号所引起的失真和低电平信号所出现的信噪比下降，就必须对信号的动态范围进行压缩。

压缩器的增益值将随着信号的电平变化而变化，这种增益变化的速度是由压缩器的两个参量，即建立时间和恢复时间决定的。

3. 混响器

混响效果，是指把房间声响、环境或空间等的感觉加入乐器声和人声之中。要了解混响的工作原理，就应该明白混响在房间内是如何产生的。在一间房间内的自然混响是一连串复杂的声反射的结果，这些反射声使原声保持一些时间后渐渐消失或衰减。这些反射声能使人感知到是在大型的或是在具有硬表面的室内发出的声音。已有的人工模拟混响装置有 4 种，分别为声学混响室、板式混响器、弹簧混响器及数字式混响器。随着数字信号处理技术在声频领域中的广泛应用，目前在演播室中采用的混响器基本上都是数字式混响器。

利用混响器使声音更加丰满，使声音更具临场感和空间感，塑造声源的空间定位。

混响时间（RT60）为混响电平衰减到原始电平 60 dB 之下时所需要用的时间。房间越大、越空旷，混响时间越长；相反，房间越小，吸声材料越多，种类越丰富，混响时间越小。

3.2.5 录音机

录音机将话筒传送的电信号收集起来，并存储在硬盘或闪存卡等媒介中。这些年来，存储媒介发生了变化，但工作原理大体相似。以下是录音设备简史：留声机、唱机、录音电话机、磁带录音机、CD 光盘、数字音频磁带、硬盘录音。

现在市场上出现大量的便携式现场录音机，“数字”几乎等同于“专业”。事实却并非如此，有的录音设备自诩有很高的采样频率和比特深度，但却配了极差的话筒前置放大器和其他元器件。所以，在使用数字便携式现场录音机时需注意。线路电平会比麦克电平大一些，将话筒信号通过独立的信号放大器放大到有用的信号水平是很有必要的，这种放大器称为前置放大器,它由录音机上的增益微调旋钮控制,便携式现场录音机最重要的就是话筒前置放大器的质量。现场录音机是便于携带的与棚内录音机不同,这就意味着它可以经内部电池盒供电。数字录音机提供多种可选采样频率和比特深度。一台双轨录音机可以同时录制两个声道的音频信号。不要认为两个声轨就是左声道和右声道,它们是两个没有关联的通道。可以录制两轨以上声音的录音机称为多轨录音机。

3.2.6 还音设备

还音设备指的是监听音箱与监听耳机。

1. 监听音箱

监听音箱,是指专门设计的具有平坦频响的专业音响。通常扬声器是指家用级音箱,虽然家用级回放起来的声音听起来不错,但并不适用专业音频制作,专用监听音箱与家用音响的区别在于精确度,回放声音的精确度至关重要。例如,家用级音箱会在低频段上有所提升,这种低频提升人为地改善了真实声音,如果将这类音箱用于专业领域,很有可能觉得低频需要做适当的均衡处理,但实际上低频根本无须调整。所有的专业监听音箱都具备从 20 Hz ~ 20 kHz,甚至更高的平坦频率响应范围。

监听音箱分为两大类:有源监听音箱和无源监听音箱。有源监听音箱在每个箱体内置有一个用于推动扬声器的功率放大器。在使用有源监听音箱时,需要匹配每个音箱的输出电平,以确保回放声音的立体声平衡。这可以通过每个监听箱体背后的旋钮实现。无源监听音箱则没有内置功率放大器,因此需要“带动”才能发出声音。

2. 监听耳机

与监听音箱相比,耳机具有如下优点:

①成本相对较低。

②不会受到房间声学的染色。

③在不同环境之下听到的音质是相同的。

④可以方便地进行实况监听。

⑤易于听到在混音时的细小变化。

⑥没有房间反射,瞬态响应更敏捷。

与监听音箱相比,耳机也有如下缺点:

①长时间佩戴会感到不舒服。

②廉价耳机有的会音质不准确。

③耳机不能通过身体来体验低音音符。

④由于耳机结构内的压力变化使得低频响应会有变化。

⑤声音出现在头颅里面而不是正前方。

⑥用耳机很难判断立体声的空间分布。

3.2.7 音频接口(包含模拟接口和数字接口)

拥有了大容量的快速计算机之后,就需要一种取得进出计算机的音频信号的方法,音频接口可以承担这一任务。声卡和音频接口是外部信号进入计算机,以及计算机内部信号输出到外围设备的枢纽。

接口主要分为非平衡接口和平衡接口。

1. 非平衡接口: 二芯接口、莲花接口

二芯接口(TS):二芯分为大二芯和小二芯,插头尖为火线(热端),插头套为地线(冷端),如图 3-5 所示。

莲花(RAC)接口:RAC 接口的名字来源于其发明公司——美国无线电公司。现在这种接口被普遍应用于家用级音频与视频市场。RAC 接口只有两个连接端,因此它是非平衡的。接头为热端,套端为接地端,如图 3-6 所示。

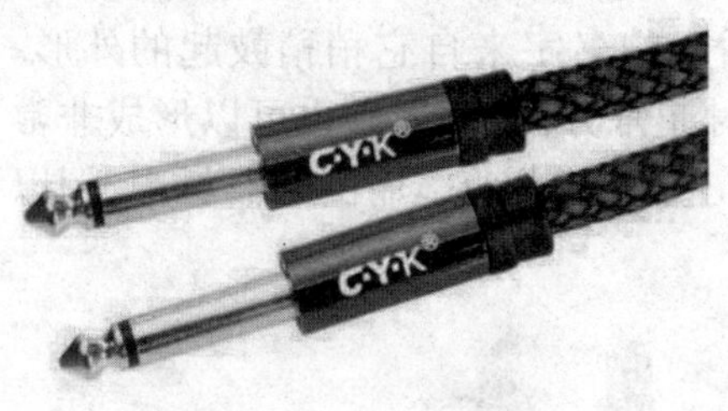

图 3-5 二芯接口

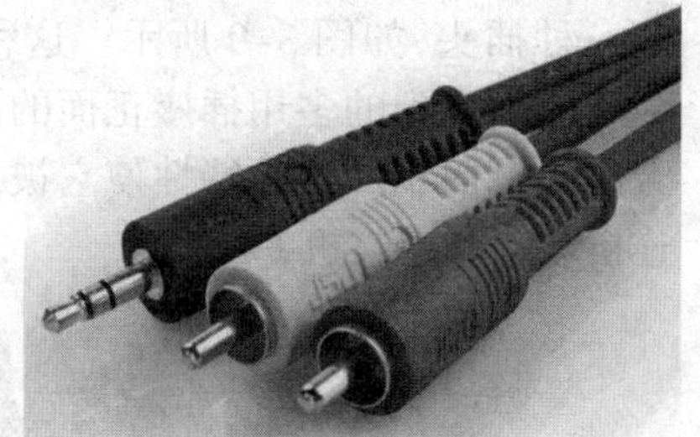

图 3-6 莲花接口

2. 平衡接口: 三芯接口、卡侬接口

与非平衡接口相比,平衡式的模拟接口由于多了一道屏蔽层,可以有效地减少线路带来的干扰。

三芯接口(TRS):小三芯、大三芯(TRS)外观上与小二芯、大二芯插头十分相似,但是它的结构是尖、环、套(T、R、S),如图 3-7 所示。

卡侬接口(XLR):卡侬接口主要用来连接话筒。由于自身带有锁定装置,因此卡侬接口在连接上是最为牢固的。卡侬接口有 3 个针脚,分别是地段(地线)标记为 1,热端(火线)标记为 2,冷端(零线)标记为 3。其中,带针脚的称为“公头”,用于输出信号,带针孔的称为“母头”,用于接受信号,如图 3-8 所示。

图 3-7　三芯接口

图 3-8　卡侬接口

香蕉插头(Banana Plug)是普遍装于音箱线两端的供插入香蕉插座的一种插头,如图 3-9 所示。这种插头的名字来自它稍稍鼓起的外形。插入上面提到的多用插座正面的孔时非常方便,插入后也可以形成非常大的接触面积。这种特性使它被优先使用在大功率输出的器材中,用以连接音箱和接收机 / 放大器。

图 3-9　香蕉插头

3.3　音频数字化

将时间上连续的模拟音频(自然声或其他种类的声音)转换成时间上不连续的数字音频的过程称为音频的数字化。只有将模拟音频转换为标准数字音频信号,计算机才能进行处理。模拟音频信号到数字音频信号的转化,如图 3-10 所示。

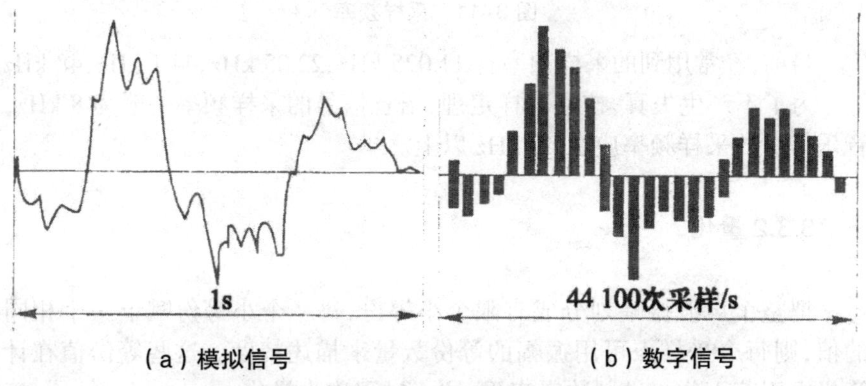

(a)模拟信号　　(b)数字信号

图 3-10　模拟音频信号到数字音频信号的转化

3.3.1 采样

采样,是指将时间连续的信号变成时间不连续的离散数字信号。根据傅里叶定理,只要在连续的信号量上等间隔地取足够多的“点”,就能逼真地模拟出原来的连续量,这个取点的过程称为采样。

音频信号实际上是连续模拟信号,也称连续时间函数 $X(t)$。用计算机处理这些信号时,必须先将连续信号转换成数字信号,即按一定的时间间隔(T_s)取值,得到 $X(nT_s)$,其中 n 为整数。

每秒钟所抽取的模拟音频幅度的样本次数称为采阵频率,单位为 Hz (赫),通常使用 kHz (千赫),即 1 kHz=1 000 Hz。即采样就是在音频信号的连续曲线上选择一些离散点。怎样选择这些离散点,这与采样的频率有关。例如,44 kHz 采样频率的声音就是要花费 44 000 个数据来描述 1 s 的声音波形。经常使用的采样频率有 11.025 kHz、22.05 kHz 和 44.1 kHz 等。采样频率越高,采样次数越多,声音失真越小,音频数据量越大,声音的质量越好,如图 3-11 所示。

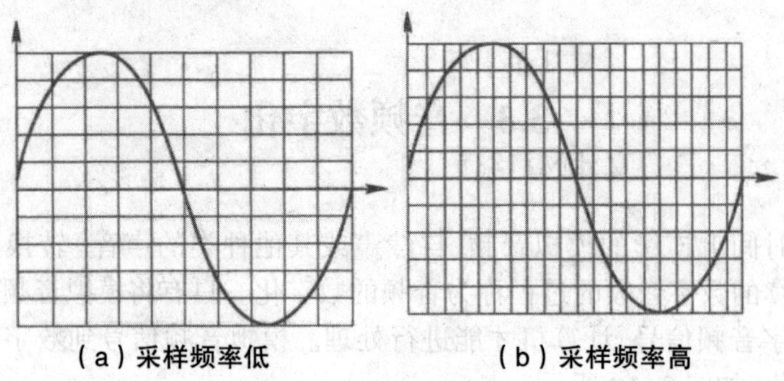
（a）采样频率低　　（b）采样频率高

图 3-11　采样频率

目前，经常用到的采样频率有 11.025 kHz、22.05 kHz、44.1 kHz、48 kHz 等。为了不产生失真，按照取样定理，语音信号的采样频率一般为 8 kHz，音乐信号的采样频率应在 40 kHz 以上。

3.3.2 量化

把整个声波振幅划分成有限个小等份，每一个小等份赋予一个相同的值，则每个采样点可用振幅的等份数量来描述精度。这些等份值在计算机中用若干位二进制数来表示，这一过程称为量化。

量化时每个幅度值通常用与之最接近的量化等级取代，因此，量化之后，连续变化的幅度值就被有限的量化等级所取代。即量化就是在幅度轴上将连续变化的幅度值用有限个位数的数字表示，将信号的幅度值离散化。

量化位数又称量化精度或采样位数，简单地说，就是描述声音波形的数据是多少位的二进制数据。量化位数也是衡量数字声音质量的重要指标。在相同的采样频率下，量化位数越高，采样的声音振幅值与实际声音振幅值的误差越小，声音的质量越好，如图 3-12 所示。

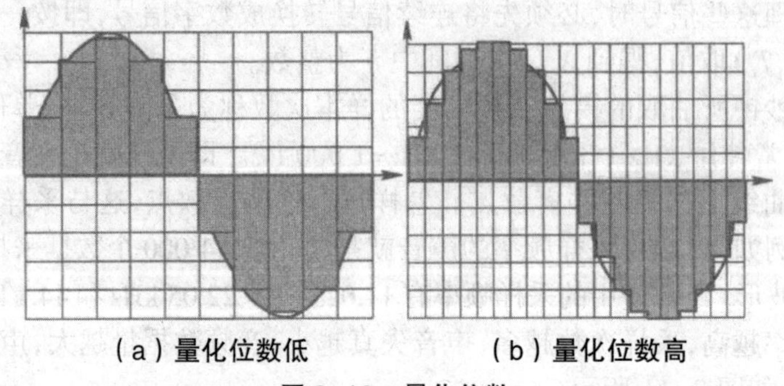
（a）量化位数低　　（b）量化位数高

图 3-12　量化位数

量化级别常用的有 8 位、12 位、16 位、24 位、32 位甚至是 64 位等。要注意的是，8 位（1 个字节）不是说把纵坐标分成 8 份，而是分成 2^8=256 份。同理，16 位是把纵坐标分成 2^{16}=65 536 份。通常 16 位的量化级别足以表示从人耳刚能听到的最细微的声音到无法忍受的巨大的噪声这样的声音范围了。无论量化精度有多高，量化过程必然会产生一定的噪声，这个称为量化噪声。但只要选择适当的量化精度，量化噪声就可以控制在人耳感觉不出来的范围内。

3.3.3 编码

采样与量化后的二进制音频数据需要按一定的规则进行组织，以便于计算机进行处理，这就是编码。最简单的编码方案是直接使用二进制的补码表示，也称为脉冲编码调制（Pulse Code Modulation，PCM），它属于非压缩编码。在多媒体计算机中用这种编码方法存储的未压缩的音频数据文件大小可用下面公式来计算：

文件存储量（B）= 时间（s）× 采样频率（Hz）× 采样精度（b）× 声道数 /8

3.3.4 波形文件的容量计算

对于 PCM 采样得到的波形文件（未经压缩的数字音频文件），其声音文件的大小与采样频率、量化位数和声道数有关，其计算公式为：

$$S=R\times D\times (r/8)\times N$$

式中：S 为文件的大小，以字节（Byte）为单位；R 为采样频率，单位为千赫兹（kHz）；D 为录音时间，以秒计；r 为量化位数，以二进制计，如 8 位、16 位，$r/8$ 是把二进制用字节表示（每字节为 8 个二进制位）；N 为声道数，单声道为 1，双声道为 2，依次类推。

例如，在采样频率为 22.05 kHz，量化位数为 8 位，单声道，录音时间长度为 10 秒的情况下，声音文件的大小 S 为：

$$S=22\,050\times 10\times (8/8)\times 1=220.5\text{ KB}$$

对于立体声，如果采样频率为 44.1 kHz，分辨率为 16 位，声道数为 2，录音时间同样为 10 秒，这样数字录音文件的大小 S 为：

$$S=44\,100\times 10\times (16/8)\times 2=1\,764\text{ KB}$$

从以上计算可知，WAV 文件的最大缺点是要占用相当大的存储空间，故解决音频信号的压缩问题是十分重要的。

3.4 数字音频压缩技术

数据压缩是多媒体技术实现实时有效地处理、传输和存储数据的首要问题和根本方法，但由于各种媒体的特性各异，每种媒体都有各自的压缩编码，为了使压缩后的数据具有很好的兼容性，国际标准化组织（International Standardization Organization，ISO）、国际电子学委员会（International Electronics Committee，IEC）和国际电信联盟（Internatioanl Telecommunication Union，ITU）等国际组织制定了一些多媒体数据压缩编码的国际标准。目前，以用于静态图像压缩的 JPEG 标准、用于视频和音频压缩的 MPEG 标准，以及用于视频通信的 H.26X 标准为主要代表。

在音频压缩时，要综合考虑声音质量、数据率、计算量 3 个方面。针对不同的质量要求，ITU-T 制定了 G.7xx 系列的压缩标准。

音频信号是多媒体信息的重要组成部分。目前，业界公认的声音质量标准分为 4 级，即数字激光唱盘（CD-DA）质量、调频广播（FM）质量、调幅广播（AM）质量、电话的话音质量，其中，数字激光唱盘的声音质量最高，电话的话音质量最低。

ITU-T 是国际电信联盟（ITU）的电信标准化部门，成立于 1993 年，ITU 的前身是国际电报和电话咨询委员会（CCITT）。ITU-T 研究和制定除无线电以外的所有电信领域标准，已通过的建议书有 2 600 多项。

ITU-T 分为 16 个研究组，研究范围涉及电信网络税费政策、电信管理网（TMN）、综合宽带电缆网络和音视频的传输、数据通信网络、IP 网络、光传送网、多媒体业务、系统和终端、信令协议、电信软件、移动通信网络和通信设备安装、施工等各方面。

对于不同的音频信号，ITU-T 制定了不同的音频标准。

1. 电话质量的语音压缩标准

G.7xx 是一组 ITU-T 标准，用于音频压缩和解压缩。它主要用于电话方面。在电话技术中，有两个主要的算法标准，分别定义在 μ 律算法（美国使用）和 A 律算法（欧洲及世界其他国家使用）中。这两种算法都是基于对数关系的，但对于计算机的处理来说，后一种算法更为简单。G.7xx 协议组由以下协议组成：

（1）G.711

G.711 公布于 1972 年，使用脉冲编码调制（PCM），64 kbit/s 带宽，只对语音信号进行采样和量化。G.711 编码后的语音质量高，缺点是占用的带宽也很高。2008 年 3 月国际电信联盟正式发布了宽带语音编解码标准 G.711.1。64 kb/s 信道上的语音频率脉冲编码调制（PCM）。量化位数为 8 b，采样频率为 8 kHz。

（2）G.721

32 kb/s 自适应差分脉冲编码调制（ADPCM）。量化位数为 4 b，采样频率为 8 kHz。G.721 公布于 1984 年，它用于 64 kbit/s 的 A 律或 μ 律 PCM 到 32 kbit/s ADPCM 之间的转换，实现了对 PCM 信道的扩容。G.721 方案最初面向卫星通信、长距离通信及信道价格很高的语音传输。现在，还使用在电视会议的语音编码、多媒体多路复用、高质量语音合成等。

（3）G.723

G.723 标准是双速语音编码，传输码率有 5.3 kbit/s 和 6.3 kbit/s 两种，在编程过程中可随时切换。目前，G.723 是 H.323 的功能之一。

（4）G.728

G.728 标准公布于 1992 年，技术基础是美国 AT&T 公司贝尔实验室提出的一种考虑了听觉特性的编码方法。利用短时延码本激励线性预测（LD-CELP）算法，比特率为 16 kb/s，采样频率为 8 kHz。

（5）G.729

利用共扼结构—代数激励编码线性预测（CS-ACELP），比特率为 8 kb/s。

2. 宽带话音压缩标准 G.722

G.722 标准采用波形编码技术，用于宽带话音，频率范围 50~7 000 Hz，也称调幅质量音频信号，当使用 16 kHz 采样和 14 位量化时，速率为 224 kbit/s，1988 年公布的 G.722 标准可把速率压缩成 64 kbit/s。64 kb/s 下的 7 kHz 音频编码，采样频率为 16 kHz。采用子带编码，即将 16 kHz 的频带分为两个子带，通过 ADPCM 分别进行编码。

3. 高保真立体声音频压缩标准 MPEG 音频

MPEG 音频是 MPEG 标准的一部分。

MPEG 音频根据不同的算法分为 3 个层次。Layer 1 与 Layer 2 具有大致相同的算法。输入音频信号的取样频率为 48 kHz、44.1 kHz 或 32 kHz，经过滤波器组分成 32 个子带。同时编码器利用人耳的掩蔽效应，根据音频信号的性质计算各个频率分量的掩蔽门限，以控制每一个子带的量化参数，达到数据压缩的目的。MPEG 音频的 Layer 3 又引入了辅助子带、非均匀量化和熵编码等技术，可以进一步压缩码率，目前在互联网及 CD 光盘中广泛使用的 MP3 音乐就属于这一层次。立体声信号的编码也可以在 MPEG 音频中作为附加功能实现。MPEG 音频压缩技术的传输速率为每声道 32 ~ 448 kb/s。

MPEG 音频编码器和解码器的原理框图分别见图 3–13 和图 3–14。

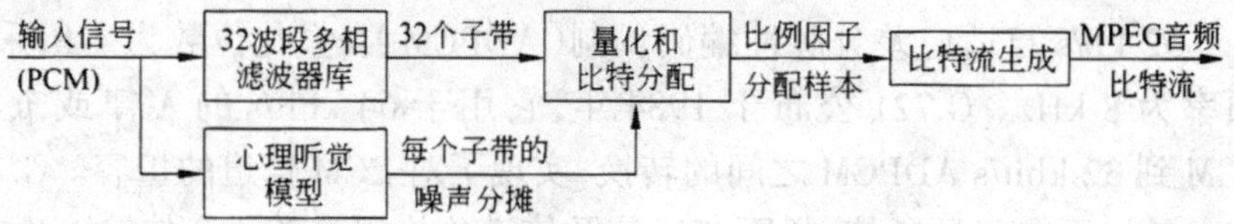

图 3–13　MPEG 音频编码器原理框图

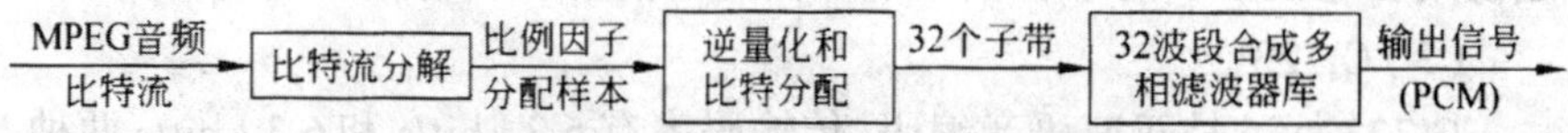

图 3–14　MPEG 音频解码器原理框图

MP3 应该算是目前使用用户最多的有损压缩数字音频格式了。它采用 MPEG Audio Layer 3 技术，将声音用 10 : 1 甚至 12 : 1 的压缩比压缩，采样频率为 44.1 kHz，比特率为 112 kb/s。尽管压缩比高达 12 : 1，文件大小缩小到 1/12，音质却几乎没有损失。在一张存放 16 首歌曲的 74 min CD 上，如果采用 MP3 格式，可以存储大约 160 min 的歌曲。因此，MP3 受到全世界用户的广泛欢迎。

3.5　语音信号处理技术

3.5.1 数字音频的采集

1. 模拟录音

模拟录音主要是通过录音机等录音设备对声音进行磁记录，将其保存在磁带等磁介质上，然后再通过放音机等播放设备将记录的磁信号还原成音频信号。历史上很多珍贵的影音资料都是利用这种方式记录并保存的。模拟录音是在数字录音技术之前的主要录音手段。对模拟录音文件直接进行相应的编辑、修复较为困难，合成效果有限。随着数字化技术的发展，模拟录音已逐步被数字录音所取代。

模拟磁性录音过程就是声—电—磁的转换过程，其工作过程如图 3-15 所示。

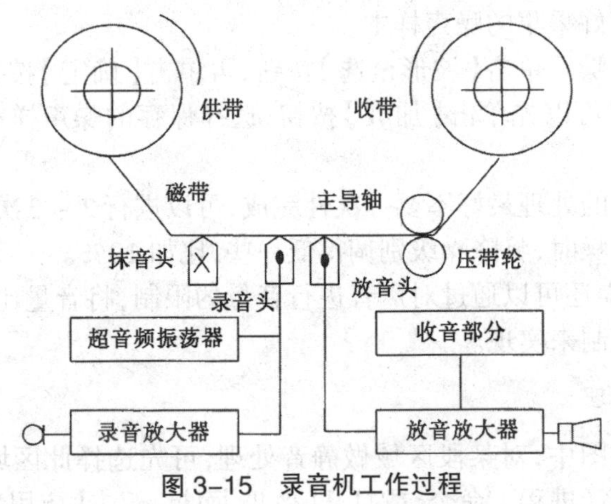

图 3-15 录音机工作过程

2. 数字录音

数字录音通常是利用专业的声音编辑软件（如 GoldWave 和 Adobe Audition）及相关的数字音频录制设备进行录制，能直接得到数字化的音频文件，可根据需要直接在计算机上进行相应编辑、修改及音效合成等操作，极大地方便了操作。

3.5.2 声音的编辑处理

1. 编辑

在 Adobe Audition 中对声音的编辑操作像处理文字一样简单。可以对选定区域进行删除、剪切、复制、粘贴和移动等操作。

删除时选择要删除区域的波形，按键盘上的【Delete】键。

移动操作通过在音轨中按鼠标右键，可以对该轨波形进行左右移动实现。这样可在同一个时间轴下对齐各个音轨。

为了精确对齐或编辑，可以使用“缩放”面板中的按钮对波形放大或缩小。单轨和多轨编辑视图可以很方便地转换。

2. 噪声处理

噪声处理分为两步。首先是获取噪声的样本。按住鼠标左键，在波形上拖动选取一段有持续噪音的较为平缓的区域，选择【效果】→【修复】→【降噪器(进程)】命令，或者打开【效果】面板，选择【修复】→【降噪器(进程)】命令。弹出【降噪器】对话框,单击其中的【获取特性】按钮,Adobe Audition会自动开始捕获噪音特性,然后生成相对应的噪音样本图形。可以保存好采集的噪声样本。

然后是降噪。单击【波形全选】按钮,再单击【确定】按钮,等待处理完成即可。也可以先单击【加载】按钮,选择保存的噪声样本,再用此样本降噪。

对于噪声的处理最好不要一次性完成,可以进行2～3次采样、降噪。建议第1次降噪时,将降噪级别调得低一些,比如10%。

另外,降噪还可以通过对声音进行音量的限制,将音量比噪声音量小的声音进行限制来实现。

3. 静音处理

在单轨视图中,对某段区域做静音处理,可先选择此区域,然后选择【效果】→【静音(进程)】命令,或打开【效果】面板,双击【应用静音(进程)】节点,就会看到选择区域的文件波形不见了,这说明这部分已经无任何声音了。

在多轨视图中,选择一个音轨,再单击【主群组】面板中的静音按钮,可使此音轨的声音静音。

4. 淡入淡出

声音的淡入是指声音渐强,声音的淡出是指声音的渐弱。通常用于一个声音的开始(渐强)和结尾(渐弱)处。

在单轨编辑视图中的波形的左上角和右下角分别有一个小方块,当鼠标点在左上角小方块的时候,会显示"淡入"二字。当鼠标点在右下角的小方块的时候,会显示"淡出"二字。将鼠标放在左上角的小方块上,按住鼠标左键并拖动,会发现声波左侧出现一条黄色的指示线。这条线会随着鼠标的移动而变化,同时声波的振幅也会随着改变。鼠标拖动停止的位置就是淡入结束的位置。淡出效果的设置与淡入相似。

也可以选择【效果】→【振幅和限压】→【振幅/淡化(进程)】命令或在【效果】面板中双击【振幅和限压】→【振幅臌化(进程)】节点,出现【振幅/淡化】对话框,先从预设列表中选择一种预设效果,再在【渐变】选项卡中设置左右声道初始音量、结束音量,单击【确定】按钮,就可现淡入淡出效果。

①首先启动Adobe Audition 3,打开录制好的原始音频文件。

②在单轨编辑视图中的波形的左上角和右上角各有一个小方块,分别表示【淡入】、【淡出】命令。将鼠标放在左上角的小方块上,按住鼠标

左键并拖动，会发现声波左侧出现一条黄色的指示线，如图 3–16 所示。指示线会随着鼠标的移动而变化，同时声波的振幅也会随着改变。鼠标拖动停止的位置就是淡入结束的位置。淡出效果的设置与淡入相似，如图 3–17 所示。

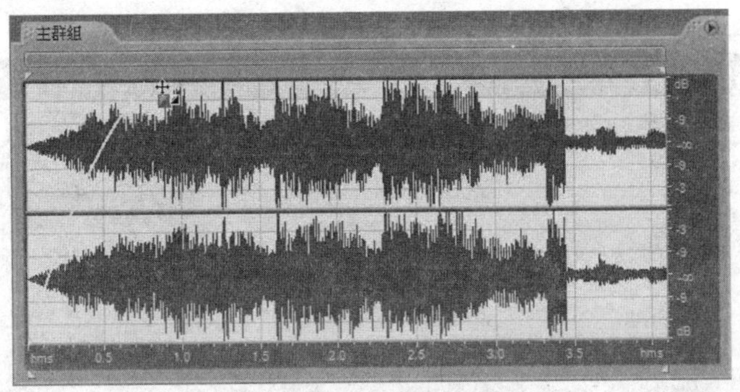

图 3–16　淡入效果设置

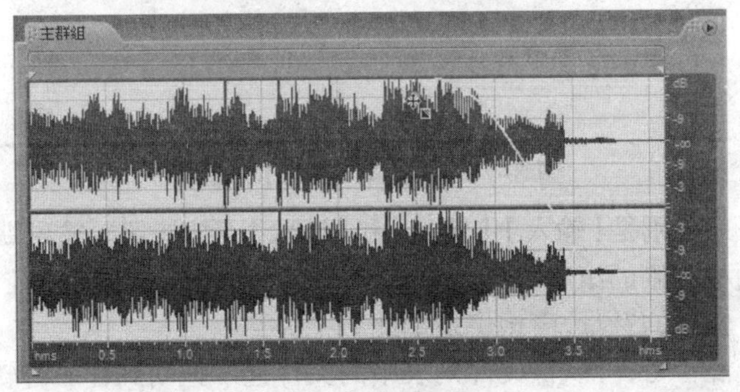

图 3–17　淡出效果设置

还可以通过【振幅 / 淡化】对话框对淡入淡出效果进行设置。选择【效果】→【振幅和压限】→【振幅 / 淡化(进程)】命令，打开【振幅 / 淡化】对话框。在该对话框中，先从预设列表中选择一种预设效果，再在【渐变】选项卡中设置左右声道初始音量、结束音量，单击【确定】按钮，就可现淡入淡出效果，如图 3–18 所示。

5. 声音的混合处理

很多情况下需要把两种或更多声音混合在一起，如语音中配乐等。声音的混合就是指将两个或两个以上的音频素材合成在一起，使多种声音能够同时听到，形成新的声音文件。

所有参与混合的音频素材都要经过事先处理，主要是调整声音的时间长度、音量水平、采样频率要一致、声道模式统一等。

声音混合处理要在多轨视图下进行。在主群组中默认有 7 条轨道，其中6条是波形音轨，1条主控音轨。如果要插入更多的轨道，可以在任一轨道上右键单击，从快捷菜单中选择【插入】命令，也可通过【插入】菜单命令添加新的轨道。有4种轨道可供插入，分别是音频轨、MIDI轨、视频轨和总线轨。其中，视频轨只能插入一个，并且它的位置始终在所有轨道的最上方。

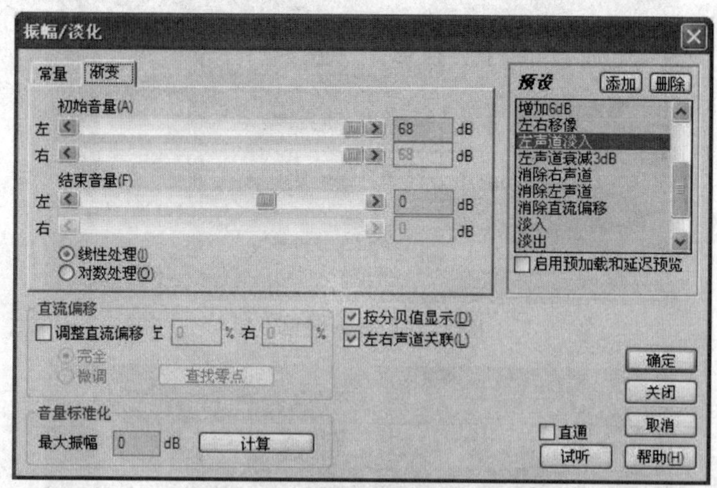

图3–18 【振幅/淡化】对话框

接下来分别是【输入】、【输出】和【读取】下拉按钮。输出默认是“主控”，把面板右侧的滚动条拖到最后，可以看到音轨主控轨，主控轨的音量就是声卡输出的音量，声相也是如此。

声音混合时，可以将文件列表中的文件选中拖动到任一音轨上，可以将波形声音从一个轨道拖至另一个轨道，可以按【Ctrl】键任选几段波形，然后右键单击，从快捷菜单中选择【左对齐】或【右对齐】命令进行播放位置的左右对齐。

若要将多轨导出为单轨文件，可以选择【文件】→【导出】→【混缩音频】命令实现。多轨视图还可进行分解剪辑、时间伸展、交叉淡化等功能。

3.5.3 声音的效果处理

1. 均衡（EQ）

选择主菜单【效果】→【滤波和均衡】下的【图示均衡器】或【参量均衡器】命令，可打开相应均衡器对话框，从中可对不同频率范围的声音进行提升或衰减。如在【参量均衡器】对话框中间的频率调节区，通过鼠标单击0 dB处的直线，选择节点，然后按住鼠标上下拖动调节频率大小。

2. 混响（Reverb）

混响能模拟各种空间效果，如教室、操场、礼堂、大厅、山谷、体育馆、走廊、客厅等。首先在 Adobe Audition 中打开一个 WAV 文件，然后选择一段波形。如果不选，则接下来的处理就是对整条声波的，然后选择【效果】→【混响】菜单下的命令，出现混响设置对话框，可以进行回旋混响、完美混响、房间混响和简易混响的设置。

在混响设置对话框中，【预设效果】下拉菜单中提供了一些常见空间效果的预设项目。【湿声】是指经过处理以后的声音。【干声】是指原始声音。一般的效果处理都是把这两种声音以一定的比例混合，得到最终的声音。在混响中，要想使声音听起来更远，就把干声拉小，湿声设大。

此外，还有控制空间大小和声音远近的两个重要参数——衰减时间（Decay Time）和前反射到达时间（Pre-delay）。衰减时间，也就是混响的长度，是指混响声音从开始到结束的声音持续多长。衰减时间越长，则表示空间越大，如大厅的混响衰减时间大约是 2.5 s。前反射到达时间（一般简称前反射或早反射）是指“第一个”反射声到达你耳朵的时间。一般的教室前反射是 15 ms，大厅是 30 ms 左右，大教堂是 70 ms 左右，空间越大，前反射越大。

现使用 Adobe Audition 3.0 对录制的音频添加混响效果。

①首先启动 Adobe Audition 3，打开录制好的原始音频文件。

②选择【效果】→【混响】→【房间混响】命令，如图 3-19 所示，即可打开【VST 插件 - 房间混响】对话框，在该对话框中，用户可对各项相关参数进行设置，如图 3-20 所示。

图 3-19　设置混响效果

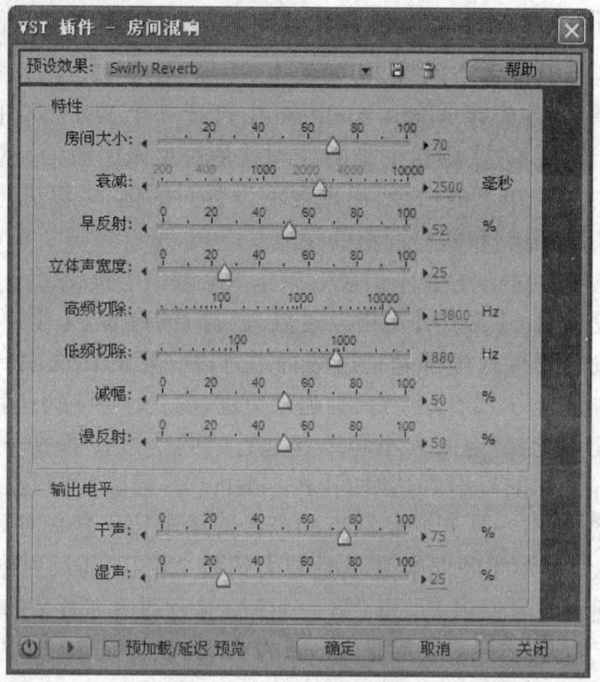

图 3-20　设置混响参数

③单击【预览】按钮可对混响效果进行测试，然后可对不满意的地方进行调节。单击【确定】按钮，为音频文件添加混响效果。

3. 合唱效果

合唱效果能带来一些使声音更丰满的变化，能极大地改变声音效果。选择【效果】→【调制】→【合唱】菜单命令或双击【效果】面板上相应节点，打开合唱效果设置对话框。合唱效果器提供了一些预设项，可以直接在【预设效果】下拉菜单中选择需要的效果，然后预览效果，如果觉得效果可以，单击【确定】按钮。

4. 变调变速效果

变调主要用于两个目的：一是“帮助”歌手唱出一些高音，或者把歌手唱跑调的音改回来；二是用于娱乐，如把男声变成女声，女声变成男声。例如，想把一段男声变成女声，方法就是把他的音提高一点。变速，用于改变声音的快慢。

选中要处理的一段声波，然后双击【效果】面板的【时间和距离】→【变速(进程)】节点，打开【变速】对话框。变调，选择变速模式中的【变调不变速】单选框，在【转换】下拉列表中选择升降调的度数。变速，选择变速模式中的【变速不变调】单选框。也可选择“预设”列表中的效果，应用这种效果进行变调变速。

3.6　深度学习技术对语音信号处理领域带来的巨大变革

对于语音信号处理领域的很多研究方向而言，可以认为 2011、2012 年具有分水岭的意义，因为从这两年开始，深度学习技术开始与该领域迅速深入地结合，不仅对原有技术的系统体系带来了很大的改变，而且对于很多研究方向上带来的性能提升也可以认为是革命性的。

深度学习技术也被称为“深度神经网络”，其本身属于人工智能的一个分支，其基本思想是要通过多层人工神经网络，试图模仿大脑皮质中的多层神经元活动。人工神经网络已经出现了半个世纪左右的技术，深度学习本身的思想也在 20 世纪 80 年代出现，但其算法本身以及需要的计算能力一直不成熟，导致始终无法实用化。在 2006 年，其训练算法实现突破。而随着近年来海量样本数据以及强大的计算能力的获得成为可能，也使得深度学习技术迅速在人工智能以及越来越多的领域带来了突破性进展。

以语音识别这个难度最高的研究方向为例，其实际应用的普及速度一直较为缓慢，主要还是因为在实际使用环境中的技术水平仍然难以达标。即使在 21 世纪头十年，产业界对于语音识别的未来应用规模也不甚乐观。但在 2012 年，引用百度公司 CEO 李彦宏的一个论述：“在语音识别准确率方面，2012 年一年的进展就超过了过去 15 年进展的总和。”这可以说是很惊人的技术爆发。同时语音识别市场也已开始迅速扩大，相关产业链正在迅速形成。

随着深度学习技术在语音处理领域的不断深入应用，传统的语音处理方法受到越来越多的颠覆。图 3–3 就是科大讯飞公司在其新版本的语音平台的发布会上展示的语音识别新框架，可以看到由于深度识别技术的引入，传统识别流程中的很多步骤已经不再需要。再比如，在传统的语音识别方法中都脱离不了“音节”这个基本识别单元，但是依照百度公司人工智能部门的领导者吴恩达所说，百度现在基于深度学习的语音识别技术已经没有音节的概念。

谷歌公司在 2013 年 7 月发布的安卓版本中，用一个基于深度学习的系统替换了一部分语音识别功能。如在地铁站台这样嘈杂的环境中，识别错误率直接减少了 25%。百度公司则在 2015 年和 2016 年初推出了基于深度学习的语音识别系统 Deep Speech 和 Deep Speech 2，把重点放在了嘈杂环境中的语音识别这个一直以来的长久难题。其中 Deep Speech 就已经达到了嘈杂环境中 81% 左右的准确率，相比传统方法是一个巨大的提高。

3.7 数字音频技术的应用

作为自然界中与人类关系最密切的信号之一，语音信号的处理自然地包含了很多具体的研究方向，是一个庞大的研究领域。在图 3-21 中即列出了目前主要的一些语音信号处理的研究方向。可以看到，目前对于语音方面的研究的确已经涵盖了从语音内容、说话人、语种、语音情感等多个方面的多个具体研究方向，这些研究方向本身也是随着对语音了解的不断深入而不断增加的。

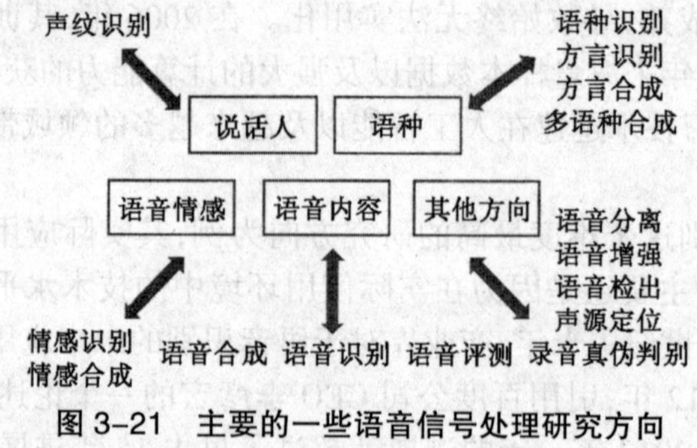

图 3-21 主要的一些语音信号处理研究方向

3.7.1 语音识别技术

1. 语音识别系统的分类

对于语音识别技术，或者说“语音识别系统”，可以根据要实现的效果水平、技术难度等对其进一步细分。

（1）按识别的文字内容信息的复杂度分类

孤立词识别：只需要能够识别出单个词，如“开门”“关机”“close”等。这显然是难度最低的识别系统。

连接词识别：主要针对连续数字的识别，如“90”“25 000”等。

连续语音识别：要求能够识别出正常说话时的连续语音中的具体

文字内容,例如“请帮我去倒杯水吧”“你知不知道昨天下午李强去哪儿了?”。显然连续语音识别是让人类能够自然地通过语音进行人机交互的基本要求。同时,如果要达到连续语音识别功能,除了对语音中声音部分的处理,还需要引入要识别语言的语言模型,才能完成从识别出的“每个发音”到“单个字或单词”的转换。

语音理解和会话:在上述“连续语音识别”的基础上,如果希望能让机器完全“理解”人说话的内容和含义,并做出相应的应答与响应,则该语音识别系统属于更高一个层次的“语音理解与会话”系统,其实现难度比单纯识别出一句话中的每个字或单词又大了很多,需要涉及更多的人工智能相关技术。

(2)按识别的说话人分类

语音识别系统能够识别出哪些人说话,如“特定人”“多说话人”“与说话人无关”等。识别系统对于能够识别的说话人的限制是逐渐减小的,而技术实现难度则是逐步提高的。

(3)按其他方式分类

也可以从其他角度对语音识别系统进行分类,比如可以从识别的词汇量的大小分为“小词汇量识别系统”“中等词汇量识别系统”“大词汇量识别系统”等。

2. 语音识别的基本流程

图 3-22 展示了一个语音识别系统的整体工作流程。由图 3-22 可见,对语音的识别需要综合“语音声学模型”和“语言模型”进行。其中,声学模型是通过对大量的语音训练样本经过“特征提取”及“声学模型训练”阶段后训练得到的。而语言模型则是基于大量的文本训练样本,通过“语言模型训练”阶段后训练得到的。

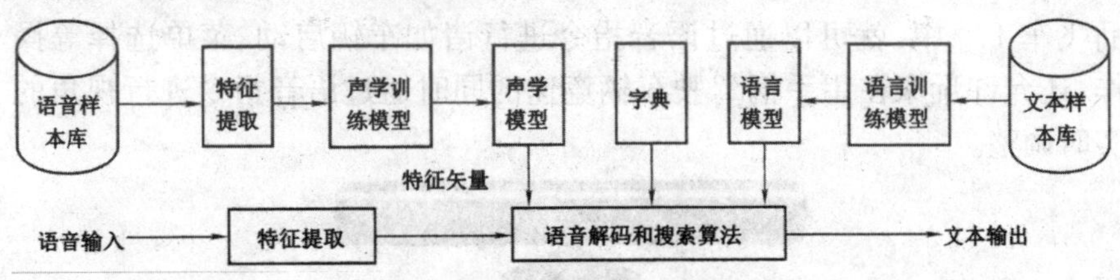

图 3-22　语音识别系统的基本组成

当需要对一个未知内容的语音进行识别时,同样需要对其在训练阶段提取语音特征,并将提取的特征向量输入在训练阶段得到的声学模型和语言模型,再与每种语言的字典相结合,最终得到识别结果,即语音中包含的文字内容。

3. 语音识别的应用形式

由于语音是人类日常最基本的交互形式和信息传递方式，因此基于语音识别的应用形式是非常丰富多样的，涵盖了人们日常生活、工作、娱乐等各个方面。

（1）各种计算机软硬件平台中的基本人机交互方式

作为对最常见的鼠标 / 键盘 / 触摸操作的人机交互机制的延伸，语音交互是公认的能够有生命力的新的人机交互方式之一。如果允许用户直接把需要的操作“说出来”，比各种特定的操作界面来说具有最高的自然度和最低的学习成本。苹果公司在 iPhone 中引入的 Siri 系统即可以认为是最早引起世界范围普通消费者广泛关注的语音交互系统。

（2）语音听写 / 语音输入

对于需要进行大量文字输入的场景而言，假如语音识别的正确率达到了令人满意的水平，那么采用语音输入的方式比起单纯采用键盘或手写输入的方式往往具有更高的输入效率。从老牌的 IBM 公司的 ViaVoice 语音听写系统，到现在智能移动平台的多种具有语音输入功能的输入法，语音输入应用的技术水平已经进入初步可用阶段，用户数量也在迅速增加。

（3）玩具与游戏

在玩具或视频游戏中加入语音识别的功能，如语音指令等，往往可以带来独特的娱乐效果。微软公司为其 Xbox 360 游戏主机推出的配套设备——Kinect（图 3-23）就是一套典型的具备语音指令功能的游戏设备。通过 Kinect，游戏或应用开发者可以为视频游戏或者应用程序中添加由语音控制的指令，从而扩充本来只能通过专门的游戏手柄进行操控的方式，带来新颖的游戏或应用体验。例如，在美国 EA 公司出品的游戏《极品飞车 17》中，就可以通过语音指令进行诸如车辆启动、菜单选择等操作，还允许玩家在用手柄驾驶车辆竞速的同时通过语音指令进行视角的实时调整。

图 3-23　微软公司的 Kinect

（4）操控系统

语音识别技术也可以应用于很多特定设备的操纵与控制。一个比较高端的具体应用是战斗机的操控系统。目前在世界上共有两种型号的战斗机能够进行一些简单的语音指令操作，分别是欧洲的“台风战斗机”和美国的"F-35 战斗机",从而有效地降低飞行员的操纵负担。

（5）语音关键词检索

所谓语音关键词检索,就是从多个包含语音的声音文件或声音片段中查找是否包含指定关键词的语音并定位。随着互联网、媒体机构中的多媒体资源的爆炸性增长,对媒体内容进行信息整理与检索已成为一项非常艰巨的工作,如果单靠人力通过直接"听"的方式来进行诸如语音关键词检索,其时间成本几乎无法承受。而基于语音识别的语音关键词检索就成为必然的选择。

（6）自动客服

对于有庞大客服需求的企业,尤其是对大型跨国企业而言,人工客服人员是一笔无法忽视的成本。这也是这些企业对基于语音识别技术的自动客服系统往往都抱有很高热情的原因。诸如中国移动等企业也都在逐渐部署基于此技术的自动客服系统。

（7）自动翻译

如果将语音识别技术与翻译技术相结合,则相应的自动语音翻译系统无论在商务往来、异国旅游、媒体内容翻译等多个应用场景都可能带来颠覆性的变化。

（8）机器人

对于机器人,尤其是在科幻作品中频频出现的"拟人式"机器人而言,能够听懂人说的语言,显然是其"拟人"的一个基本要求。因此,语音识别技术可以认为是机器人应用领域涉及的众多技术中的基础性技术之一。

4. 语音识别的主要难点

经过几十年的研究,语音识别在实验室环境(很安静的识别环境)且发音标准的情况下,识别准确率已经普遍达到很高的水平。但在复杂的识别情况中,识别准确率则可能波动得非常严重,主要在于语音识别现在还面临以下几个主要难点:

（1）方言或口音

语音识别系统在训练阶段,往往是采用比较标准的发音作为训练的样本,但在真正进行识别时,尤其是对于非特定人识别系统而言,不同的说话人往往会带有不同程度的方言或口音,从而造成需要识别的语音同训练样本存在差异。即使是人类本身,在识别某些方言或口音比较明显的语音时,同样会感到较为困难,可想而知对于语音识别系统而言,在遇到带有方言或口音的情况时,必然会对准确识别造成较大的障碍。

（2）背景噪声问题

背景噪声同样是语音识别中最容易出现也是最容易造成识别错误的因素之一。由于背景噪声在实际的语音识别环境中几乎无处不在，尤其是在户外识别环境中更为明显，这必然对纯粹的希望识别的语音带来干扰，从而导致识别准确率严重下降。我国“863”评测小组曾在数年前对国内主要语音识别研究机构进行评测，为了考察识别系统对背景噪声的抗干扰性，将测试集取样于马路边的嘈杂环境。参与评测的某些院校最差只取得了9%的正确率。

（3）“口语”的影响

在日常生活中，人们说话时往往不会遵循严格的语法规则，而是带有或多或少的随意性，也就是有各自的口语习惯。这同样会对语音识别中文字内容的确定带来一定的困难。

（4）对人类提取声音信息的生理过程、方法和原理认识仍然不足

对于语音识别技术是否需要充分借鉴人类自身提取声音信息的机理，学术界实际上有不同的观点。但可以确定的是，对于人类自身提取声音信息的生理过程、方法和原理认识得越深，对语音识别系统的性能提高必然能带来一定程度的帮助。

3.7.2 音频检索

音频检索是指通过音频特征分析，对不同音频数据赋予不同的语义，使具有相同语义的音频在听觉上保持相似。音频包括语音和非语音两类信号。一直以来，音频信号的处理主要集中于语音识别、说话者识别等语音处理的方面。

国内外已经开发出了多种音频检索原型系统。如MELDEX系统、QBH客户端、ECHO，以及由我国上海交通大学的薛锋、杨宗英、郑巧英和黄敏等研发的音乐检索系统。

音频检索在互联网检索页面具有重要的现实意义，如Google、Podcastle等。随着多媒体技术、数据库技术、网络通信技术和信息压缩技术等的迅速发展，以及更多国际标准的出台，为音频检索提供了更多的技术支持和发展空间。

3.7.3 语音编码

语音编码（Speech Coding）技术同样是在语音信号处理领域中与人

们的日常生活关系最密切的研究方向之一。和诸如 MP3、WMA 这些面向所有声音的编码格式不同,语音编码技术主要是专门以语音作为编码对象。因此主要应用于包含语音通信的应用场景中。由于专注于语音的编码,因此可以基于语音信号的信号特性进行专门的优化。

目前主要的语音编码标准包括 G.711、G.723、G.726、G.729、ILBC、QCELP、EVRC、AMR、SMV 等,各种标准都有其重点应用领域。这些标准中, G.7XX 系列编码标准主要由国际电信联盟(ITU)制定,每一标准又有很多分支,如 G.729 就有 G.729A 和 G.7298 等。G.711 是目前应用最普遍的编码标准,也是全世界电路交换电话网中使用的编码技术。而 G.723.1 是 ITU-T 建议的应用于低速率多媒体服务中语音或其他音频信号的压缩算法,其目标应用系统包括 H.323、H.324 等多媒体通信系统,目前该算法已成为 IP 电话系统中的必选算法之一。

3.7.4 说话人识别

所谓说话人识别(Speaker Recognition),是指要基于一段或多段语音数据,识别出这些语音是由哪个人说的。因此,其识别技术的重点在于寻找语音中包含的不同说话人的个性因素,强调的是不同说话人之间的语音特征差异。由于说话人识别相当于是将每个人语音中的共有特征作为其身份识别信息,与指纹识别类似,因此也被称为“声纹识别”。

1. 说话人识别基本工作流程

图 3-24 中展示了一个基本的说话人识别系统的组成及工作流程。由于无论是说话人识别,还是上文中所述的语音内容识别,都是属于“机器学习 / 模式识别”系统,因此其系统组成与工作流程均有一定的相似之处,比如都包含“模型训练”和“识别”这两个相对独立的子流程,在这两个子流程中也都需要对语音数据提取特征等。但因为识别对象是说话人,因此在说话人识别系统中的语音特征提取阶段,其特征提取算法主要针对语音中能够体现不同说话人差异的特性进行了专门的优化与选取。

2. 说话人识别的主要应用

在特定的应用场合中,采用人的语音作为身份鉴定的方式相比,诸如指纹识别等更传统的识别技术而言,具有诸如无接触性等独有的优势。例如,①获取语音的识别成本低廉,使用简单,一个麦克风即可,在使用通信设备时更无须额外的录音设备;②适合远程身份确认,只需要一个麦克风或电话、手机就可以通过网络实现远程登录。另外,将该技术与其他身份鉴别方式联合使用时，也能够显著增加鉴别的准确性与可靠性。因此，对于说话人识别的实际应用的研究，在较早期就已经是语音领域研究人员的重要研究课题。

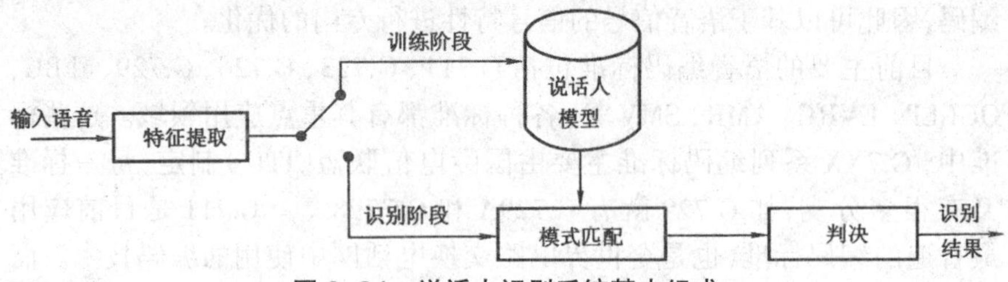

图 3–24 说话人识别系统基本组成

（1）语音门禁系统

基于说话人识别的语音门禁系统可能是普通大众见到最多的，也是接触最早的一种说话人识别的实际应用形式。毕竟在众多影视作品，尤其是科幻类影视作品中经常出现语音门禁系统的身影。相对而言，这也是发展时间最长，技术相对最成熟的说话人识别应用之一。

（2）语音登录

目前在一些 PC 端或移动端的软件中，已经开始引入基于说话人确认技术的语音登录功能，相比于传统的输入密码识别，语音登录可以进一步提高安全性，同时也免去了记忆密码的麻烦。

（3）银行 / 金融类业务中的身份确认

在银行 / 金融类业务这种有很高安全性要求的应用场合，也很早就开始探索引入基于语音的说话人识别技术。在诸如北美和西欧等地区，大量的银行客户都采用电话银行设施和服务。而这些金融机构的大部分都已经采用了基于语音的说话人识别解决方案来受理或拒绝用户的移动交易。另外，在国内包括支付宝等移动支付应用也在逐渐引入说话人确认技术。

（4）公安司法

在一些公安司法类应用中，声纹识别技术可以帮助执法人员从诸如对话录音中查找出嫌疑人或缩小侦察范围，识别结果还可以在法庭上提供身份确认的旁证。

3.7.5 语音合成

语音合成（Speech Synthesis）从广义上说是指通过机械、电子等方法产生人造语音的技术。而在数字语音处理范畴中所说的语音合成，一般是指“让机器用人的声音读出文字”。也就是通过特定的语音数据生成算法,人工生成基于文本的语音数据。因此语音合成实际上和上文中的语音识别技术是互为逆向的,一个是从语音到文字,另一个是从文字到语音。所以语音合成通常被称为 TTS(Text To Speech)技术。

1. 语音合成系统的基本组成

从语音合成的基本实现思想而言,主要是通过存储较小的语音单位(如音素、双音素、半音节和音节)的声学参数或波形,利用由音素组成音节,再由音节组成词和句子的各种规则,自动地将文字转换为语音。其基本系统组成及工作流程如图 3-25 所示。

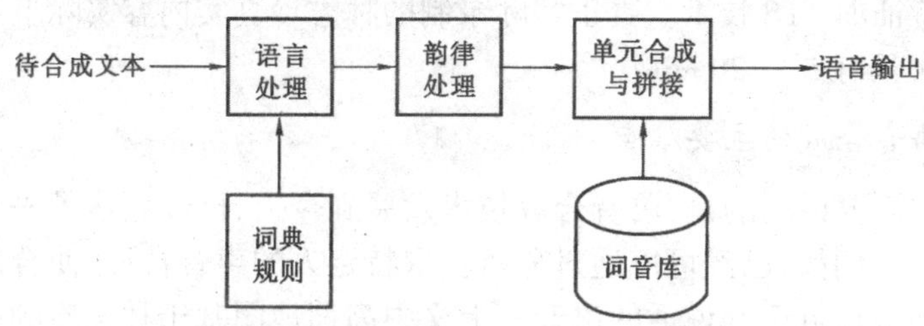

图 3-25　语音合成系统基本组成

可以看到,整个语音合成系统大致分为语言处理、韵律处理、声学处理三大部分。其中,韵律处理主要用于需要合成出连续流畅的较长语音的应用场景,这一步骤本身也是现在研究的重点。

2. 语音合成的主要应用

和语音识别相比,语音合成的技术相对来说要成熟一些,并已开始向产业化方向成功迈进,大规模应用指日可待。目前较为常见的一些实际应用形式包括以下几个方面。

(1)自动文本朗读

这显然是语音合成技术最直接的应用形式之一,当由于主观意愿或客观条件限制使得文本阅读不是最佳选择时,自动文本朗读显然提供了一种额外的选择。

(2)人机交互

相比于目前绝对主流的基于各种视觉反馈的人机交互形式,假如机器能够像人和人之间通过语音交流那样,以语音的形式对人们的各种操作做出反馈,显然是一种自然度感觉非常高的人机交互形式。这也是语音合成技术已经是新形态人机交互中的一项基础性技术的原因。人机交互也因此是目前语音合成应用最多的场景。诸如常见的智能平台上的语音助手就是典型的应用实例。

（3）自动应答呼叫中心

在金融、电信、公共服务等领域对于能够实现自动应答的呼叫中心具有很高的需求，而这也必然需要以人工合成的语音作为应答内容。

（4）汽车导航

之所以将汽车导航这类本可以归为人机交互大类中的应用形式提出来单独说明，是因为基于语音合成的自动导航也是目前普通大众接触、使用得最多的语音合成应用之一。以高德地图这个用户数众多的导航系统为例，其在国内最早推出了以“林志玲的声音导航”为重要卖点的语音导航功能，并引起了相当的用户关注。而该功能的实现本身就是基于林志玲声音特征的 TTS 技术。真正实际录制的林志玲真实内容实际上不超过 5 000 字，只有 5 ～ 20 min。

3. 语音合成的主要难点

首先需要说明的是，语音合成技术发展到今天，已经到达了一个比较高的水平。例如，已经可以通过分析获取特定人的声音特征，使合成的语音听起来很接近于其说话的语音。上文中高德地图基于林志玲的语音特征进行语音导航就是一个典型的案例。但即便如此，目前的合成技术仍然存在几个需要改进和完善的地方。

（1）更自然的韵律

对于适用范围最广的连续语音的合成而言，自然度更高的、更加拟人化的语音韵律是现在合成技术仍然需要提高的一个方面，现有技术合成的连续语音中的“机器味”仍然比较足，与韵律的自然度不够高有非常大的关系。

（2）情感表现

在实现了更加自然的韵律的基础上，语音合成就需要朝着更高的目标，也就是能够让合成的语音体现出人类的情感而努力。这显然是比实现普通的自然韵律要复杂很多的要求。毕竟对于情感的表达，需要涉及韵律、轻重音、语速等多方面的因素共同进行，而且即使是同一种情感，也可以有多种不同的语音表现方式。

3.7.6 语音情感信息分析

众所周知，同样的一句话被不同的人或者在不同情绪下说出来，由于说话人表现的情感不同，会给听者在感知上带来非常显著的差别。如果我们希望未来基于语音交互的人机交互系统能够更加拟人化，甚至能够分辨出人们在说话时的情绪，并作出相应的适宜的反馈，那么如何对人的语音中的情感信息进行分析与提取显然就成为一个非常必要的工作,而这也正是“语音情感信息分析”研究方向的主要研究内容。

在语音信号处理领域大部分的研究历史中,语音中的情感信息实际上一直是被作为一种“干扰信息”对待的。普遍认为这方面的信息会对诸如内容的识别或说话人的识别造成模式的变动和差异。因此在以往的大部分研究方向的处理方法中,与情感相关的信息都以各种方式被去除。直到 20 世纪 80 年代中期,研究者们开始意识到语音中的情感信息的重要性,并逐渐开始了语音情感分析这个研究方向。目前,这个方向已经是在语音信号处理领域的一个非常重要的研究课题。

表 3–1 中展示了对语音进行情感信息分析的一个比较初步的研究成果,主要考察了一些典型情感与一些基本语音声学特征的对应关系。

表 3–1　一些典型情感与基本语音声学特征的对应关系

声学特征	高兴	生气	悲伤	恐惧	厌恶
语速	一般较快,但有时较慢	稍快	稍慢	很快	非常慢
平均基频	很高	非常高	稍低	非常高	非常低
基频范围	很宽	很宽	较窄	很宽	稍宽
声强	较高	较高	较低	正常	较低
音质	有呼吸声,响亮	有呼吸声,胸腔声调	共鸣声	不规则发音	嘟囔的胸鸣声
清晰度	正常	正常	模糊	准确	正常

3.7.7 语音抗噪声技术

对于上述任何一个语音信号的研究方向而言,假如在需要分析处理的语音信号中包含或多或少的“噪声”成分,显然都会对期望的分析处理效果带来负面的影响,显著增加处理难度,严重时甚至可能使分析完全无法进行。因此,针对语音的抗噪声技术可以认为是一个对所有其他研究方向都有着普遍意义的方向。其研究目标就是希望能够在真实、复杂的声音环境中能对语音信号进行正确的处理。

现有的语音抗噪声方法可归结为 4 种主要的思路:

1. 语音增强

语音增强也就是想办法将纯粹的语音信号变得更加显著,增强纯粹语音信号的质量和可懂度,从而使得信号中的噪声难以对纯粹的语音信号产生明显的影响。

2. 寻找更加稳健的语音特征

寻找更加稳健的语音特征，也就是想办法从纯粹的语音信号中提取出更加不容易受到噪声影响的特征，这样即使存在一定的噪声，也难以影响分析结果。这种方法对各种噪声环境的适应性在理论上是最好的，但由于其没有利用周围噪声环境的相关信息，因此实际效果并不令人满意。

3. 基于噪声模型的噪声补偿

通过对环境中的噪声的特性进行建模，可以在一定程度上抵消混入纯粹语音中的噪声信号，也就是所谓的噪声补偿。噪声补偿方法通常在固定的噪声环境中能取得较好的效果，但缺点在于对于每个不同的噪声环境都需要单独建模，适应性较差。

4. 盲源分离技术

所谓盲源分离，在语音信号为处理对象时，就是指对于一个语音信号中的各种组成成分（可能包含一个或多个人的语音、一个或多个噪声）的特性未知的情况下，将各个成分单独提取出来的技术。可想而知，如果能实现对包含噪声的语音信号的盲源分离，则可以一劳永逸地将噪声去除，当然这只是最理想的情况，虽然盲源分离技术在近年有了较大的发展，但要做到完全将各种语音成分分离出来还很难。另外需要指出的是，语音信号的盲源分离往往需要在语音的采集阶段采用多个麦克风阵列，基于获得的多个语音进行分离处理。采集原理图如图 3–26 所示。

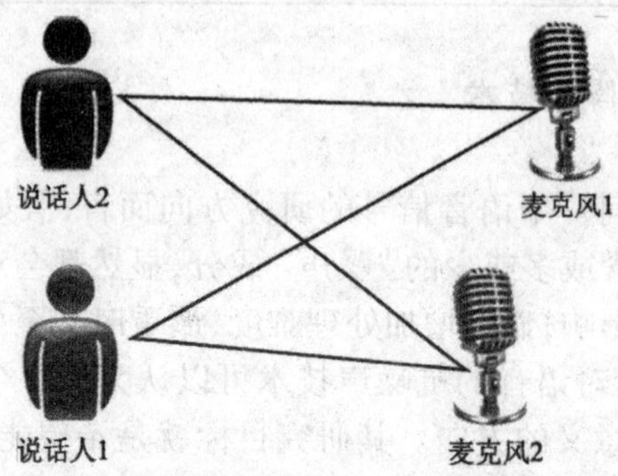

图 3–26　用于盲源分离的麦克风阵列语音采集

由于不同的噪声环境中噪声的组成、特性都有各自的特性，因此上述单一一种抗噪声方法都很难取得满意的结果，通常是将 3 种方法综合使用。因此，如何将 4 种方法合理地结合也成为目前抗噪声技术的一个重要研究点。另外，在近年来的一些研究中还利用了人类自身对语音的感知机理，有效地提升了语音抗噪声性能。

3.7.8 语音特效

说到特效，大部分人首先想到的是影视大片中各种炫酷的视觉特效效果，但实际上对于语音来说也有很多需要加入特殊效果的场景，诸如影视剧、娱乐应用等。其中，比较常见的特效效果包括：

①改变整体音质，如将人声改为机器人说话的“金属声”等。

②改变语速，即在改变原始语音的说话语速的同时，并不改变说话人的音质，因此其实现方法比简单地通过对语音采样点进行插值的方法具有更高的复杂度。

③改变嗓音，如将男性声音变为女性声音，将年轻人声音改为老年人 / 儿童声音等。

目前对于非专业化应用的语音特效处理，已经有很多可以直接获取的相关软件，包括很多免费的变声软件等。

3.7.9 语种识别

语种识别是指识别出一段语音所属的是哪一种语言的技术，虽然知名度较低，但在特定应用场景下同样具有很高的价值。例如，当在进行语音内容识别，而语音内容中同时包含不止一种语言时，就需要结合语种识别进行快速的识别模型转换；或者当多个说不同语言的人在一起对话，需要实时自动语音翻译时，同样需要自动对各个说话者的语种进行识别。

第4章 数字视频技术及应用

4.1 数字视频基础知识

视频在多媒体设计中占有非常重要的地位,视频可以由文本、图像、声音、动画等媒体组成。视频信息处理技术是多媒体技术中较为复杂的信息处理技术,能够同时处理运动图像和与之相伴的音频信号,即将一系列的影像以电信号方式加以捕捉、记录、处理、存储、传送与重现的各种技术。

4.1.1 视频的定义

视频(Video)信息是连续变化的影像,是多媒体技术最复杂的处理对象。视频通常是指实际场景的动态演示。视频既可以高速地传达信息数据,也可以将信息瞬间的关系表现出来。视频信息实际上是由一系列图像组成的,除了具有图像的高速传递信息的特性之外,还加入了随图像信息即时变化的时间因素,所以视频包含着更多的信息。例如,人们可以自始至终地观看到车间整个设备的运作顺序,也可以详细地观看每一个操作步骤,能准确地看到每个零部件的形状及位置,还可以纵观整个过程,并且知道所花费的时间。这是用任何形式的书面材料都不可能完全表达的信息。

4.1.2 视频的编辑方式

一般来说,视频编辑方式有线性编辑和非线性编辑两种。

线性编辑是利用电子手段,按照要求将素材片断连接成新的连续画面的一种编辑方式。利用线性编辑方式对视频进行编辑时,需要把摄像机所拍摄的素材一个个地进行剪切，然后按照剧本或者方案，一次性对素材在编辑机上进行编辑。

但是，线性编辑素材的搜索和录制必须按时间顺序进行，如果认为某个视频素材需要增加或者删除，则全部素材需要在编辑机上重新排列编辑一遍，非常麻烦。

非线性编辑是将传统视频编辑系统要完成的工作全部或部分放在计算机上实现的技术。非线性编辑能够任意增加或删除素材，随意改变素材的顺序、长度，信号质量保持不变，大大提高了工作效率。

目前国内的非线性编辑系统已经基本国产化，以中科大洋、索贝、极速、新奥特非线性编辑系统为主，国产非线性编辑系统基本占据了国内 90% 以上的市场份额。常用的非线性编辑的计算机软件有 Final Cut Pro 和 Adobe Premiere Pro 等。

4.1.3 常见的视频格式

数字视频技术广泛应用于通信、计算机及广播电视等领域，从而产生了许多视频编码标准和各种各样的视频文件。

伴随着数字视频、音频技术的应用，其技术规范也在不断发展，形成了不同时期的数字视频标准。

1.MPEG-1

MPEG-1 制定于 1992 年，是针对 1.5 Mbps 以下数据传输速率的数字存储媒质运动图像及其伴音编码的国际标准，主要用于多媒体存储与再现。

MPEG-1 的应用领域包括光盘、数字音频磁带（Digital Audio Tape，DAT）、温彻斯特硬盘及通信网络（如 ISDN 和局域网等），其典型的应用是 VCD。为了支持多种应用，可由用户来规定多种输入参数，包括灵活的图像尺寸和帧频。

2.MPEG-2

MPEG-2 制定于 1994 年，称作“运动图像及其伴音信息的通用编码”，是针对 3 ~ 10 Mbps 的运动图像及其伴音的国际标准。MPEG-2 具有较强的分级编码能力，其压缩比可变，且最高可达 200 : 1。MPEG-2 的应用领域很广，它支持面向存储媒质的应用；支持各种通信环境下数字视频信号的编码和传输，如数字电视、TV 机顶盒和 DVD 等；还可以应用于 Internet、卫星通信、视频会议和多媒体邮件等，其典型的应用是

DVD 和 HDTV（高清晰度电视）。

为了适应不同的应用环境，MPEG-2 中有很多可以选择的参数和选项，改变这些参数和选项，可以得到不同的图像质量，满足不同的需求。

3.MPEG-4

MPEG-4 制定于 1998 年，称作"甚低速率视听编码"，是针对一定的数据传输速率下的视频、音频编码标准，更注重多媒体系统的交互性和灵活性，是为了播放流式媒体的高质量视频而专门设计的。MPEG-4 推动了数字广播电视、实时多媒体监控、低比特率下的移动多媒体通信、基于内容的信息存储和检索、Internet/Intranet 上的视频流与可视游戏、DVD 上的交互多媒体应用、演播室和电视节目制作等各方面的发展。

4.MPEG-7

MPEG-7 是为不同类型的多媒体信息描述定义的一个新标准。MPEG-7 描述能通过数据（如图像、图像、视频、音频、三维模型）来定位，或远程地用该数据描述的双向指针来定位，解决了计算机查找音频和视频很困难的问题。MPEG-7 的应用范围很广泛，既可用于存储，也可用于流式应用。MPEG-7 的典型应用场合有数字图书馆、多媒体索引服务、广播节目选择、多媒体编辑（如电子新闻出版）等。另外，MPEG-7 在多媒体教育、地理信息系统、旅游信息、环境监控、建筑和室内设计、娱乐购物以及电影电视节目档案制作等方面都有潜在的应用价值。

5.H.261 和 H.263

H.261 标准和 H.263 标准是 CCITT 分别于 1990 年、1995 年制定的，用于 ISDN（综合业务数字网）和 PSTN（公共交换电话网）的视频编码标准。H.261 标准的名称为"视听业务速率为 $P\times64$ kb/s 的视频编译码"，又称为 $P\times64$ kb/s 视频编码标准（P=1，2，…，30）。当 P=1 或 2 时，仅能支持 QCIF（176 像素 ×144 像素）分辨率格式、每秒钟帧数较低的可视电话；当 $P\geqslant6$ 时，则可支持图像分辨率格式为 GIF（352 像素 ×288 像素）的视频会议。H.263 标准是 ITU-T 关于低于 64 kbps 的窄带通道视频编码建议，其目的是能在电话网上传输活动图像。这些标准的出现不仅使低带宽网络上的视频传输成为可能，而且解决了不同软、硬件厂商产品之间的互通性，因而对多媒体通信技术的发展起到了非常重要的作用。

6.T.120

20 世纪 90 年代以来，Internet 的开放性以及电信业务的不断扩展使人们对电话线路的使用方式发生了明显的变化，人们越来越多地使用电话线路传输数据进行多媒体通信。为了能将传统的线路交换网络和现代的信息包交换网络紧密地融合在一起，满足多媒体数据通信业务急剧增长的需要，国际电信联盟制定了许多相关标准。其中，T.120、H.320、H.323和 H.324 标准组成了多媒体通信的核心技术标准。T.120 是实时数据会议标准，H.320 是综合业务数字网视频会议标准，H.323 是局域网上的多媒体通信标准，H.324 是公共交换电话网上的多媒体通信标准。

4.1.4 视频质量与文件大小

对同一个视频剪辑，存储的文件格式不同，文件的大小也不一样。一个 120 min 的视频文件的不同格式与大小的关系如表 4–1 所示。

表 4–1　文件格式与大小的关系

类型	扩展名	描述	大小
微软视频	avi	兼容性好、调用方便且图像质量好，但数据量巨大	4 GB
微软视频	wmv	独立于编码方式的、在 Internet 上实时传播多媒体的技术标准，采用 MPEG–4 压缩算法	1 GB
微软视频	asf	流媒体文件格式，用来在 Internet 上实时播放音频和视频	300 MB
Real Player 视频	rm	在低速率的网上实时传输视频的压缩格式，具有小体积而又比较清晰的特点，文件的大小完全取决于制作时选择的压缩率	200 MB
Apple 视频	mov	采用有损压缩方式，画面效果较 AVI 格式要稍微好一些	500 MB
MPEG 视频	dat	采用 MPEG–1 格式压缩	1.2 GB

4.2　模拟视频数字化

计算机处理的视频信号可分为视频采集和视频绘图两种。视频采集是利用视频卡将外界相当于电视信号的活动视频输入计算机。视频绘图是通过专门的软件利用计算机显示卡来产生图像信号。视频绘图又可分为静止图像和活动图像。

4.2.1 数字化视频图像数据的获取

视频素材常用的获取方式有如下几种。

1. 网络及素材库获取

网络是获取视频素材的一种有效方式,方便快捷。但由于因特网资源种类繁多,相对分散,真正找到实际需求的视频素材并非易事。通过购买 VCD 或 DVD 等专业的素材库光盘是更为有效的方式,从中选取所需视频素材,通过相应转换,以供创作所需。

2. 摄像机获取

利用视频捕捉卡和视频工具软件可以对摄像机中的实时视频信号进行捕捉,生成视频文件。具体方法是在计算机上安装视频捕捉卡和 Microsoft 的 Video for Windows 软件,将摄像机和视频卡连接起来,然后启动视频卡和软件捕捉摄像机中输出的视频信号,生成 AVI 格式的视频文件。

3. 拍摄数字视频

利用数字摄像机等数字设备直接拍摄以生成数字视频,以 MPEG 或 MOV 等格式存储。该方法比由模拟摄像机转录的效果好,且容量小,制作方便。

4. 捕捉屏幕获取

利用屏幕捕获软件可以录制动态的屏幕操作步骤,生成所需的视频文件。录制和捕获视频的软件很多,如 Screenflash、Camstudio、Snagit、ViewletCam、HyperCam 等,这类软件使用方式大同小异。

4.2.2 视频图像的数字化

目前,大部分电视机所采用的制式都是模拟的,如 NTSC、PAL 或 SECAM 制式,而计算机只能处理和显示数字信号。因此在计算机播放和处理模拟电视信号之前,必须通过特定的方式将这些模拟信号进行数字化处理,这涉及对视频信号的扫描、采样、量化和编码,如图 4-1 所示。

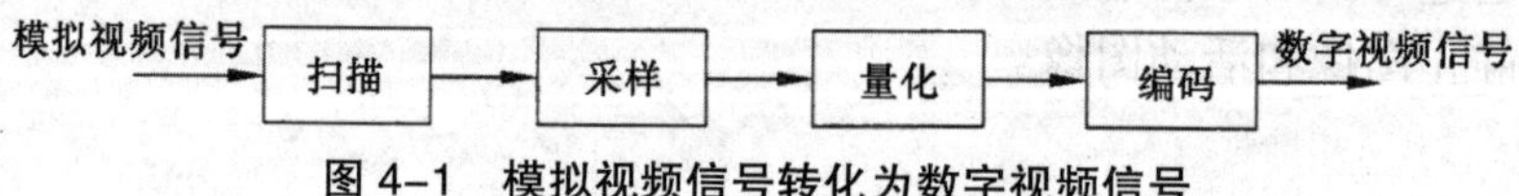

图 4-1 模拟视频信号转化为数字视频信号

1. 视频信号的扫描

从空间上看，任何一幅图像在二维空间上都是连续分布的，空间中某一位置亮度电平的取值也是连续分布的。

数字视频信号的示意图，如图 4-2 所示。沿 x 轴的扫描行上分布有像素点，沿 y 轴表示垂直方向的行数，t 轴表示时间坐标。可以看到，在特定的时刻 t，所有 x, y 平面上的像素点构成了当前时刻的图像帧，而每一像素点的颜色或亮度 E 可表示为函数 $E(x, y, t)$。如果时间轴上表示的所有图像帧之间的时间间隔 Δt 低于人们视觉暂留所感知的时间长度，当这些图像连续播放时，就可以在人眼中形成连续运动图像的感觉。从这个角度上而言，可以认为图像是离散的视频，而视频是连续的图像。

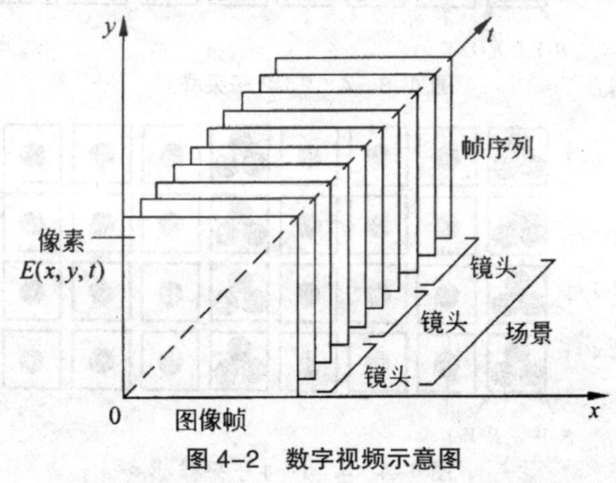

图 4-2 数字视频示意图

2. 视频信号的采样

视频信号采样把一幅连续的图像在二维方向上分成 $M \times N$ 个网格，每个网格用一个亮度值表示。这样一幅图用 $M \times N$ 个亮度值表示，这个过程称为采样。

按照采样频率的不同，对图像采样有两种方法：一种是使用相同的采样频率对亮度和色度信号进行采样；另一种是使用不同的频率对亮度和色度信号进行采样。对于亮度信号的采样频率比色度信号的采样频率高的采样方式称为图像子采样。

常见的图像子采样格式有以下 3 种：

（1）4：2：2 子采样格式

在每行上每 4 个连续的采样点取 4 个 Y(亮度)样本，2 个 G_r(红色差，B-Y)样本和 2 个 G_b（蓝色差，R-Y）样本，即平均每个像素用 3 个样本来表示，如图 4-3 所示。

（2）4：1：1 子采样格式

在每行上每 4 个连续的采样点取 4 个 *Y*（亮度）样本，1 个 G_r（红色差，B–Y）样本和 1 个 G_b（蓝色差，R–Y）样本，即平均每个像素用 1.5 个样本来表示，如图 4–4 所示。

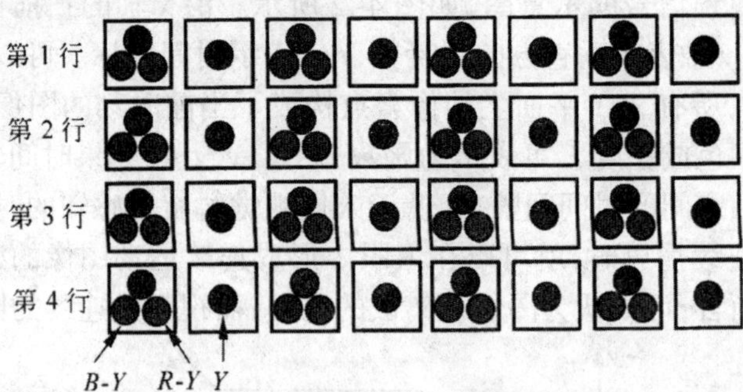

图 4–3　4：2：2 子采样

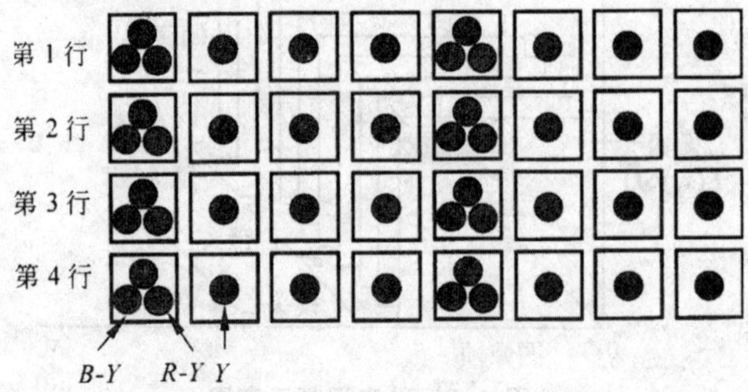

图 4–4　4：1：1 子采样

（3）4：2：0 子采样格式

在水平和垂直方向上每 4 个相邻的采样点取 4 个 Y（亮度）样本，1 个 G_r（红色差，B–Y）样本和 1 个 G_b（蓝色差，R–Y）样本，即平均每个像素用 1.5 个样本来表示，如图 4–5 所示。

图 4–5　4：2：0 子采样

3. 视频信号的量化

采样图像亮度值在采样的连续空间上仍然是连续的，把亮度分为 k 个区间，每个区间对应同一个亮度值。这样共有 k 个不同的亮度值，这个过程称为量化。

4. 视频信号的编码

编码量化后的数据根据相应的压缩编码技术进行压缩编码处理，将模拟信号转变为数字图像信号。

4.2.3 视频图像的实现策略

1. 设计数字信号处理器

为了实现计算机系统自动完成动态图像的实时采集、压缩和播放，可采取设计专用的数字信号处理器（DSP）芯片的方法。

2. 传真视频图像技术

传真视频图像技术采取的方法是：以单帧的方式一帧一帧地获取静态图像序列，分别压缩后组织成一个图像文件，播放时按图像序列连续播放，以获得运动图像的效果。

3. 压缩和解压缩的非对称性

由于视频图像实时采集、压缩和存盘技术的难度远远超过视频图像实时播放的实现难度，再加上多数的多媒体应用并不要求把压缩与还原处理放在一个环境中进行，因此可采用压缩和解压缩非对称策略。例如，制作一个高质量的影视节目，压缩时可能要花几天，且所用设备的花费也很大；而解压缩时（即播放这部影视节目）只能控制在两小时内完成，且播放的设备也很便宜。

4. 可缩放性技术

在进行视频播放时，为了适应不同性能的计算机和不同的视频信号处理运行环境，可采用可缩放技术，即图像的质量和帧速率可随硬件速度的差异而不同。例如，Video for Windows 软件，CPU 的速度越快，播放的视频图像的分辨率和帧速率就越高。

4.3 视频卡

视频卡(见图 4-6)是基于 PC 的一种多媒体视频信号处理平台,它可以汇集视频源、音频源等的信息,经过编辑或特技处理而产生非常漂亮的画面。

图 4-6 视频卡

使用视频卡播放节目或用电影解压卡重放电影时,如果视频图像不能平滑播放,此时除考虑视频卡的质量外,应试着调整系统性能。为了获得较好的播放效果,首先是考虑使用磁盘缓存程序;其次是缩小桌面播放窗口,因为窗口越大,计算机要处理的像素越多,运行起来就越慢。

由于绘图与视频功能都要使用图像存储器,因此,绘图芯片厂商将视频功能纳入绘图芯片中,以便节省部分图像存储器。绘图视频卡是具有绘图功能的多媒体视频卡。除此之外,还有一类是只能处理视频数据的视频卡。

视频卡的种类繁多,性能方面也有许多互相交错的地方,而且没有统一的分类标准。按其功能分,又可分为图像加速卡、播放卡(回放卡或解压缩卡)、捕捉卡、播放 / 捕捉卡和电视卡(IV 卡)等。

4.4 视频文件格式

4.4.1 AVI 文件

AVI(Audio Video Interleaved)是一种将视频信息与同步音频信号

结合在一起存储的多媒体文件格式。它以帧为存储动态视频的基本单位。在每一帧中，都是先存储音频数据，再存储视频数据。整体看来，音频数据和视频数据相互交叉存储。播放时，音频流和视频流交叉使用处理器的存取时间，保持同期同步。通过Windows的对象链接与嵌入技术，AVI格式的动态视频片段可以嵌入任何支持对象链接与嵌入的Windows应用程序中。

4.4.2 MPEG文件（.dat、.mpg）

MPEG这个名字本来的含义是一个研究视频和音频编码标准的“动态图像专家组”，该专家组致力于为CD建立视频和音频标准。MPEG标准主要是MPEG-1、MPEG-2、MPEG-4、MPEG-7以及MPEG-21等。VCD采用MPEG-1标准，DVD采用MPEG-2标准。

其中MPEG-4主要是扩展MPEG-1、MPEG-2等标准以支持视频/音频对象（Video/Audio Objects）的编码、3D内容和数字版权管理（Digital Rights Management）；MPEG-7并不是一个视频压缩标准，它是一个多媒体内容的描述标准。MPEG-21的目标是为未来多媒体的应用提供一个更完整的平台。除了MPEG和MPG之外，部分采用MPEG格式压缩的视频文件还以DAT为扩展名。而真正的DAT文件主要用于VCD光盘中，其实就是在MPEG的文件头部分加上了一些运行参数，可以使用软件将其转换成更为通用的MPEG格式。

4.4.3 Real Video文件

Real Video文件是Real Networks公司开发的一种流式视频文件格式，Real Video除了可以播放普通的视频文件之外，还可以与Real Server服务器相配合，采用边传边播的形式，而不必像大多数视频文件那样，必须先下载然后才能播放。

4.4.4 ASF文件和WMV文件

ASF文件和WMV文件是针对RM格式的缺点而提出的。

ASF文件（.asf）是Microsoft公司开发的流媒体文件格式，用来在Internet上实时播放音频和视频。ASF采用了MPEG-4的压缩方法，可以在网上边下载边观看，它的图像质量虽比VCD差一点，但比同样是流格式的RM文件要好。

WMV是Microsoft公司最新推出的流媒体格式,是与MP3齐名的视频格式文件,在同等视频质量下,WMV格式的容量非常小。它的主要优点是支持本地或网络回放,可扩充性好,支持多种语言以及流的优先级化。

4.4.5 RMVB文件

RMVB影片格式比原先的RM多了VB两字,在这里VB是VBR(Variable Bit Rate,可变比特率)的缩写。它打破了原来RM格式的平均压缩采样方式,可以更合理地利用比特率原理,使得该文件格式在保证静止画面质量的前提下,将原先静止画面占用的带宽留给动态图像,从而提高了快速运动的画面场景质量。

4.4.6 MOV文件

MOV即QuickTime影片格式,是Apple计算机公司开发的一种音频、视频文件格式,用于保存音频和视频信息,具有先进的视频和音频功能,QuickTime的优点是可跨平台、存储空间要求小。到目前为止,它共有4个版本,其中以4.0版本的压缩率最好,同时在网络应用方面也很常见。

4.4.7 3GP文件

3GP是一种基于3G网络而开发的视频编码格式,也是目前手机中最为常见的一种视频格式,常应用在手机、MP4播放器等移动设备上。其优点是文件体积小,移动性强,适合移动设备使用;缺点是在PC上兼容性差,支持软件少,且播放质量差,帧数低,较AVI等格式相差很多。

4.4.8 FLIC格式

Autodesk公司的FLIC(.FLC):.FLI、Autodesk Animator和AnimatorPro的动画文件格式。支持256色,最大的图像像素是64 000×64 000,支持压缩。FLIC格式广泛用于动画图形中的动画序列、计算机辅助设计和计算机游戏应用程序,但不适合制作真实世界图像动画。

4.5　数字视频处理技术

4.5.1 视频编辑

1. 序列编辑

在 Premiere Pro CS4 中，允许一个单独的项目在时间线窗口生成多个序列，也可以插入或嵌套一个序列到另一个序列中进行序列嵌套。采用多个序列和嵌套序列，各序列之间可以很方便地切换，使工作流程更加顺畅，提高工作效率，增强操作的灵活性。

（1）创建一个新序列

选择【文件】→【新建】→【序列】命令，或在项目面板空白处中，单击鼠标右键，在弹出菜单中选择【新建分类】→【序列】命令。或单击项目面板右下方的【项目分项】按钮，然后选择【序列】。弹出【新建序列】窗口，输入序列名称和设定序列预置。单击【新建序列】的轨道选项卡，输入序列中要包含的轨道数如图 4-7 所示。单击【确定】按钮，返回到【项目】窗口，新建的序列就出现在【时间线】窗口中。

（2）序列嵌套

序列嵌套就是指一个序列可以在同一项目的另一个序列中作为单独的素材来选择、移动、修剪等处理。对源序列所做的任何修改都会在所有的由它构成的片段中反映出来。但不能嵌套自身序列，并且激活一个嵌套序列会耗费较多的处理时间。

图 4-7　输入新建序列轨道数

2. 编辑节目

编辑节目就是将素材按需要进行剪辑、处理，并按用户的需要组接在一起。

（1）制作叠加画面

叠加就是指一个素材的全部或部分叠加到另一个素材上去。在视频的片头和片花制作中，经常采用多画面的叠加。在 Premiere Pro CS4 中允许有多个视频轨道，两个以上的视频轨道素材重叠出现，就可以构成叠加画面。例如，“视频 2”轨道的画面会覆盖“视频 1”轨道的画面。出现在“视频 1”的素材称为背景素材，出现在“视频 2”的素材称为前景素材。为了显示背景素材，就必须降低前景素材的透明度或缩小其大小。

（2）分离与组合素材

选中含有音频和视频的素材，单击鼠标右键在弹出的菜单中选择“解除视音频链接”，使其音频和视频分离，分别作为独立的素材使用。也可选中视频和音频素材，单击鼠标右键在弹出菜单中选择“链接视音频”进行组合。

当完成视频的前期工作后，就可以将所有素材片段在时间线上进行组接。组接过程中经常会截断和删除多余的片段。通过选择工具箱中的剃刀工具可将素材一分为二。删除多余的素材，可采用选中后按下【Delete】键或右键单击要删除的素材从快捷菜单中选择【清除】命令，如果选择【波纹删除】命令则素材被删除后，其后面的内容会自动填充上来。

（3）素材运动效果的设定

在视频的制作过程中，为了使画面更加生动，可以对素材制作进行移动、缩放、旋转等运动效果。运动效果的设置方法是通过设置关键帧确定运动路径、速度及状况，使素材按关键帧的设定产生相应的变化。

（4）视频切换

一个素材结束逐渐换到另一素材，会应用到转场特效，Premiere 提供了多种转场特技效果，并按功能进行了分类。转场特技效果的应用可以使得视频各片段之间的切换更自然、生动，制作出赏心悦目的特技效果，从而增强视频的艺术效果，在节目的后期制作中经常用到。

应用转场特技效果，可以先选择【窗口】→【效果】命令，打开【效果】面板，在该面板中展开【视频切换】文件夹。在该文件夹中可以看到各转场特效的分类，如图 4-8 所示。

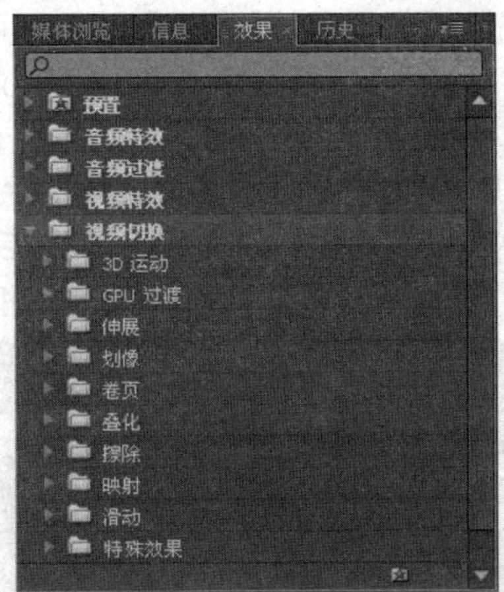

图 4-8　“视频切换”选项

单击任意类型组的扩展按钮即可展开分类，选中所需的效果，拖动其到【时间线】面板中两素材的交界位置处即可。

（5）视频特效

Premiere 视频特效的资源很丰富，通过应用这些特效，用户可以为图片和视频使用一个或多个特效创建出丰富的视频效果。在【效果】面板中展开“视频特效”文件夹，如图 4-9 所示选中所需的效果，拖动其到【时间线】面板中素材上。

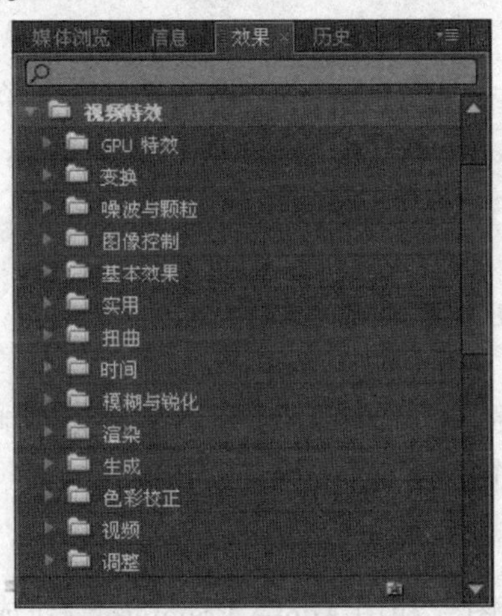

图 4-9　“视频特效”选项

3. 节目预览与视频输出

在完成制作工作后，通过预览可以检查素材各片段之间的衔接，以及用户所赋予素材的各种效果是否达到设计要求。在时间线窗口中按

【Enter】键，或单击【节目】监视器的【播放】按钮，即可进行实时预演。

当视频通过预演后，便可以根据需要输出视频文件。Premiere 能生成的视频文件格式有很多种，常用的是“+.avi”格式，这种类型的文件可以在多种软件程序中应用。选择【文件】→【导出】→【媒体】命令，弹出【导出设置】窗口，如图 4-10 所示。单击【输出名称】后面的文本，弹出【另存为】窗口，选择文件保存路径，并在【文件名】文本框中输入文件名。

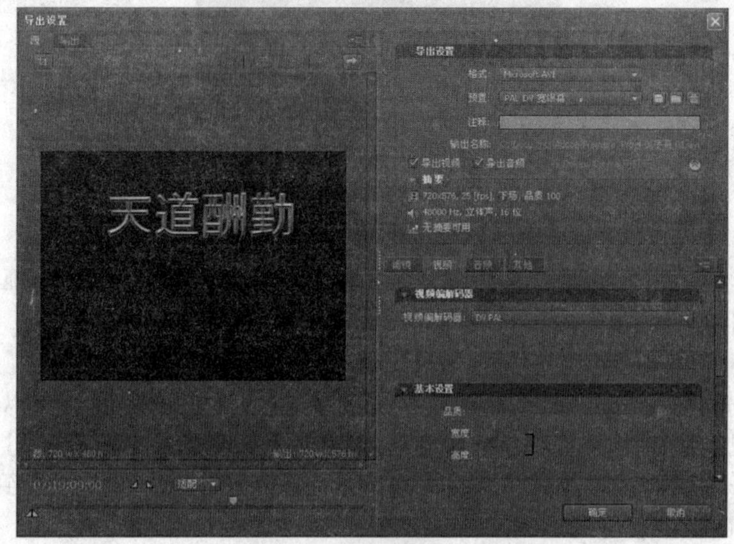

图 4-10 【导出设置】窗口

单击【保存】按钮，返回到【导出设置】窗口。单击【确定】按钮，显示【Adobe Media Encoder】窗口，如图 4-11 所示。单击【Start Queue】按钮，输出视频文件。

4.5.2 数字视频处理软件的基本用法

Adobe Premiere 的基本用法可以分为视频文件制作、特技效果、视频滤镜、合成音效和制作字幕 5 个部分。

1. 视频文件制作

将一幅幅独立的图片利用 Adobe Premiere 制作成连续播放的视频文件，是影视制作中经常要用到的一种形式。

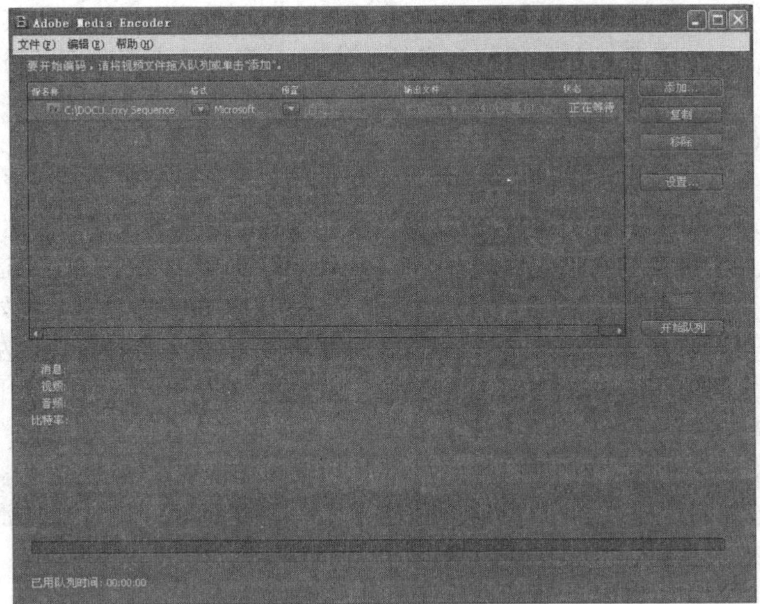

图 4-11　【Adobe Media Encoder】窗口

2. 特技效果

Premiere 的特技效果包括视频画面的切换、音频片段之间的转换、在音频和视频片段上应用滤镜等，所有的特技效果均在【项目】窗口的【特效】子窗口中。当应用了某一特效之后，特效参数可在监视窗口的【特效控制】子窗口中设置，其特技效果可在监视窗口的【时间线播放】子窗口中预览。

一个场景结束，另一个场景接着开始，这就是电影的镜头转场。在 Premiere 中，提供了多种类型的转场效果，既可以在同一轨道的两个相邻片段之间转场，也可以在不同轨道的两个部分重叠的片段之间转场。

3. 视频滤镜

Premiere 中提供了多种视频滤镜，可以快速对原始素材进行加工，制造一些有趣的特技效果。

4. 合成音效

（1）音频持续时间的调整

改变整段音频持续时间可采用的方法如下：

①在【时间线】窗口中，用选择工具直接拖动音频的边缘，改变音频轨迹上音频素材的长度。

②选中【时间线】窗口的音频片段，然后右击，从弹出的快捷菜单中

单击【速度 / 持续时间】就会弹出【速度 / 持续时间】对话框，在其中可以设置音频片段的持续时间和音频的速度，这种方法会影响音频播放的效果。

（2）使用滤镜效果

有些滤镜用来提供或者纠正音频的特征，有些滤镜用来添加声音的深度、声调的颜色或者特殊的效果。改变每一个滤镜的设置都能达到改变原始素材音频效果的目的。Premiere 支持 3 种声道文件：5.1 声道、立体声和单声道，不同声道的音频文件只能采用对应的音频滤镜。例如，立体声可以将声源位置在左、右声道之间循环移动，产生一种声音在左、右喇叭之间循环移动的效果，具有较强的立体感。在立体声文件上应用【混响】音频滤镜的操作步骤如下：

①选择音频素材，将其拖到【时间线】窗口的音频 1 轨道上。

②单击【项目】窗口中的【特效】子窗口，将【音频特效】中的【混响】滤镜效果直接拖到【时间线】窗口中的音频片段上。

5. 制作字幕

（1）创建字幕

要进入字幕编辑环境，首先创建或者打开一个项目文件，然后选择【文件】→【新建】→【字幕】命令，或者在项目窗口文件区空白处右键单击鼠标，从快捷菜单中选择【新建分类】→【字幕】命令，或者打开【新建字幕】窗口，选择【字幕】→【新建字幕】，再在打开的菜单中选择一种类型的字幕，就可以进入【新建字幕】对话框创建字幕，如图 4–12 所示。

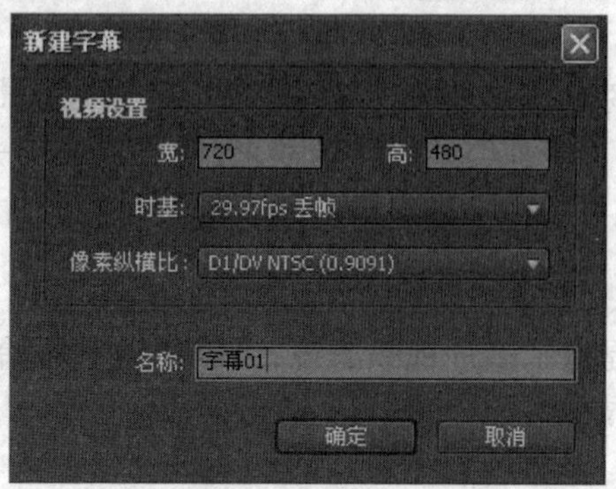

图 4–12　【新建字幕】对话框

（2）字幕的编辑和设置

启动【字幕设计】窗口，该界面由字幕工具区，字幕动作区，字幕样式区，字幕属性区，字幕编辑区组成，如图 4–13 所示。

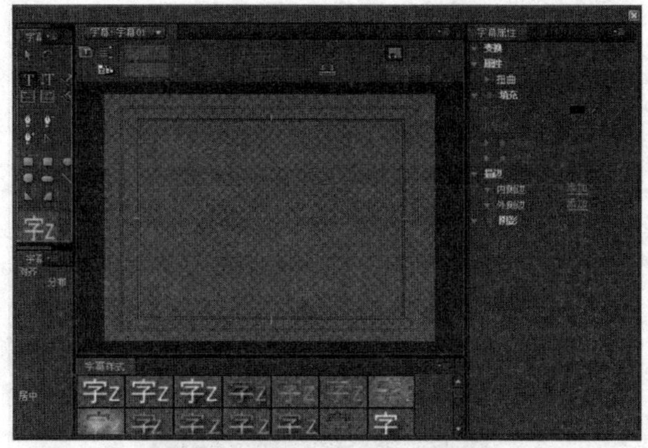

图 4-13　【字幕设计】窗口

①字幕工具区。字幕工具区中的工具分为选择和旋转工具、文字工具、路径编辑工具、绘图工具等类型，用于添加字幕文字，并对其进行控制。

选择工具一般用来选定窗口中的元素，只要单击该按钮，在字幕设计窗口编辑区中选择文本，文本就被选定。旋转工具用来对字幕文本进行旋转调整。

文字工具中又分为水平、垂直、水平多行、垂直多行、平行路径、垂直路径文字工具。只要根据要求选择其中的一个文字工具按钮单击后，再在字幕编辑区单击并拖动，就可以输入文本。

调整平行、垂直路径文字工具所创建出来的路径可单击钢笔工具按钮后，将鼠标移动到文本路径的节点上即可进行路径的调整。还可以通过添加、删除节点工具对文本路径上的节点进行增加和删除。若单击节点转换按钮，再单击文本路径上的节点，拖动出现的控制柄可调整文本路径的平滑度。

用户可以通过单击绘图工具栏中所需图形，在字幕编辑区里绘制图形，并对图形颜色和线框色等进行设定。

②字幕属性区。字幕属性区里包含的参数很多，其中【变换】参数主要用来控制对象的透明度、位置、高度、宽度，还可以动态地修改朝向。【属性】参数主要设定字幕文本的一些基本属性，如图 4-14 所示。

如图 4-15 所示，其中【填充】是可选参数，主要设定填充的方式，填充的颜色，填充色的透明度。【描边】参数主要用于在文本或图形的内部和外部创建显眼的描边效果。【阴影】参数主要用于设定对象的阴影效果。

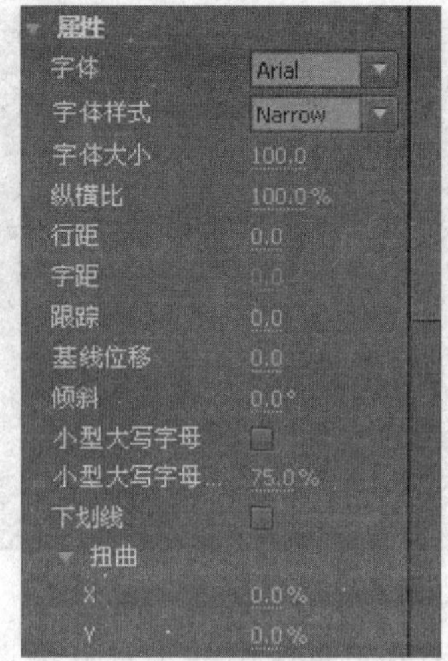

图 4-14 【属性】参数

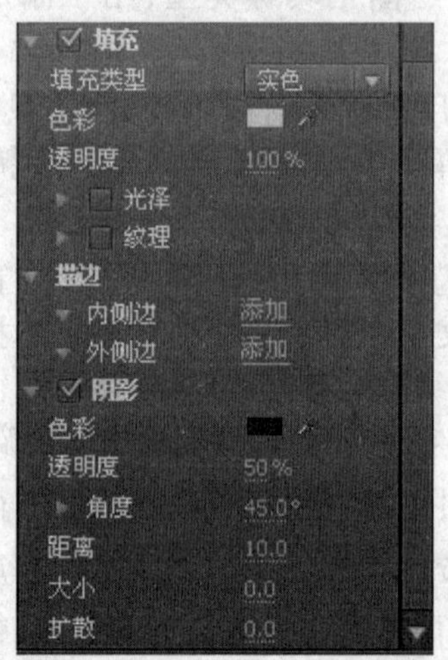

图 4-15 【填充】【描边】【阴影】参数

③字幕样式区。在该区域显示系统所能提供的所有字幕样式,用户选中文本,在字幕样式区中单击所需样式就可以设定字幕样式。

(3)制作滚屏字幕

滚屏字幕经常用于影视作品中的情节介绍,片头,片尾的说明。滚屏字幕分为“滚动”和“游动”两种类型。“滚动”字幕在屏幕上沿着垂直方向从下向上滚动,而“游动”字幕是在水平方向从右向左,或者从左向右移动。滚屏字幕的移动速度取决于字幕在【时间线】窗口中的时间长度。

选中文本,单击字幕编辑工作区上方的▤按钮,弹出【滚动/游动选项】对话框。利用该对话框,可以对滚动、游动效果进行设置。通过单选按钮组设置字幕类型及游动字幕的运动方向，如图 4-16 所示。

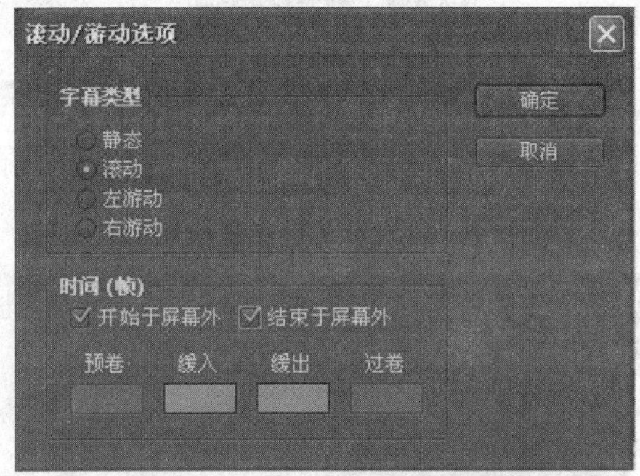

图 4-16　【滚动 / 游动选项】对话框

【开始于屏幕外】复选框：选中表示开始字幕将从画面外进入。

【结束于屏幕外】复选框：选中表示结束字幕自动移到画面之外。

【缓入】文本框：设置字幕的滚动速度从 0 达到正常的滚动速度所需要的帧时间长度。

【缓出】文本框：设置字幕从运动到静止时所需要的帧时间长度。

【预卷】文本框：设置字幕开始运动前，第一帧的长度。

【过卷】文本框：设置字幕结束时，最后一帧的保留长度。

（4）创建和导入字幕文件

用户可以把创建的字幕以字幕文件的形式进行保存，当用户需要时即可方便的将字幕文件导入到项目面板中或将字幕文件以字幕模板的形式导入供用户使用。

在【项目】面板中选中字幕，选择【文件】→【导出】→【字幕】命令，将字幕文件保存到相应的文件夹中。

在【项目】面板的空白处单击鼠标右键，在快捷菜单中选择【导入】命令，打开【导入】对话框，选择对应的字幕文件。单击【打开】，字幕文件即可导入到【项目】面板中。

选择【字幕】→【新建字幕】→【基于模板】命令，打开【新建字幕】窗口，单击窗口右上方的▶按钮，弹出的菜单如图 4-17 所示。从中选择【导入文件为模板】命令，弹出【导入字幕为模板】窗口，如图 4-18 所示，选择对应字幕文件，单击打开命令，返回到【新建字幕】窗口，字幕文件将作为字幕模板导入。

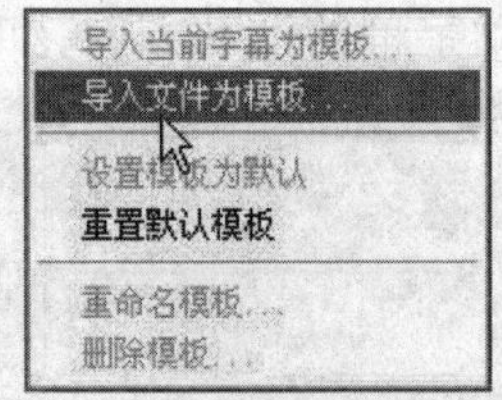

图 4-17 【导入文件为模板】菜单

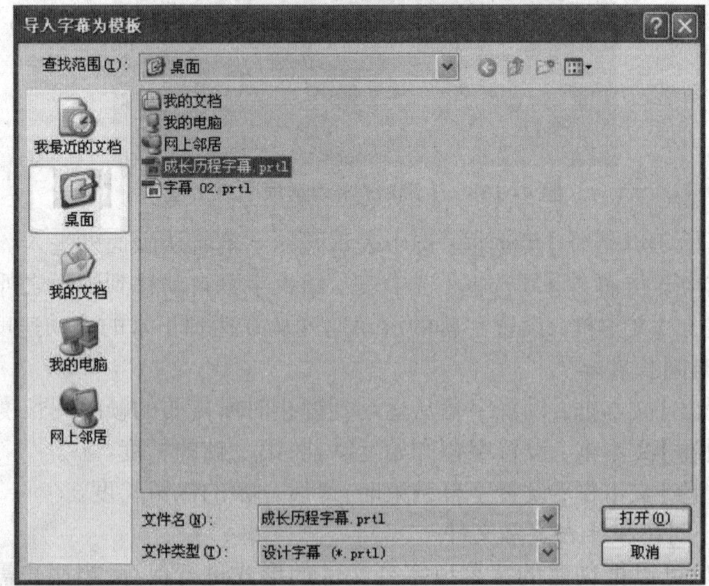

图 4-18 【导入字幕为模板】对话窗口

4.5.3 数字视频处理软件的流程

一般而言，Premiere 进行视频编辑的处理流程可以分为以下 5 个步骤。

1. 素材采集与导入

Premiere 可以通过各种途径获取外部素材文件。其中，素材采集是指 Premiere 将数字摄像机、数字摄像头、DVD 设备、音频播放器等设备中存储的内容转换为可以利用的素材过程；素材导入是指将计算机中的视频文件、音频文件、图片文件等多媒体素材导入到 Premiere 的工作环境中。

2. 素材编辑

所有采集或者导入 Premiere 的素材可以进行再编辑和处理。通过截取、编辑、处理获取素材中有用的部分,并按照剧本要求将不同的素材进行组合连接。

3. 效果处理与编辑

Premiere 中附带了大量视频处理特技和音频处理特效,能够为指定的视频或者视频素材增加绚丽的特技效果。

4. 字幕制作

字幕作为视频中比较重要的一个部分,包括文字和图像两个方面。Premiere 中集成了字幕生成器,能够为视频增加丰富的字幕效果。同时,字幕生成器中集成了丰富的字幕模板,能够实现多种文字和图像显示效果。

5. 视频生成与输出

当视频的编辑和处理过程完成以后, Premiere 能够将时间线上的视频处理结果输出到目标设备或终端上,也可以按照要求将结果存储到计算机上。

4.6　电影与电视

电视是近百年来最主要的信息传播途径之一。现在广为人们接受的电视是在电影的基础上发展起来的。从传统黑白电视到彩色电视,从传统平板电视、CRT 显像管电视、背投电视等电视设备的发展和普及,到现在数字电视概念和设备的提出及实验,人们对电视实用性和可操作性的需求越来越大。电视让人们足不出户,却能够了解外面世界的多姿多彩,多方面、多视角地了解来自于社会的信息与知识,从而丰富了百姓的娱乐生活。

4.6.1 电影原理及历史

人们之所以能够看到电影屏幕上的活动影像,是利用了人眼的视觉暂留特性。人眼在某个视像消失后,仍可使该物像在视网膜上滞留

0.1 ~ 0.49 s。而在电影放映的过程中,电影胶片以每秒 24 格画面匀速切换,这就相当于每一格画面给人眼的刺激是 1/24 s（相当于 0.04 s）,由于人的眼睛有视觉暂留的特性,一个画面的印象还没有消失,下一个稍微有一点差别的画面又出现在银幕上,连续不断的印象衔接起来,就组成了活动电影。

当前的视频媒体制作和传输越来越多地依赖数字技术的支撑,特别是在计算机上所看到的电影和电视节目。电影以一种神奇的方式紧密地联系着人们的生活。

4.6.2 电视工作原理

电视是根据人眼视觉特性以一定的信号形式实时传送活动景物(或图像)的技术。在发送端,用电视摄像机把景物(或图像)转变成相应的电信号,电信号通过一定的途径传输到接收端。再由显示设备显示出原景物(或图像)。以转播其他城市中的实况为例,一般从摄像机、电视中心或转播车,再经微波中继线路、发射台,最后到用户电视接收机。此外,电视广播卫星和电缆电视也分别是全国性和城市区域性电视传输分配的有效手段。

第 5 章　数字动画技术及应用

5.1　动画概述

5.1.1 动画的概念

动画一词翻译为英文是 Animation，而它的来源是拉丁文字 anima，是指“灵魂”的意思。Animation 则指“赋予生命”，引申为使某物活起来的意思。所以，动画可以定义为使用绘画的手法，创造生命运动的艺术。动画和动画片是两个不同的概念，动画涵盖了一个非常广泛的领域，包括影视动画片、影视特技动画、广告动画、游戏动画、军事演习模拟、科学可视化、医学、教育等。从制作角度来说，数字动画是在传统动画的基础上，采用计算机图形图像技术迅速发展起来的一门高新技术。

定义动画的方法，不在于使用的材质或创作的方式，而是作品是否符合动画的本质。动画媒体已经包含了各种形式，但不论何种形式，它们都具体有一些共同：其影像是以电影胶片、录像带或数字信息的方式逐格记录的；另外，影像的“动作”是被创造出来的幻觉，而不是原本就存在的。

从技术角度给动画下一个定义：动画是用一定的速度放映一系列动作前后关联的画面，从而使原本静止的景物成为活动影像的技术。这个定义包含 3 个要点：

(1) 动画中的对象(表演者)原本是静止的，通过动画技术才使得无生命的对象运动起来。这是动画区别于普通电影的地方，也是动画的生命力所在。

(2) 动画所表现的是景物的活动影像，是用静止的景物创造出“运动”的视觉效果，为了让对象动起来，就必须按照对象运动的规律设计出一系列内容相关的画面，考虑前后画面动作的衔接，而单张画面主要考虑如何表现作品主题，这也是动画和漫画的区别。

(3)动画要以一定的速度播放从而保证画面的流畅、自然。目前动画播放的速度一般有3种:电影动画放映是24格/秒,电视动画放映速度是25帧/秒(PAL制式或SECAM制式)或30帧/秒(NTSC制式)。电影胶片由一个个画格组成,每个画格简称为"格",电视中的一个个画面叫作一帧。英文单词frame可译作"格"或"帧"。

5.1.2 动画的原理

动画是指由许多帧静止的画面,以一定的速度连续播放时,人眼因视觉残留产生的错觉,而误以为是画面活动的作品。"动画不是活动的画的艺术,而是创造运动的艺术,因此画与画的关系比每一幅单独的画更重要。虽然每一幅画也很重要,但就重要的程度来讲,画与画的关系更重要。"这句话的意思是动画不是会动的画,而是画出来的运动,每帧之间发生的事,比每帧上发生的事更重要。动画是通过连续播放一系列画面,给视觉造成连续变化的图画。它的基本原理与电影、电视一样,都是视觉原理。

1824年,英国的Peter Roget出版的《移动物体的视觉暂留现象》是视觉暂留原理研究的开端,书中提出了这样的观点:"人眼的视网膜在物体移动前,可有1 s左右的停留。"利用这一原理,在一幅画还没有消失前播放出下一幅画,就会给人造成一种流畅的视觉变化效果。因此,电影采用了每秒24幅画面的速度拍摄播放,电视采用了每秒25幅(PAL制)或30幅(NSTC制)画面的速度拍摄播放。如果以每秒低于24幅画面的速度拍摄播放,就会出现停顿现象。

视觉暂留原理提供了发明动画的科学基础。

5.1.3 动画的分类

动画的分类研究对更进一步的了解动画特性与功能有很大的帮助。动画片有许多不同的类型,不同的动画片拥有自己的形式规范、叙事方式以及传播途径。不可能用同一视觉形式表现所有的内容,也不可能用相同的叙事方式讲述不同性质的故事。动画片的分类大致可以从技术形式、叙事方式以及传播途径几类进行划分。

1. 以技术形式分类

动画形式可以从视觉形象构成方面区别,即不同造型手段产生的形式,大体可分为:平面动画、立体动画、数字动画与其他形式。

（1）平面动画

平面动画相对于立体动画而言是在二维空间中进行制作的动画。这种类型的动画技术形式有单线平涂的，这种是最常见和较传统的动画类型，例如《白雪公主》，适合产业化生产模式，技术上容易统一管理。另外，还有油画、素描、沙画等形式制作的动画，例如油画绘制的动画《小牛》、剪纸动画《猪八戒吃西瓜》。这些形式的动画片的工艺技术和艺术效果常常伴随着偶然性和不确定性，但是具有独特的视觉魅力，如图 5-1 和图 5-2 所示。

图 5-1 《老人与海》

图 5-2 《猪八戒吃西瓜》

（2）立体动画

立体动画是在三维空间中制作的动画，如折纸动画、木偶动画、黏土动画，以及一些通过逐格拍摄出来的立体效果的动画。例如，木偶动画《半夜鸡叫》带有很强的假定性，形体动作比较机械的夸张，强调戏剧性；黏土动画《圣诞夜惊魂》《小鸡快跑》等，制作工艺更加复杂，形体动作效果更逼真，能够产生较强烈的艺术感染力，如图 5-3 至图 5-5 所示。

图 5-3 《半夜鸡叫》

图 5-4 《小鸡快跑》

图 5-5 《圣诞夜惊魂》

（3）数字动画

数字动画是依靠计算机技术和现代高科技技术生成的虚拟动画片，分为二维动画片、三维动画片和合成动画片。二维动画片中数字动画表现最突出的就是网络动画，在互联网上传播的互动式的计算机动画片。由于网络动画传播速度快，有一定的互动操作，制作起来又比较简单，所以流传度很高。例如，网络动画《大话三国》《阿桂动画》等都是流传度较高的。三维动画是随着技术日新月异的进步发展而来的，因为数字化的发展使得三维动画拥有与传统动画的“原画与动画”完全不同的观念，更超越了它。例如，三维动画片《玩具总动员》《汽车总动员》《功夫熊猫》等。随着技术的进步，人们现在更多的是将实拍的画面导入到计算机，直接在计算机中进行影像处理，就形成了另一种数字动画方式——合成动画。合成动画主要是利用蓝屏、绿屏的功能，将两种素材合成在一起。例如，电影《精灵鼠小弟》中将一只计算机三维虚拟制作的小老鼠与实景拍摄的画面进行合成，创造出了另一种幻化，如图 5-6 至图 5-11 所示。

图 5-6　《大话三国》

图 5-7 《阿桂动画》

图 5-8 《玩具总动员》

图 5-9 《汽车总动员》

图 5-10　《功夫熊猫》

图 5-11　《精灵鼠小弟》

2. 以叙事方式分类

动画片按照叙事风格可以分为文学性动画片、戏剧性动画片、纪实性动画片、抽象性动画片。

(1)文学性动画片

这种类型的动画片有小说、诗歌、散文等性质。这类影片没有一条戏剧冲突的主线，而是围绕主人公或某个事件的生活线索，运用生活细节因素的关联性反映复杂的社会关系，深入剖析人的活动及其内心状态。

(2)戏剧性动画片

这种类型的动画片按照传统戏剧结构讲故事，强调冲突率、戏剧性的因果联系，除了故事结构是严格意义上的遵循传统戏剧冲突规律外，还体现了戏剧性叙事方式的动画片所特有的规律性，如夸张的动作刻画、个性突出的音乐主题曲和煽情的歌曲。

（3）纪实性动画片

这种类型的动画片是有具体的时代背景，通常以真实事件为创作依据，形式上更写实逼真，时间和空间的演变更加符合自然规律，具有时代的烙印，揭示的是社会性问题，体现的是具有道德与责任感的主人公所特有的品质。

（4）抽象性动画片

这种类型的动画片没有具体的形象，也没有具体的故事情节，所表现的是多重图形的运动和变化或者哲学内涵和诗意境界，更多的是对音乐的诠释。

3. 以传播途径分类

动画片以传播途径进行分类主要分为影院动画片、电视动画片、实验动画片。

（1）影院动画片

影院动画片是以电影叙事方式与经典戏剧的叙事结构来制作的动画片。影院动画的画面质量和工艺技术要求更加精良而细致，有明确的因果关系，有开头、情节的展开、起伏、高潮及一个完美的结局。剧情安排上影院动画常常浓缩情节，用微观与象征性的视听元素表现重大主题。代表作有《幽灵公主》《风之谷》。

（2）电视动画

电视动画片相对于电影动画制作工艺粗糙，画面影像质量、动作设计、声音处理等工艺技术要求相对宽松。电视动画已经成为目前产量最大的一种动画形式，而且这种低成本的运作方式可能在将来也是使用于基本网络的新媒体的最好的制作方式。代表作有《米老鼠与唐老鸭》《阿童木》。

（3）实验动画片

实验动画片指的是带有探索性的作品，从观念与技术方面都有新的建树或突破的作品。实验动画片注重对动画本体和可能性的探索，强调原创性。这种类型的动画片主要在学术研讨会或者是电影节上展示。代表作为《四季》。

5.2　传统动画与数字动画

5.2.1 传统动画

传统动画，也被称为“经典动画”“赛璐璐动画”或者是“手绘动画”，是一种较为流行的动画形式和制作手段。传统动画有着一系列的制作工序，它首先要将动画镜头中每一个动作的关键及转折部分先设计出来，也就是要先画出原画，根据原画再画出中间画，即动画，然后还需要经过一张张地描线、上色，逐张逐帧地拍摄录制等过程。

1. 传统动画制作技术分类

（1）全动作动画

在制作动画时，精准和逼真地表现各个动作的动画，但同时对画面本身的质量有非常高的要求，追求精致的细节和丰富的色彩。这种类型的作品往往拥有非常高的质量，但制作时也非常耗时耗力。迪士尼有很多的早期动画作品都是这方面的代表。华纳兄弟早期也有些这方面的作品。类似的作品如《美国鼠谭》与《铁巨人》，如图 5–12 和图 5–13 所示。

图 5–12　《美国鼠谭》

图 5-13 《铁巨人》

(2)有限动画

有限动画又称为限制性动画,是一种有别于全动画的动画制作和表现形式。这种类型的动画较少追求细节和大量准确真实的动作。画风简洁平实、风格化,强调关键的动作,并配上一些特殊的音效来加强效果。这种类型的动画在成本、耗时等各个方面都比全动画低很多。比如动画片《猫和老鼠》,在动作上可以注意到他们的动作比有限动画的动作来得丰富,但动作的速度却非常快,那是因为他们经常用八格来画动画。有限动画系列的代表公司是美国联合制片公司,他们的代表作包括 *Gerald McBoing-Boing* 等。另外,披头士的 MTV 动画作品《黄色潜水艇》也属于这种类型,如图 5-14 所示。

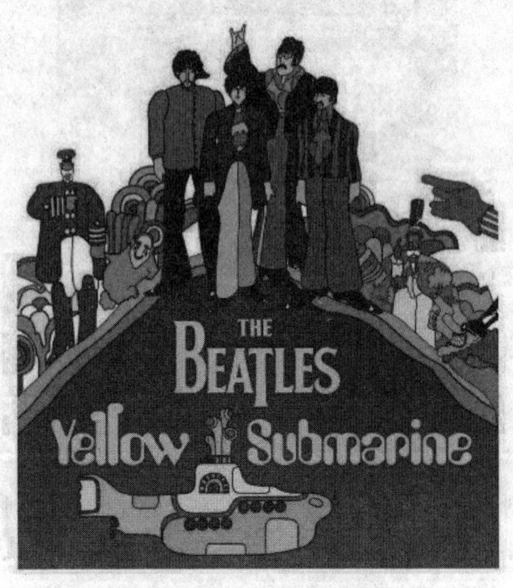

图 5-14 《黄色潜水艇》

（3）转描机

转描机是一种动画制作时所使用的技术，这种技术将现实生活中的真实运动对象（比如走路的人）首先拍摄成胶片，然后在胶片上盖上纸（或者是赛璐璐），最后将这个运动重新用笔画下来。这个技术被广泛的运用在早期的动画制作中，《白雪公主》及中国最早的长篇动画万氏兄弟公司出品的《铁扇公主》里也用到这个技术，如图5-15和图5-16所示。现在这个技术被用于电影、MTV、电视广告的制作上。

图5-15 《白雪公主》

图5-16 《铁扇公主》

2. 传统动画制作的基本流程

在基本制作步骤上，传统动画与现代动画在制作上大体是一致的。制作一部动画片是一个烦琐的过程，它需要多个部门齐心协力，相互配合。可将传统动画制作流程划分为 17 个步骤。概括起来说可以分为 3 个阶段。

（1）前期筹备阶段

这一阶段主要包括策划、文学剧本的研究、角色形象、场景、道具等的初步设计，文字分镜头剧本的撰写，故事版的绘制。文学剧本不同于一般小说，应详尽描述故事具体细节，如角色的外貌特征、服饰、出场次序、对白、周围环境、背景衬托、道具形状等。尤其动画中角色的动作幅度较大，有些夸张、滑稽，对白简单，甚至没有对白，靠画面视觉冲击来激发观众的想象。分镜头剧本则要画出每个镜头中出现的角色位置和背景，并用文字注明镜头编号、拍摄方法、动作内容、对白、音乐等。一部 30 分钟的动画剧本一般要设置 400 个左右的分镜头，一般要绘制 800 幅分镜头画面。

（2）中期绘制阶段

中期绘制的工作重心是原画、动画、动作检查、定色上色等。这个阶段是工作量最大，也最复杂的。中期阶段导演要编制整个影片制作的进度规划表——摄制表，以指导动画创作集体各方人员统一协调地工作。设计师要设计动画片中的人物或角色的外部形象和特征，以及对拍摄场景的周围环境、建筑装饰、器具布置、画面色彩、景物透视、光影变化进行设计。这一阶段的一个重要任务是进行原画创作。原画也叫“关键动画”或“关键帧”，指标记角色的起始、终止以及转折等关键动作的重要画面。原画画好后，在原画的中间插入中间帧。中间帧是位于关键帧之间的过渡画，可能有若干张。在关键帧之间可能还会插入一些更详细的、动作幅度较小的关键帧，称为小原画，以便于中间帧的生成。有了中间帧，动作就流畅自然多了。动画初稿通常都是铅笔稿图，将这些稿图进行测试检查以后就要用手工将其轮廓描在透明胶片上，并仔细地描上墨、涂上颜料。动画片中的每一帧画面通常都是由许多张透明胶片叠合而成的，每张胶片上都有一些不同对象或对象的某一部分，相当于一张静态图像中的不同图层。

（3）后期制作阶段

这一阶段主要包括摄影与冲印、剪辑套片、配音、配乐、音效、影片输出、发行等。摄影师根据摄制表中规定的拍摄要求，将原画和中间画稿放置在摄影台上叠合成完整画面，逐格拍摄，在胶片上记录下一系列连续的动作场景。有了拍摄好的动画胶片以后，还要对其进行编辑、剪辑、配音、字幕等后期制作，才能最后完成一部动画片。摄制剪辑完成的无声胶片和录音合成后的磁带交洗印部门进行冲洗、组接和印片复制等工序的加工处理，才是观众看到的“有声有色”的动画片。

传统的动画的制作流程，如图 5-17 所示。

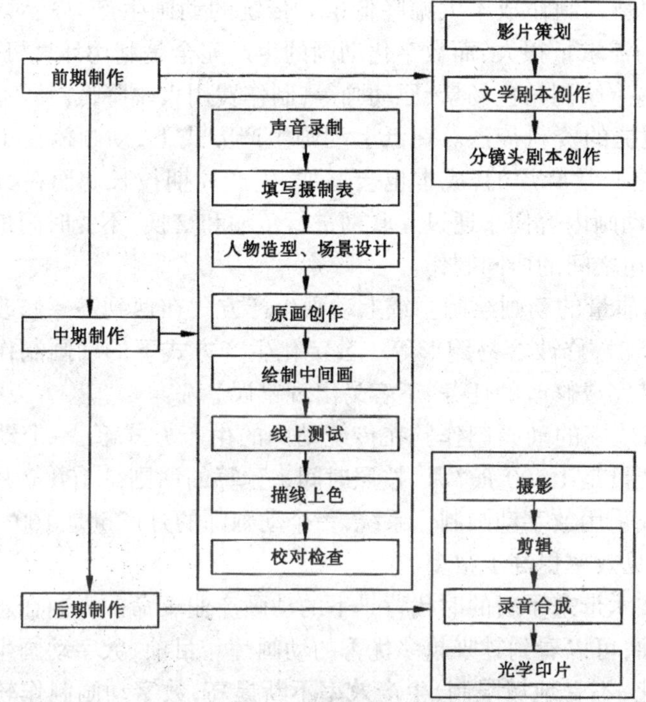

图 5-17　传统动画制作流程

5.2.2 数字动画

随着计算机硬件和动画软件的迅速发展，越来越多的商业机构和研究机构加入到了数字动画的领域来，使得数字动画的制作水平也随之日新月异。有着传统二维动画工艺创始人，更是 60 年来业绩最辉煌的纸上动画的迪士尼公司，也在多年前开始转入了数字动画领域。1998 年《花木兰》道具制作部分运用数字动画来实现。1999 年迪士尼使用 Deep Canvas 在《人猿泰山》中已经可以制作出茂密的丛林环境等场景气氛。在 2004 年的时候，迪士尼公司正式关闭了传统动画工作室，并且开始筹备自己的数字动画工作室。如今，昔日的纸上动画王者已经完全进入全新的数字动画时代。同时，也出现了很多制作公司，纷纷加入了数字动画大军。

数字动画的优势可以通过 4 个方面来看：

（1）动画的制作成本大幅降低了。传统的动画生产方式对于纸张、笔等耗材的需求量很大，而数字化动画的生产完全是利用计算机来完成，直接在屏幕上绘制角色场景、原动画等，制作费用大幅降低。

（2）便捷的资料传送。在纸上动画生产方式下，动画稿在不同城市间的传递是非常麻烦的，成本也会增加，生产周期拉长。而在数字化生产方式下，动画内容便于通过互联网进行传输和交换，不受时间地域的限制，方便公司之间的协同制作。

（3）高质量的动画绘制。纸上动画生产方式在遇到需要修改的原画或动画线条时，修改容易跑形等。数字化生产方式下的动画制作者通过软件使用来完成修改的任务，不容易出现错误。

（4）高效率的动画制作。在传统动画的生产方式下，一个动画师的动画稿月产量是 1 300 张 / 月，按照时间来计算的话则是 100 s/ 月。数字化生产方式采用数字动画制作系统，一个动画师的月产量是 160 ~ 200 s/ 月，由此可见效率提高了很多。

数字技术带来了新的时代背景下的动画产业革命。人们在越来越短的时间里面，可以看到越来越多优秀的动画片。目前，数字动画生产制作范围全球化，不受地域限制，生产效率不断提高，数字动画制作软件和技术不断创新，数字动画生产正以规模化、标准化、网络化发展。全球化是人类传播和交往发展的必然结果，更是一种不可逆转的历史进程。

5.3 数字二维动画与三维动画

5.3.1 数字二维动画

数字二维动画是基于数字化信息化的平面动画。与传统动画的制作区别不是特别大，而共同点都是二维动画。只是数字二维动画是将动画制作的过程完全的信息化、数字化了，更方便、更快捷。动画制作全过程采用无纸化制作，从作画过程在纸上绘图、描线、上色等都在计算机上完成，这极大地提高了工作效率及成本。把传统二维动画制作从纸上解放出来，通过数字技术制作可以更加高效地制作二维动画影片，增强动画的视觉效果，更为重要的是数字技术的加入，可以在计算机上实时预览动画的表演和节奏，数字绘画艺术为二维动画制作提供了便捷的技术环境，在方方面面都推动了二维动画制作的发展。

随着科技的进步，数字技术在动画领域得到广泛应用，由于先进的数字技术有着巨大的优势，对二维动画的发展有着重大的意义。随着时间的推移会大量替代传统手绘为主的二维动画。数位板把传统二维动画制作从纸上解放出来，通过数字技术制作可以更加高效地制作二维动画影片。数字绘画艺术虽然为二维动画制作提供了便捷的技术环境，在方方面面都推动了二维动画制作的发展，但是也带来了很多缺失，有待改进。其代表作品有《喜洋洋与灰太狼》《海螺湾》等，如图 5-18 和图 5-19 所示。

图 5-18　《喜洋洋与灰太狼》

图 5-19　《海螺湾》

二维动画的每帧画面都是以平面方式展示角色动作和场景内容,它只有高度和宽度信息,没有第三维的深度信息。尽管如此,二维动画由于善用透视和阴影等技术手段达到良好的视觉效果,并具有制作成本低廉,制作周期短等优势受到发行商和观众的喜爱。

5.3.2 数字三维动画

数字三维动画又称 3D 动画。三维动画制作是一件艺术和技术紧密结合的工作。它需要借鉴平面设计的一些法则,但更多是要按影视艺术的规律来进行创作。三维动画包含了组成物体完整的三维信息,能够根据物体的三维信息在计算机内生成影片角色的几何模型、运动轨迹以及动作等,可以从各个角度表现场景,具有真实的立体感。

三维动画的发展到目前为止可以分为 3 个阶段。从 1995 年至 2000 年是三维动画的起步以及初步发展时期被称为第一阶段,迪士尼旗下皮克斯工作室的动画影片《玩具总动员》就是这一阶段的标志;从 2001 年至 2003 年是三维动画迅猛发展时期被称为第二阶段,皮克斯和梦工厂分别成为这一时期三维动画的大赢家,这阶段三维动画代表作有《怪物史莱克》《怪物公司》《海底总动员》等;从 2004 年开始,三维动画步入了全盛时期,也就是现在的第三阶段,更多的公司参与进入三维动画行业中,这一时期的代表作品有华纳兄弟的《极地快车》、福克斯的《冰河世纪》、索尼公司的《丛林大反攻》、华强数字的《熊出没》等(见图 5-20 至图 5-26)。

图 5-20 《怪物史莱克》

图 5-21　《怪物公司》

图 5-22　《海底总动员》

图 5-23　《极地快车》

图 5-24 《冰河世纪》

图 5-25 《丛林大反攻》

图 5-26 《熊出没》

5.4 数字动画制作过程

数字动画的制作流程大致为在传统动画流程基础上增加数字技术成分。下面来看看数字化技术后的动画制作流程。

5.4.1 数字动画前期制作流程

数字动画前期设计阶段分为选题、策划、文字剧本、文字分镜、分镜头台本、造型设计、背景绘制。动画片的策划筹备阶段都可使用计算机文案处理软件编写,分镜头台本和造型设计的实现可以运用手绘板在 Photoshop、Pinter 等软件上进行绘制,计算机绘制也方便存储和修改。

策划筹备阶段:包括选题、文案、文学剧本创作、市场调研、生产进度计划等工作。由制片人挑选导演和副导演,筛选工作人员和团队。

导演创作阶段:包括了导演阐述、文字分镜头创作、艺术风格等一系列综合性创作活动。导演必须熟悉动画制作的所有技术原理和细节处理方法,只有这样才能最终实现动画影片。还需要组织、调度、协调各种工作,统一整部影片的风格。

设计阶段:动画设计是动画制作过程中的关键部分。主题是否新颖,设计是否合理,直接关系到影片的生产进度和艺术效果。设计包括分镜头台本设计、动画形象设计、动画场景设计、动画视觉效果、色彩关系等。只有精心设计的动画片才会产生精美的艺术效果。

5.4.2 数字动画中期制作流程

数字二维动画的制作流程与传统动画的制作流程更为相近,因为它们都是平面化的制作方式,都是以二维为主。然后数字三维动画与前两者在中期制作上有很大的区别。这基本取决于两者所使用的数字化软件的不同。所以,动画中期的制作流程阶段将把数字二维动画与三维动画分开进行讲解。

1. 数字二维动画中期制作流程

数字动画的前期与传统动画制作相似,也包括策划和剧本创作,从中期到后期由计算机参与。目前大型的数字二维动画通常采用“计算机辅助制作”的方式，其原画创作和描绘中，数字二维动画的中期制作都是运用计算机进行制作实现，中期制作中的原画、动画、动检、摄像机镜头等环节可以选择多种无纸动画制作软件来完成，例如 TBS、Flash、Toon Boom Harmony 等软件，利用手绘板或数位屏等计算机绘图工具进行，但在制作过程中选择了一种无纸动画制作软件尽量做到软件的统一使用。

以目前行业中使用较广泛的二维动画制作软件 Flash 为例。制作流程首先是利用 Flash 的绘图工具将设计出的角色、场景等元素以元件的形式进行绘制完成，保存在库中；其次是依据前期设计的分镜头台本，按照每一个镜头制作镜头中的动画，利用图层进行角色与背景的合成，完成动画制作方法和绘图纸外观实现镜头中的动作；最后等所有的镜头都完成后，就可以将影片进行输出，准备用来进行后期编辑合成。

2. 数字三维动画中期制作流程

三维数字动画中期阶段的人物造型、场景设计以及后期合成全部由计算机完成，主要包括建模、动画控制和渲染 3 个阶段。

（1）“建模”是利用动画设计系统提供的基本几何体和线条、曲面等来创建物体的几何模型，动画中场景复杂、人物形态多样，三维建模是三维数字动画的第一步，也是最花费制作人员精力和时间的工序。计算机 3D 模型可以保存并重复使用，克服了传统动画的易走形的毛病。建模后还要为模型赋材质和贴图、加灯光和摄像机。计算机 3D 软件集多种功能（造型、修改、灯光、色彩、渲染等）于一身，动画的制作质量易控制。

（2）“动画控制”是让场景中的模型动起来，在场景中灵活出现，进行表演，一般采用关键帧动画技术。

（3）“渲染”是动画制作最后阶段的工作，之前的各道工序只是建立动画的场景，设定各项参数值，需要计算机将这些参数值代入相关的计算机图形算法和动画算法进行运算，才能真正形成动画。渲染的过程需要大量的复杂运算，复杂场景的渲染时间较长，很能考验计算机的硬件性能。

Layout 是根据分镜头台本合理的汇集每个镜头所需要的角色、道具、场景等，使之成为完整的镜头文件。设置好镜头的运动、画面构图、角色走位、焦距、镜头节奏、镜头时间，使导演在片集进入后续制作环节批量生产前有一个比故事板更清晰准确的渠道了解效果，并提前进行调整；调动作是动画制作中的灵魂，负责让模型运动起来，赋予模型角色生命力。这就需要根据动态分镜表现出故事情节发生中的各个角色需要表达的情绪、动态和节奏。特效主要包括三维动画中所需要用到的风、火、雷、电、雾、爆炸、水、魔法等，根据前期特效设计参考图来制作，主要在片中加强渲染气氛。特效在片子中可以说是起到了画龙点睛的作用。灯光、渲染、后期合成的，在这里把三个部门组合在一起，是在生产环节为最大化地提高效果和效率总结出来的。光是动画作品中最重要的组成部分，往往是作品的灵魂，灯光师根据剧情构建整体画面氛围，并能较好地传达出人物的内心情感。因此，灯光不仅仅是完成技术上的照明任务，更重要的是进行一项电影画面语言的表达任务，是一项带有创造性的艺术创作过程。渲染环节是在灯光完成之后进行批量渲染，将每个镜头的最后效果以图片形式输出。渲染时也根据合成的需要做分成渲染处理。

5.4.3 数字动画后期制作流程

当动画制作的前期设计和中期制作输出镜头后，就进入了最后的阶段——后期编辑合成。在这个阶段的制作环节中，编辑、合成主要运用后期制作软件 Premiere、After Effects 等进行统一制作。

后期合成不仅仅是简单地把每个镜头需要的元素合在一起，很多效果也是在这个环节合成到影片中的，同时可以对画面进行大量的灯光校准、色调调和、景深处理、特效组合等，没有一个镜头在完成基础合成后不需要任何后期调整就能出品。因为需要考虑电影整场的统一性、整部电影的气氛和走势，导演会在这个关键环节对于出品的镜头做最后的调整，使之更完美。

后期剪辑是动画生产流程的最后环节，数字动画制作流程中由于成本控制的需要，不会在影片结束时大量剪辑，编辑师会在前期分镜、Layout 阶段就基本完成镜头排序，尽量避免不必要的浪费。

以上就是数字动画制作的一般流程，在制作过程中通常会根据具体的项目进行一些细微的流程调整。也会根据所使用的数字化制作软件的不同而在制作流程上面有一定的区别。

5.5　数字动画制作技术

数字动画的制作是运用传统动画的制作流程和相关原理，在计算机中通过数字软件来实现，其工艺核心是数字软件。在数字动画制作中，软件主要是以下几类：图形图像处理软件，如 Photoshop、Pinter 等；动画设计制作软件，如 Flash、ToonBoomHarmony、TBS、Maya、3ds Max 等；影视后期特效软件，如 After Effects、Premiere、Combustion 等，各类软件的存储格式基本实现了相互转换及软件部分功能的相互融合。将数字化技术应用于动画制作中,对动画工艺产生了巨大的影响。其相关技术涵盖了传统动画前期、中期、后期的制作以及动画片的管理。

5.5.1 数字动画前期设计技术

图形图像处理软件主要就是实现数字动画制作中前期的平面设计部分。其中 Photoshop 软件是大家最为熟悉和使用度最广泛的数字图像处理软件,它存储的文件属于图像格式。Pinter 软件是专业绘画类软件,可以用多种艺术笔刷,绘制出传统手绘效果的艺术风格。在数字动画的前期设计中,运用数位板和 Photoshop、Pinter 等软件结合,利用软件的画布、应用工具、画笔、图层工具、色彩工具及软件的辅助工具和特效系统,来绘制角色、场景和分镜的草图或正稿。

5.5.2 数字动画中期制作技术

由于数字二维和三维动画在中期制作中使用软件技术相差甚远,所以其中期制作流程和技术上面差别较大。在数字动画中期制作中,我们将分别以二维动画、三维动画制作技术来进行说明。

1. 数字二维动画中期制作技术

伴随数字技术的发展,专业的二维动画数字化制作软件越来越多,功能越来越强大,但大多是基于纸上动画原理进行开发的。以 Flash 为例,在其模块中可以运用造型工具和填充工具实现角色、场景线稿的绘制,其存储格式属于矢量图形。主要功能还是实现各种动画效果,在时间轴中通过关键帧技术实现角色运动、镜头移动等动画效果,通过绘图纸外观功能实现在关键帧之间添加中间的动画张,在图层编辑工具通过图层的顺序改变中实现动画分层处理,同时也可以通过引导层动画来实现曲线运动的效果。

随着二维动画软件的不断提升,也出现了骨骼绑定的相关技术。目前 Flash 中也引入了骨骼绑定系统,它们通过骨骼绑定相关的控制点,调节权重来实现骨骼带动角色的动画模式。但目前骨骼系统在二维动画软件中还不够完善,角色各控制点只能在同方向上运动,角色不能够灵活地转面、运动等。所以该技术还有待完善。

(1)时间轴和层

时间轴是所有动画软件的支柱,时间轴中记录了动画播放过程中的所有静态画面,类似于现实生活中观看电影时所用的胶片。

时间轴主要分为图层编辑区和帧编辑区两个部分。图层编辑区可进行插入图层、删除图层、更改图层叠放次序等操作；帧编辑区可以进行对每一帧的查看以及关键帧的编辑。

所谓图层的概念，就像透明的醋酸纤维薄皮一样，一层一层地向上叠加。图层可以帮助用户组织文档中的所有对象。在一个图层上绘制和编辑对象，不会影响其他图层上的对象。如果某个图层上没有任何内容，那么就可以透过它直接看到下面的图层。

（2）帧

帧是动画中最小单位的单幅影像画面，相当于电影胶片上的每一格镜头。一个完整的动画是由许多帧组成的，播放时依次显示每一帧中的内容。通过连续播放这些帧，从而实现所要表达的动画效果。帧越多，动画需要播放的画面也越多，播放的时间就越长。

帧可以分为关键帧、空白关键帧、普通帧和过渡帧。关键帧是动画中角色或者物体运动变化中的关键动作所处的那一帧，相当于二维动画中的原画。在一个关键帧里面，没有添加任何动画对象的帧称为空白关键帧。普通帧也称为静态帧，显示同一层上最后一个关键帧的内容。过渡帧包含了一系列帧，其中至少有两个关键帧：一个决定对象在起始点的外观，另一个决定对象在终止点的外观，在这之间可以有任意多的过渡帧。

（3）二维动画类型

①逐帧动画。逐帧动画是在时间轴上逐帧绘制帧内容，每帧之间变化极为细微，快速且连续地切换这些帧而实现的动画形式。由于逐帧动画是一帧一帧的画，所以逐帧动画具有非常大的灵活性，几乎可以表现任何想表现的内容。

②补间动画。补间动画就是只需要人工绘制动画开始和动画结束所需要的两个关键帧，而两个关键帧之间的过渡帧是由计算机自动运算而得到的动画。

常见的补间动画有两类：一类是形状补间，用于形状间的动画，可以实现两个图形之间的变化，例如将三角形变成四方形的动画；另一类是动作补间，用于图形及元件的动画，可以实现图形元件的大小、颜色、位置、透明度等的相互变化，例如将小球从一个位置移动到另一位置的动画。

③遮罩动画。遮罩动画一般情况下是需要两个图层来实现的，一层是遮罩层，另一层为被遮罩层，遮罩层中的内容在动，而被遮罩层中的内容保持静止。为了得到遮罩的显示效果，可以在遮罩层上创建一个任意

形状的“视窗”,遮罩层下方的对象可以通过该“视窗”显示出来,而“视窗”之外的对象将不会显示。

遮罩动画的用途主要有以下两种:一种是用在整个场景或一个特定区域,使场景外的对象或特定区域外的对象不可见;另一种是用来遮罩住某一元件的一部分,从而实现一些特殊的效果。

2. 数字三维动画中期制作技术

数字三维动画在制作技术上主要运用三维模型的骨骼绑定,运用骨骼带动模型进行表演。数字三维动画的制作技术就制作平台而言首推Maya软件。Maya是现在最为流行的顶级三维动画软件,该软件功能强大,体系完善,而且还与最先进的建模、数字化布料模拟、毛发渲染、运动匹配技术相结合。Maya的应用领域极其广泛,比如《指环王》《蜘蛛侠》《疯狂原始人》《冰雪奇缘》《驯龙记》《大圣归来》等都是出自Maya之手,至于其他领域的应用更是不胜枚举,如图5-27和图5-28所示。

图5-27 《冰雪奇缘》

图5-28 《疯狂原始人》

Maya 主要完成三维动画的中期制作。运用 Maya 模型模块对设计的角色进行三维建模,三维建模的方式可分为多边形建模、曲线建模、细分面建模。建模时注意在达到效果的情况下,一定要尽量精简模型面数,因为后续渲染会影响效率。为角色制作材质贴图,运用动画模块对角色进行骨骼设定、骨骼绑定,然后再利用时间轴为角色调动画,运用特效模块制作自然现象的特效或者爆炸等特效。

运用灯光部分为动画制作灯光效果,后渲染出动画。这一系列的技术任务都可以在 Maya 软件中完成,所以对于学习数字三维动画的人来说,学会运用 Maya 技术是必不可少的。

(1)三维视图

在二维空间中,利用 x 轴和 y 轴来表示宽度和高度,事物的全貌很容易被看到。在三维空间中,又增加了一个 z 轴,用以表示深度,则事物的全貌不容易被全部观察到。为了能够查看到被工作对象的全貌,大多数 3D 程序都提供多个视口来让建模人员观看,视口指对象所在的不同视图,可在其中进行形体创建与编辑操作。视口通常是带有线框对象的 3D 网格。一般有四个视口,分别是顶视图、前视图、左视图、透视图,如图 5-29 所示。工作过程中,用户可以在每个视口中拉近或拉远焦距,实现视点从近距离到无限远的快速运动。

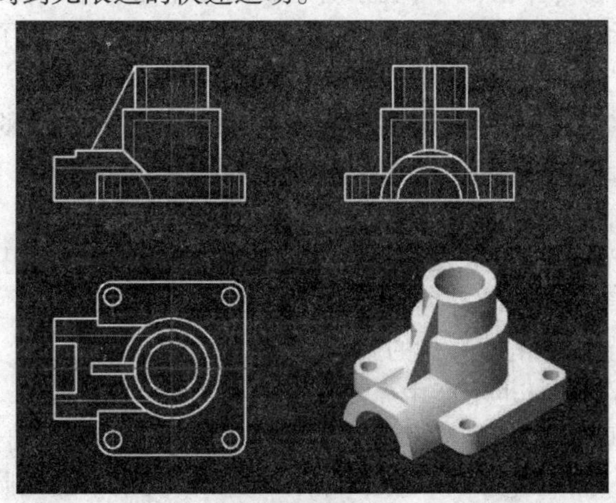

图 5-29 三维视图

(2)建模

三维建模是三维设计的第一步,是三维世界的核心和基础。没有一个好的模型,就难以表现出好的效果。三维建模的基本技术归纳起来有以下几个方面。

①利用 2D 形体的技术。大多数 3D 模型是从简单的形体或形状开始,

通过对这些形状或形体进行各类变换、组合,从而生成复杂的三维形体。

②直接进行三维物体建模。3D 建模首先要勾画出物体的轮廓,而勾画物体轮廓的常用方法有多边形建模、面片建模、NURBS 建模等高级建模。

③造型组合。造型组合是把已有的物体合成构成新的物体,其中布尔运算是最重要的组合技术。布尔运算是通过将两个实体的外部形体进行各种布尔减、交、并等运算,从而形成新实体的方法。

(3)贴图

建模完成之后,下面的工作就是要为模型添加表面或者皮肤,这个过程称为贴图。贴图的过程还包括添加颜色、图案、材质和纹理,以及发光度和透明度等属性。

许多建模程序包含大量的预设纹理,这就极大简化了贴图过程。可以从程序中选择塑料、木材、金属盒玻璃灯等纹理。自动应用预设纹理可以添加材质的特殊性质,如颜色、透明度和反光方式等。

纹理贴图是模型制作者用来节省时间的最重要工具之一。纹理贴图经常应用于计算机游戏的场景建造上。对于游戏玩家比较重视的对象需要精确构建,而对于玩家不重视的对象则利用纹理贴图就可以快速创建对象。例如,在赛车游戏中,玩家所驾驶的赛车需要精确构建,而跑道两边的建筑物和欢呼的人群往往都直接利用纹理贴图来实现了。

(4)灯光

给物体打上灯光可以创作出恰如其分的氛围,让观众的注意力集中起来。设置恰当的灯光会增强对象的效果和突出主题。基本的灯光有 3 种:散射光、直射光和点光源。

①散射光不聚焦,它使光弥散在整个场景中。在场景中由散射光照射的对象才具有良好的可见性,但往往比较单调。

②直射光具有稍好一点的聚焦,它所发出的光来自一个总的方向,但不产生强烈的着色,也不产生亮度。

③点光源的聚焦程度最好,它从一点向其他方向发射出光线,通常作为一个光锥。点光源可以产生强烈的阴影和高度集中的光照区域。改变点光源的照射角度可以使场景产生很大的变化。

(5)渲染

在三维动画制作流水线中,渲染是最后一项重要步骤,通过它得到模型与动画最终显示效果,这是从观众的视点来观察的场景效果。随着计算机图形的不断复杂化,渲染也越来越成为一项重要的技术。

Video Post(视频合成器)是 3ds Max 中的一个强大的编辑、合成与特效处理的工具。通过加载滤镜，排列层次序列，渲染器通过加载滤镜为场景提供特效，就能得到非常优秀的动画和效果图。

(6)三维动画类型

①几何变换动画。通过对场景中的几何对象进行移动、旋转、缩放的几何变换操作，从而产生动画的效果等。

②角色动画。是指人体动画，也包括拟人化的动物、植物以及卡通角色。

③粒子系统动画。粒子在系统内都要经过"产生""活动"和"死亡"这三个具有随机性的阶段，在某一时刻所有存活粒子的集合就构成了粒子系统的模型。

④摄影机动画。也称为镜头动画，常用于制作建筑物漫游动画，要求摄影机在运行过程中要做到平稳、节奏自然、镜头切换合理、重点内容突出。

⑤变形动画。是通过物体结点序列的变换矩阵来实现的。变形动画通过赋予每个角色以个性，并以形状变形来渲染某些夸张的效果。

5.5.3 数字动画后期编辑合成技术

数字动画短片的后期制作大多都是通过非线性编辑和后期合成软件完成的，在这些制作方面，技术占有比较重要的地位，甚至很多东西的完成需要技术手段来表现，技术可以变成电影、动画的感染力。

在国外的后期制作中，为了追求高质量的视觉效果及强大的震撼力，使用的后期制作软件也更加高端，如合成软件有 Flame、Flint 等，剪辑软件 Smoke 等。在国内，动画短片的后期制作中最常见的软件是 Adobe Premiere 和 After Effect(简称 AE)。其实用于后期剪辑和合成的软件有很多，但是这两个软件是最常用的，上至电视台，下至爱好者，都在使用这些软件。它们有一个共同点就是功能强大但使用起来简单易掌握。下面简单地介绍一下后期编辑合成的情况。

AE 并不是一个非线性编辑软件，它主要是用于影视后期制作。强大的特技控制使用多达 85 种的软插件修饰增强图像效果和动画控制。同其他 Adobe 软件组合，After Effects 在导入 Photoshop 和 Illustrator 文件时，保留信息。After Effects 提供多种转场效果选择，并可自主调整效果，让剪辑者通过较简单的操作就可以打造出自然衔接的影像效果。

Adobe Premiere 是一款常用的视频编辑软件，编辑界面质量比较好，有较好的兼容性，且可以与 Adobe 公司推出的其他软件相互协作。目前这款软件广泛应用于广告制作和电视节目制作中。该软件是视频编辑爱好者和专业人士必不可少的视频编辑工具。它可以提升用户的创作能力和创作自由度,它是易学、高效、精确的视频剪辑软件。

5.6 数字动画的应用

动画是一种综合艺术门类,是工业社会人类寻求精神解脱的产物,它是集合绘画、漫画、电影、数字媒体、摄影、音乐、文学等众多艺术门类于一身的艺术表现形式。近年来,随着科学技术的发展,数字动画的兴起,动画的应用领域日益扩大,并由此带来了一系列社会效益和经济效益。

有了数字动画的制作工具,艺术家们可以将奇思妙想变为现实,富有创意的设计可以不受环境的限制,做出全新的、梦幻般的精彩画面,给人带来强烈的视觉冲击。除了在数字动画片的制作之外,数字动画技术还广泛应用于影视特技、科学仿真、工业设计、虚拟现实、教育、娱乐等领域。

5.6.1 影视特技

数字化动画最早应用于电影业。发达的数字制作技术与优秀的动画师的联姻推动了数字动画的发展,影片开始在计算机上面进行直接的合成。数字化模式下还能制作出奇幻、科幻式奇效等手绘无法完成的画面效果。1986 年,迪士尼利用数字化技术制作了《妙妙探》,在这之后数字化动画技术在动画领域中得到了广泛的应用。如动画电影《海底总动员》《花木兰》等都是脍炙人口的三维和二维动画。数字动画在电影业中还有一个主要的运用,即数字特效,也称"计算机特效",如《最终幻想》《终结者》《大圣归来》等,很多采取了大量的三维动画技术,让人感叹。

现今绝大多数的影视片需要借助数字动画技术,在计算机的帮助下完成。如使用数字动画技术制作出传统摄像技术无法实现的镜头或者人物、影像,再或者使用数字动画技术对拍摄的镜头进行特技处理和后期加工,取得普通拍摄方法无法达到的效果。例如,1997 年出品的电影《泰坦尼克号》的特效动画,著名的数字工作室(Digital Domain)公司花费了一年半时间,用了 300 多台 SGI 超级工作站和 50 多个特技师一天 24 小时轮流制作电影中的特技。近年来出品的影片《阿凡达》(图 5-30)片长 166 分钟,制作周期 4 年,演员和剧组人员只有 37 个真人演员,但有上千个 CG 动画角色，另外有 2 000 名幕后工作人员，800 个是 CGI 特效人员，特效镜头数量超过 3 000 个，只有二十几个镜头没有使用任何特效，动用了 40 000 个处理器，68 TB 的存储器来创造潘多拉星球。

图 5–30　《阿凡达》中的画面

5.6.2 科学研究仿真

数字动画技术应用于科学研究中的仿真，将科学计算过程以及计算结果转换为集合图形或图像信息，并在屏幕上显示出来，为科研人员提供直观分析和交互处理，以提高科研工作以及经费投入的效率。一些复杂的科学研究以及工程设计，如航空、航天、水利、建筑，在研究或设计过程中往往借助数字动画技术进行模拟分析、仿真，预示工程结果，避免设计误区，保证工程质量。如“嫦娥三号”登陆月球工程（见图 5–31）以及奥运主场馆“鸟巢”的设计建设。

图 5–31　“嫦娥三号”登陆月球模拟画面

5.6.3 产品设计

数字动画也应用于普通行业的产品设计中。工业产品设计中使用数字动画技术对产品开发进行仿真、性能试验,产品的内部细节和外部形状展示。目前的室内装潢设计和服装设计等行业中已普遍使用了数字动画技术,使得房屋装修前就可以看到完工后的效果图,服装在没有裁剪前就已经穿在了电子模特身上。

5.6.4 教育

数字动画在教育方面也有着广泛的应用价值,有些基本概念、原理知识和方法需要让学生认识,在实际教学中有可能无法用实物演示。这就可以借助数字动画技术把比较抽象的原理知识用更直观、更形象的方式展示出来,无论是数学、物理还是生物、化学都能够采用数字动画,将天地万物,大到宇宙形成,小到原子结构,以及复杂的化学反应、物理定律、生物现象等生动形象地表现出来。

5.6.5 游戏、娱乐

数字动画技术在游戏、手机娱乐和网络等方面也有着广阔的发展空间。PC 游戏和网络游戏不断的开发,同时制作也离不开数字化技术。随着移动通信带宽的拓展,以及手机硬件的改善,手机成了集短信、图片、歌曲、游戏、流媒体于一身的便携式多媒体个人娱乐平台,手机娱乐的时代已经全面打开,更是数字动画的用武之地。互联网流行的趣味性动画表情、动作、动画等,对网络文化内容的丰富、趣味性的提高都有很大的促进作用,这些都需要数字动画的技术。

5.6.6 虚拟现实与 3D Web

虚拟现实和利用数字动画技术模拟产生的一个三维动画的虚拟环境系统。借系统提供的视觉、听觉甚至触觉的设备,“身临其境”地置身于这个虚拟环境中随心所欲地活动,就像在真实世界中一样。

第 6 章 数字游戏开发技术及应用

6.1 对游戏本质的探讨

作为横跨娱乐业、IT、互联网等多个领域的综合性产业，游戏产业的繁荣及重要性已经为全世界所公认。而游戏产业也早已被很多国家作为一项重点扶持的方向。在讨论当前的游戏产业及游戏技术时，我们所指的游戏一般是指计算机游戏（Computer Game），或者称为视频游戏（Video Game）。从 1961 年，第一款计算机游戏——《太空大战》（*Space war*）在麻省理工学院的 PDP-1 程控数据处理机上诞生至今，计算机游戏已经经历了超过半个世纪的发展历史，其间不仅诞生了难以计数的经典游戏作品，而游戏本身的开发也早已成为包含了游戏设计、游戏美术、程序实现等多个方面，并且每个方面都涉及多个细分方向的综合性、跨专业的庞大领域，同时也汇聚了计算机软硬件方向最顶尖技术。

虽然人类的游戏活动已经有数千年的历史，但如何对"游戏"进行准确的定义，至今仍然是一个没有真正得到共识且仍然被游戏研究者们认真探寻的问题。德国人沃尔夫冈 · 克莱默归纳出了所有游戏的如下几点共性：共同经验、平等、自由、主动参与、游戏世界，并总结出了如下的规则游戏要素：必须有道具和规则、必须有目标、游戏进程必须具有变化性、必须具有竞争性。Eric Zimmeman 和 Katie Salen 在其专著 *Rules of Play*：*Game Design Fundamentals* 中则提出"游戏是一个基于规则的系统，产生一个不定的且不可量化的结果。不同结果被分配了不同的价值，玩家为了影响游戏而付出努力，其情绪随着结果而变化。游戏活动的最终结果有时可转换为其他事物。"事实上，在众多关于游戏本质的理论中，很大一部分确实都包含有规则这一项，也就是将规则视为游戏本质的组成部分之一，同时也有很大一部分理论认为必须具备一定的目标才能称之为游戏。

需要指出的是,对于计算机游戏而言,或许其本质同普遍性的游戏本质相比还包含一些独有或者至少成为其重点的成分,也就是交互性。而对于游戏中的交互性,其核心则在于输入和反馈,也就是一个“玩家通过输入设备进行操作——游戏内容发生响应的改变——玩家根据游戏内容的改变继续进行相应的输入”的循环过程。可以看出,这种交互性并不是存在于所有的人类游戏形式之中的,其在计算机游戏中体现得尤其突出,这也是为什么在对于计算机游戏的本质探讨中,必须要把交互性作为一个重要核心的原因所在。

或许某些读者对于为什么要对与游戏的本质进行深入的探究的原因与意义不甚理解,事实上,即使是一些游戏开发者或者其他游戏业内人士,同样存在这样的疑惑。简单而言,这一问题始终受到众多游戏的研究者、开发者们的关注,主要在于3个主要的意义:

①帮助我们更好地了解游戏行为在人类生活中的地位、意义。

②帮助我们更好地了解游戏对人的吸引力来源。

③帮助游戏的开发者不断扩展游戏的边界。所谓扩展游戏的边界,就是指在基于对游戏本质不断深入了解的基础上,对于传统的与现有的游戏形式、游戏机制等不断进行更新,突破传统游戏设计模式的限制,开发出令人耳目一新的游戏作品。

6.2 数字游戏

游戏是伴随着动物的产生而产生的。各种动物为了熟悉生存环境、彼此相互了解、练习竞争技能、进而获得“天择”本领,就开始了追逐、打闹等游戏活动。随人类活动的展开,这些简单的游戏活动已经不能满足人类的需要,人类为了自身发展的需要创造出了多种多样的游戏活动,如标枪、下棋等。所以,游戏并非是一种单纯的娱乐活动,而是一个严肃的人类自发活动,怀有生存技能培训和智力培养的目标。

数字游戏(Digital Game)的产生是伴随着人类科技的进步而产生的。数字游戏的一个普遍概念认为:以数字技术为手段设计开发,并以数字化设备为平台实施的各种游戏。这个概念的提出可以追溯到2003年,数字游戏研究协会(Digital Game Research Association, DiGRA)正式使用该词。目前,数字游戏作为一个专有名词,正在被广泛认可。

6.2.1 数字游戏的界定

在数字游戏这一概念提出之前，已经存在了许多相似的概念，这些概念有：电子游戏（Electronic Games）、计算机游戏（Computer Game）、视频游戏（Video Game）、交互游戏（Interactive Game）等。其中，电子游戏的称谓在国内流传的比较普遍，这主要是由于数字概念尚未萌动，西方各类游戏机引入我国，于是将此类游戏定名为电子游戏。时至今日，电子游戏更倾向于指代基于传统电子技术下的老式游戏，而较少用来指代网络游戏、虚拟现实游戏等较新型的游戏。交互游戏则着重体现了游戏要具有交互性。所谓交互就是指参与活动的对象，可以相互交流，双方面互动。所以，只要参与游戏活动的对象间可以相互交流、相互互动，都可以归为交互游戏，而不论活动的对象是人、动物、各类电子设备、计算机等。

数字游戏是以数字技术为手段、以数字化设备为平台，可以涵盖电脑游戏、网络游戏、电视游戏、街机游戏、手机游戏等各种基于数字平台的游戏，从本质层面概括出了该类游戏的共性。这些游戏虽然彼此面目迥异，但是却有着类似的原理，即在基本层面均采用以信息运算为基础的数字化技术。数字游戏作为一个新的名词，有效概括了这些基于各类数字平台和采用各类数字技术的游戏。

6.2.2 数字游戏的发展阶段

数字游戏的产生与发展是伴随着电子技术和计算机技术的发展而发展的，时至今日，也不过半个多世纪，但数字游戏的发展非常迅速，根据流行的游戏运行平台不同大致可以分为以下四个阶段：

1. 数字游戏的出现（1958—1977 年）

1958 年，由美国人威利·希金博萨姆利用电器工程学的装置制作，在示波器屏幕上显示画面的简单游戏 Tennis for Two（见图 6-1），可以算是世界上最早的数字游戏。

1972 年，美国的雅达利公司划时代地开发出了数字游戏 Pong，这个由简单的圆点和方块组成的模拟乒乓球运动的程序，在当时取得了令人震惊的 10 万套销售的成绩。雅达利公司随后将 Pong 的程序进行了改良，推出《打砖块》游戏，数字游戏也就是从这一年开始由个人制作向商业模式过渡。

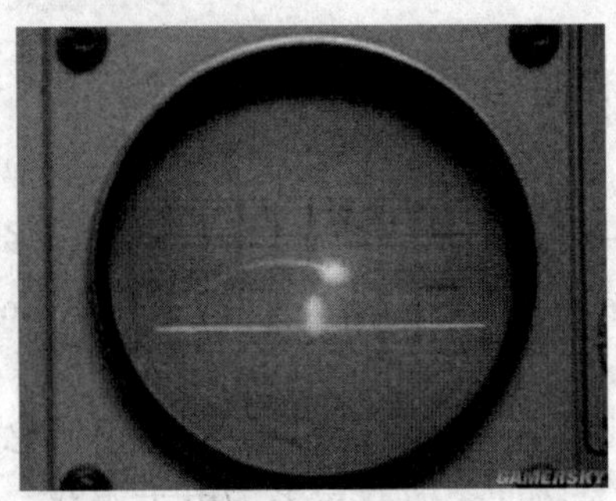

图 6-1　Tennis for Two 游戏界面

随后，又出现了一些游戏，这些游戏界面虽然简单，但其游戏模式对后来的游戏发展影响很大。如迷宫型游戏《洛古》的基本模式就是RPG（角色扮演游戏）。

这个阶段由于是游戏出现阶段，游戏运行平台多种多样，其中后期最流行的就是街机。

2. 家用游戏机时代（1977—1989 年）

1977 年，美国的雅达利公司推出了 Atari 2600 型游戏主机，这是世界上第一台家用专业游戏机，从而开启了家用游戏机时代。随后日本的任天堂和 SEGA 公司迅速崛起，彻底占领了游戏机的市场。

1983 年日本任天堂公司的 FC（Family Computer）横空出世，当时的售价是 14 800 日元（折合人民币 1300 元左右），采用 6502 芯片作为主 CPU，还有一块专门处理图像的 PPU，性能在当时非常好。与 FC 同时发售的经典游戏有《大金刚》《大金刚 JR》《大力水手》《马里奥兄弟》等。FC 一推出就马上引起了业界的轰动。

1985 年 SEGA 公司异军突起，在家用机市场上推出 SEGA MARK Ⅲ来抗衡任天堂，游戏移植自街机市场的《太空波利》和《幻想地带》。随后几年中，任天堂和 SEGA 都不断推出自己的新机型和新游戏，竞争非常激烈。

3. 单机游戏时代（1990—1996 年）

进入 20 世纪 90 年代后，电脑游戏迅速流行起来，这主要取决于 PC 的普及。这个阶段，PC 硬件价格的迅速下滑，而性能却不断提高，操作系统也由原来的 MS-DOS 向 Windows 演化，这些都促进了电脑游戏的快速发展。

在这个阶段中，推出的具有影响力的游戏有很多。如 1992 年，3D Realms 公司 /Apogee 公司联合发布的游戏——《德军司令部》（*Wolfenstein*

3D)，这部游戏开创了第一人称射击游戏的先河，更重要的是，它在游戏的 x 轴和 y 轴的基础上增加了一个 z 轴，从而开启了 3D 游戏的先河。1996 年 6 月，Rauen Software 的经典作品——Quake 推出，这是一款真正意义上的 3D 游戏，对后来的游戏影响非常之大。随后，《古墓丽影》《极品飞车》等游戏也都大获成功。

中国内地的游戏产业也在这个阶段拉开了帷幕，并取得了短暂的辉煌。1994 年 10 月，北京金盘电子有限公司推出了自主研发的一款游戏——《神鹰突击队》。1995 年，由中国台湾大宇资讯股份有限公司制作发行的中文角色扮演游戏《仙剑奇侠传》和由金山软件公司下属游戏工作室——西山居制作的中国第一款武侠类 RPG 游戏《剑侠情缘》将国产游戏推向了一个高潮。

4. 网络游戏和手机游戏时代（1997 年至今）

1997 年，Origin 公司推出了世界上第一款图形大型多人在线角色扮演游戏——《网络创世纪》，摘走了“第一网络游戏”的头衔，从而开启了网络游戏的时代。随后网络游戏在全球迅速流行起来。

2000 年 7 月，第一款真正意义上的中文网络图形 Mud 游戏《万王之王》正式推出，成为我国第一代网络游戏无可争议的王者之作。2001 年 11 月，上海盛大代理的《传奇》正式上市，不久就成为大陆网络游戏市场的霸主。同年，网易推出《大话西游 ONLINE》，吹响了门户网进军网络游戏产业的号角，自此网络游戏成为了门户网新的利润增长点。

从 2002 年开始，中国网络游戏就开始空前繁荣，达到 9.1 亿元人民币的市场规模，随后，网络游戏一直发展迅速，2003 年出现过两个月内有 25 款游戏同时测试的盛况。2010 年网络游戏的市场销售达到了 323 亿元人民币，2014 年网络游戏的市场规模达到了 1 144.8 亿元人民币，网络游戏用户突破 3.58 亿。

手机游戏的发展是随着手机的普及而发展起来的。早期的手机屏幕都较小，只能进行一些文字类的游戏，如短信游戏。1998 年诺基亚 5110 手机的推出，被认为是第一款内置游戏的手机，它支持的游戏贪食蛇影响深远。随后，2000 年诺基亚 3310 又推出了贪食蛇 2 代。

2001 年，随着彩屏手机的推出，手机游戏就变得更加丰富多样了，如赛车游戏、射击游戏等。在 2005 年，RPG（角色扮演）游戏也开始在手机上兴起。

2007 年，苹果公司推出 iPhone 手机，其一个重要的特点就是可触摸宽屏，这为手机游戏的开发提供了更友好的交互性和更大的视角。随着手机屏幕从早期的 3.5 英寸发展到现在的 4.7 英寸、5.5 英寸等更大屏幕，手机游戏的用户体验感也越来越好，游戏类型也从早期的一些小游戏，发展到现在的大型游戏，如 EA 公司推出的《极品飞车》和《模拟人生》。

6.2.3 数字游戏的功能

游戏最初的目的是培养游戏者的生存技能和智力水平，但由于数字游戏以数字设备为道具，可以让游戏者脱离现实生活，完全沉浸在与网络上的虚拟对象进行交互上，因此也造成了一些负面影响，于是很多人开始抵制数字游戏，特别是网络游戏，片面地认为玩游戏有害无益。总之，数字游戏所具有的积极作用是占主要方面的，只要正确对待数字游戏，它就不仅能够为我们的智力发展提供良好的帮助，而且还可以让我们更好地了解社会、完善人格。

概括起来，数字游戏的功能主要体现在以下几个方面：促进游戏者了解计算机技术；促进游戏者认知的发展；促进游戏者社会性的发展。在身体运动和空间技能方面为游戏者提供练习机会，促进游戏者健康人格的形成与完善，促进游戏者创新意识与潜能的萌发。

6.3 游戏开发团队及开发流程

开发一款商业游戏往往可以和做工程相比，需要一个完整的团队才能完成。一个小型的游戏开发团队也需要几个人，分别负责策划、编码、美术、测试等工作，而一个大型的游戏开发团队往往需要几十人，甚至上百人，负责的分工就非常详细了。

游戏开发是软件开发的一部分，完全可以利用软件工程的一套理论来指导开发数字游戏，但游戏又是一门艺术，所以在开发过程中与其他软件开发相比，也包含了一些自己特有的元素。

6.3.1 游戏开发团队的基本组成

了解了一个完整的游戏开发团队的基本组成（包括必要的岗位设置以及各个岗位的主要职责和工作内容）、基本工作流程与工作规范，对于游戏开发者以及游戏公司而言是十分重要的，因为这是保证团队建设并使游戏开发正规化与规范化的要素。

（1）制作人

游戏制作人需要全程参与游戏的策划、研发、营销，职责类似电影导演，是整个游戏制作团队的领导者。在整个项目开发体系中，制作人是沟通的枢纽和管理的大脑。在这样的架构中，不仅有垂直管理，还有更重要的平行管理，也就是说，如何对没有直接管辖权的部门和个人施加影响，使其能够配合本团队共同达成项目目标。

（2）游戏设计师

游戏设计师，又称为游戏策划，主要职责是负责游戏项目的设计以及管理等策划工作。其主要工作职责为：以创建者和维护者的身份参与到游戏的世界，将想法和设计传递给程序和美术；设计游戏世界中的角色，并赋予他们性格和灵魂；在游戏世界中添加各种有趣的故事和事件，丰富整个游戏世界的内容；调节游戏中的变量和数值，使游戏世界平衡稳定；制作丰富多彩的游戏技能和战斗系统；设计前人没有想过的游戏玩法和系统，带给玩家前所未有的快乐。

通常游戏策划在大部分公司都会有其更详尽的分工，具体包括如下：首席设计师、规则设计师、数值设计师、关卡设计师、剧情设计师、脚本设计师。

（3）程序员

设计师编写好了游戏文档，完成了游戏制作的蓝图，下面就需要程序员来具体实现了。程序员的主要职责就是编写程序，实现游戏的所有功能，主要包括 3D 引擎、网络库、各类游戏工具等。

在游戏公司中的程序员一般也有详细的分类，具体的分类如下：

①首席程序员。首席程序员通常要完成游戏中最有挑战性的编程任务，一般要由团队中最有经验的程序员担任。一般情况下，首席程序员除了完成代码编写外，还要负责其他程序员的指导工作，以及检查程序员的工作进度，并直接向项目经理汇报。

②结构程序员。结构程序员需要将游戏的设计内容转变为可以运行的代码。一般需要具有良好的沟通能力，因为需要多次与设计师交流，将设计师想象中的游戏变成一款真正的游戏。

③ 3D 图像程序员。3D 图像程序员需要完成有关 3D 图像方面的代码，需要具有较高的数学水平，包括微积分、矢量和矩阵数学、三角数学和代数等。

④人工智能程序员。人工智能开发也是游戏开发中的最有挑战性的任务之一，但由于游戏类型的不同，对人工智能的需求也有所不同。一般情况下，在大型游戏中，对人工智能的需求比较大。

⑤工具程序员。为了帮助完成游戏,一般需要先建立一些辅助工具。在很多游戏制作中,工具制作的任务量很大,美国著名的 ID 游戏公司要耗费 50%的编程资源在建立开发工具上。这些工具包括一些游戏辅助工具、任务编辑器、关卡编辑器等。在一些小公司,可能没有专门的工具程序员,其工作一般由其他程序员来完成。

⑥网络程序员。网络程序员需要编写一些底层或应用层的代码,使得游戏玩家通过调制解调器、局域网或 Internet 共同玩一个游戏。现在的游戏一般运行在 Internet 上,所以需要网络程序员能够深入了解 TCP/IP 和 UDP 协议。

(4)艺术设计师

①艺术指导。艺术指导是艺术设计团队的总负责。他一方面要带领团队,提早确保项目内部的依赖关系,保证艺术设计人员可以准时地为项目开发的其他人员完成艺术作品;另一方面使得每一部分的艺术作品都与游戏项目其他部分的艺术作品风格保持一致。

②原画师。原画师需要将游戏的创意转化成可见的内容,是所有美术工作中专业性最强的人员。原画师一方面需要对整款游戏所有表现内容进行综合定位,例如角色和人物体系、游戏色彩等;另一方面还需要有足够的创新能力,以实现游戏的新颖性。

③建模师。建模师的主要工作是游戏元素数字模型的建立,包括人物、NPC、怪物、道具等。相比原画师,人物建模更侧重于实现过程而不是创造过程,将策划者的要求转化为具体的实现效果才是人物建模人员的工作重点。

④纹理设计师。建模师所创建的模型还不能体现游戏元素的最终效果,还需要纹理贴图来达到最终的视觉效果。行业内有"三分建模、七分贴图"的说法,由此可见纹理贴图的重要性。

⑤动作设计师。动作设计师需要实现所有动作的物体,包括人物、动物、怪物的动作设计,也包括风车、天线、雷达旋转等。

⑥界面设计师。界面设计师通常是由相当专业审美水平的二维动画艺术设计师来担任,需要完成游戏的界面、菜单等设计。由于游戏界面对游戏的成败至关重要,所以界面设计师是一个关键的团队人物。

(5)音效师

音效师主要完成游戏中各类声音的处理。这些声音包括声音效果、音乐和画外音。在游戏开发早期,游戏中一般只使用粗糙的声音,如嘟嘟声、嘀嘀声等,但现在游戏的声音种类不仅增多,而且有的还需要原创音乐,这就需要专门的音效师。

在很多游戏公司，没有专门的音效师，通常的做法就是将音效部分外包出去。

（6）质量保证工程师

质量保证工程师是游戏开发过程中非常重要的组成部分。他们的主要职责就是在游戏发布之前发现游戏中的问题和错误，并整理上报。发现问题最好的方法就是玩游戏，不断地玩。发现问题后随时记录，上报，经过修改后，重新再玩，直到没有发现问题后再发布游戏。

（7）商业运营团队

现在越来越多的游戏公司，特别是网络游戏公司为了获得市场竞争优势，倾向于自主运营，因此商业运营团队是必不可少的。

一般的商业运营团队由市场部、技术部、客服部、企划部等部门构成。市场部主要负责游戏运营的宣传与推广。技术部主要负责为运营工作提供技术保障。客服部主要担任承上启下的作用，对公司上层，负责把玩家的意见、建议、游戏里发生的问题等及时反映到公司以及其他相关部门，对于游戏玩家，解答一些常见的各类问题。

图 6–2 为一个典型的游戏开发团队的职责分工与组织关系。可以看到，制作人是整个团队的领导者。游戏制作人的基本职责是负责游戏开发的整体领导工作，领导和协调整个游戏开发团队，以及对所开发的游戏整体质量负责。需要说明的是，欧美和日本的游戏制作人在具体工作内容上有所差别，欧美游戏制作人基本上只负责整个开发团队的领导与协调工作，较少参与具体游戏内容的设计与开发；而日本游戏制作人则会更多地参与到游戏内容的设计与开发工作中。

在图 6–2 中还可以看到，制作人需要领导和协调多个子团队，如设计子团队、美术子团队、程序子团队、文案子团队、音乐音效子团队、测试子团队等，而每个子团队都有各自的负责人，直接接受制作人的领导。同时，由于游戏的各部分开发工作具有很高的耦合性和相关性，每个子团队的工作都与其他子团队密切相关，因此各个子团队的负责人也需要与其他子团队负责人积极沟通，从而保证游戏开发工作的顺利进行。另外，在每个子团队中也都有更加详细的岗位分工。对于国外大型的游戏公司中，越大型的游戏项目其开发人员的职责划分得越细，大部分人专职负责一块很具体的工作。虽然这种分工和组织方式也存在一定问题，但总体而言能够为大型游戏项目的整体开发提供规范化的保证。

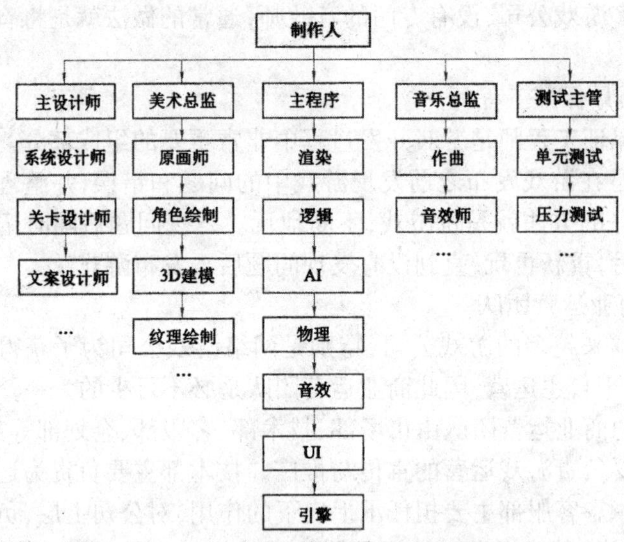

图 6–2　游戏开发团队组成架构图

具体就各个子团队而言，从图 6–2 中子团队内部的进一步分工，基本可以看出一个游戏在设计与开发中包含哪些具体的部分。例如，从设计团队的分工中可以看出游戏的设计包含了游戏机制的设计、游戏关卡的设计、游戏数值的设计等，而从美术团队的分工中可以看出游戏的美术部分包含原画、角色绘制、3D 建模等。

6.3.2 数字游戏设计开发流程

数字游戏的开发流程一般分为四个阶段：前期准备、开发制作、后期制作和游戏发布。其中，各个阶段又可以分为若干步骤，详细的步骤如图 6–3 所示。

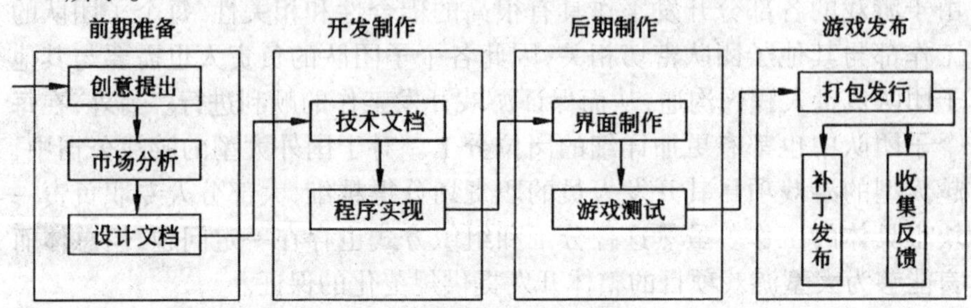

图 6–3　数字游戏开发流程

设计创作游戏有四大要素，分别是策划（游戏的灵魂）、程序（游戏的骨架）、美术（游戏的皮肤）、音乐（游戏的外衣）。游戏开发过程中需要有游戏策划师、游戏程序员、游戏美术设计师、游戏音乐创作人的相辅相成。游戏设计的基本过程大致可分为 4 个阶段。其中,游戏设计、美术设计、游戏技术平台分别如图 6-4 至图 6-6 所示。

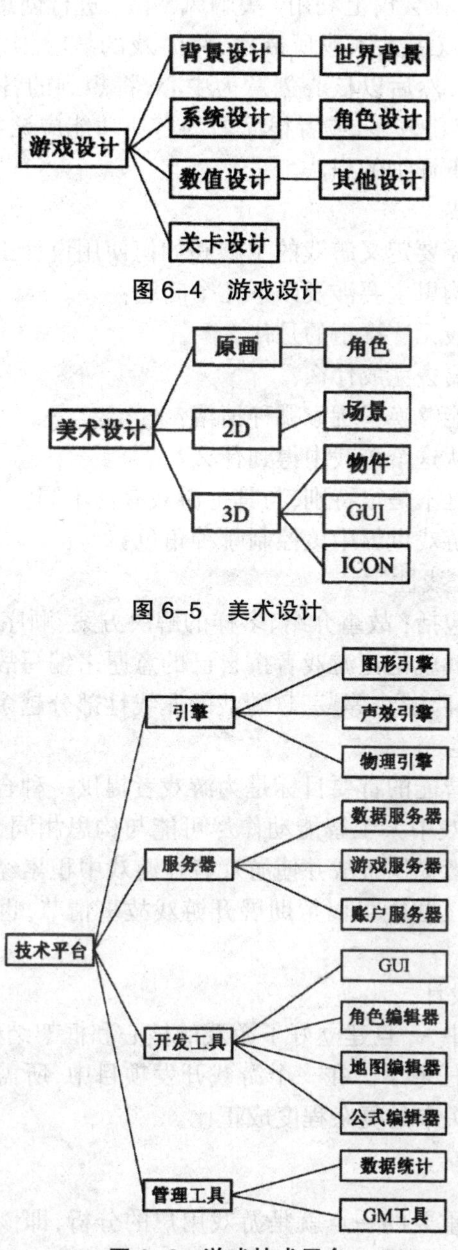

图 6-4　游戏设计

图 6-5　美术设计

图 6-6　游戏技术平台

1. 游戏创意

游戏开发的第一步就是要提出一个创意，而提出创意最好的方法就是召开一个会议，在会议上利用“头脑风暴法”进行创意的收集。所谓头脑风暴法就是会议上大家畅所欲言，将游戏的核心创意写在一张纸（白板、墙面等）中心，然后以核心创意为中心，将想到的各种功能以射线的方式写出来，内容比较多，或者很简短的游戏功能应该靠近中心，然后在远一点的地方写下详细的想法。

（1）游戏构思

游戏的构思需要定义游戏的主题和如何使用设计工具进行设计和构思。游戏的主题构思主要涉及以下几个问题：

①这个游戏最无法抗拒的是什么？

②这个游戏要去完成什么？

③这个游戏能够唤起玩家哪种情绪？

④游戏者能从这个游戏中得到什么？

⑤这个游戏是不是很特别，与其他游戏有何不同？

⑥游戏者在游戏世界中该控制哪种角色？

（2）游戏的非线性

非线性因素包括：故事介绍、多样的解决方案、顺序、选择等。

非线性的游戏就是让游戏者按自己的意愿来编写故事。无论是角色扮演，竞争或是冒险游戏等。一款游戏的非线性部分越多，游戏就越优秀。

（3）人工智能

游戏中人工智能的首要目标是为游戏者提供一种合理的挑战。游戏设计者应确保游戏中人工智能动作尽可能与构思相同，并且操作起来尽最大可能给游戏者提供挑战并使游戏者在游戏中积累经验。

游戏中的人工智能可以帮助展开游戏故事情节，也有利于创造一个逼真的世界。

（4）关卡的设计

在游戏设计中，一旦建立好了游戏的核心和框架结构，下面的工作就是关卡设计者的任务了。在一个游戏开发项目中，所需关卡设计者的数量大致和游戏中关卡的复杂程度成正比。

2. 市场分析

市场分析最重要的一点就是游戏用户的分析，即该游戏是面向核心玩家，还是普通的大众玩家。如果是面向核心玩家所开发的游戏，则需要游戏的难度更大一些；反之，如果是面向大众玩家开发的游戏，则需要游戏的难度简单一些。最好的方法是允许玩家自定义游戏的难度。

市场分析的另外一点就是成本和收益的估计。

3. 游戏设计文档

游戏的设计文档包括：概念文档，涉及市场定位和需求说明等；设计文档，包括设计目的、人物及达到的目标等；以及技术设计文档，如何实现和测试游戏等。概念文档主要对游戏设计的相关方面进行详述；设计文档的目的是充分描写和详述游戏的操控方法，用来说明游戏各个不同部分需要怎样运行；设计文档并不从技术角度花费时间来描述游戏的技术方面；技术设计文档，也称技术说明，它通常由游戏的主设计师来编写，编辑组将其作为一个参考因素。

4. 程序实现

游戏开发中，最常用的编程语言有 C++ 和 Java，C++ 对图形性能的支持非常好，适合于开发逼真的 3D 游戏，而 Java 具有跨平台的特点，非常适合开发各类网络游戏和手机游戏。

有时为了优化程序核心代码，也要使用 C 语言，甚至是汇编语言来编写。

5. 界面设计

界面设计是游戏设计中非常重要的，因为界面是与用户打交道最多的一个环节。界面总的目标是要提供良好的交换手段、传达丰富的信息内容、享受精彩的视觉效果。

游戏界面主要分为主菜单和 HUD（Heads Up Display）两个部分，主菜单是指进入正式游戏场景前，供玩家选择游戏方式、进行参数配置的界面，HUD 是指浮动在游戏场景之上的界面元素，它的位置不会随场景变化而变化。

6. 游戏测试

游戏软件在正式发布前，通常需要执行 Alpha 测试和 Beta 测试，目的是从用户的使用角度，对软件的功能和性能进行测试，以发现可能只有用户才能发现的错误。Alpha 测试又叫内测，一般是在程序员完成游戏所有功能后进行的，是由用户在开发环境下进行的测试；Beta 测试是在 Alpha 测试完成之后进行的测试，由用户在实际应用环境中进行。接收到在 Beta 测试期间报告的问题之后，开发者对软件产品进行必要的修改，并准备向全体客户发布最终的软件产品。

7. 打包发行

经过各类测试后,游戏就可以打包发行了。当然,游戏发行前的广告宣传是必不可少的,很多游戏由于各类问题都不能够做到按广告宣传的期限发行。

8. 收集反馈

游戏一旦进入用户手中,各类问题就出现了,这些问题包括游戏存在的各类错误、各类用户对游戏的看法、游戏的控制难度等。这些问题需要广泛收集,以便游戏的完善和后来游戏的开发。收集反馈信息最好的方法就是通过游戏论坛来实现。

9. 发布补丁

由用户发现游戏的各类问题后,游戏开发者就需要发布补丁来完善游戏的功能。游戏官方网站一般会定期发布新的游戏补丁,供用户下载。

6.4　游戏程序开发包含的技术模块

数字游戏属于软件,所以软件开发所使用的方法和开发技术都能够应用到数字游戏开发中来。数字游戏又是一种特殊类型的软件,它的开发技术又侧重于图形绘制、人机交互等软件开发方向。

对于数字游戏开发,有些人直接利用 C++ 提供的基本图形绘制软件包来编写游戏,有些人则利用 DirectX/OpenGL 技术来编写游戏,还有人直接利用游戏引擎来建造游戏,那么这些技术之间的层次关系如图 6-7 所示。

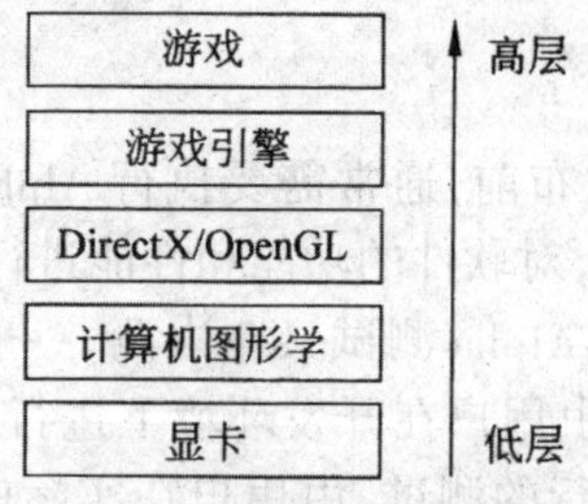

图 6-7　游戏技术层次图

在该层次中,显卡是运行游戏的硬件基础,计算机图形学主要是研究通过高级语言(如 C++)来实现如何在显卡上计算、处理和显示图形,属于底层的图形处理技术；DirectX/OpenGL 实现了对底层图形处理的一个封装，利用该技术可以轻松实现一些复杂图形绘制、摄像机的移动、光照模型的实现等；游戏引擎又实现了对 DirectX/OpenGL 的一个封装，利用游戏引擎可以轻松实现游戏场景的搭建、碰撞检测、光源设置等。

一般来讲，越利用高级的技术，游戏的实现就越简单，越利用底层的技术，游戏的实现就越灵活。

6.4.1 计算机图形学

计算机图形学主要的研究内容是如何在计算机中表示图形，以及利用计算机进行图形的计算、处理和显示的相关原理与算法。

计算机图形学的研究对象是图形，即从客观世界物体中抽象出来的带有颜色及形状信息的图和形。

6.4.2 OpenGL/DirectX 及游戏编程语言

游戏的效果追求视觉的冲击和享受，所以在技术方面更新很快，目前主要的图形 API 是 DirectX 和 OpenGL。

1.DirectX

DirectX 是由微软公司开发的用途广泛的应用程序开发接口（Application Program Interface，API）。

（1）DirectX 5.0

此版本对 Direct3D 做出了很大的改动，加入了雾化效果、Alpha 混合等 3D 特效，使 3D 游戏中的空间感和真实感得以增强，还加入了 S3 的纹理压缩技术。DirectX 发展到 DirectX 5.0 才真正走向了成熟。

（2）DirectX 6.0

DirectX 6.0 中加入了双线性过滤、三线性过滤等优化 3D 图像质量的技术，游戏中的 3D 技术逐渐走入成熟阶段。

（3）DirectX 7.0

DirectX 7.0 最大的特色是支持“坐标转换和光源”。3D 游戏中的任何一个物体都有坐标，当此物体运动时，它的坐标发生变化，即坐标转换。

（4）DirectX 8.0

DirectX 8.0 的推出引发了一场显卡革命。它首次引入了“像素渲染”概念，同时具备像素渲染引擎（Pixcl Shader，PS）与顶点渲染引擎（Vertex Shader，VS），反映在特效上就是动态光影效果。

(5)DireetX 9.0

2002 年底,微软发布 DirectX 9.0。Direct X9 中 PS 单元的渲染精度已达到浮点精度。全新的 Vertex Shader(顶点着色引擎)编程比以前复杂得多,新的 Vertex Shader 标准增加了流程控制和更多的常量,每个程序的着色指令增加到了 1024 条。

(6)DirectX 9.0c

与 DirectX 9.0b 和 Shader Model 2.0 相比较,DirectX 9.0c 最大的改进便是引入了对 Shader Model 3.0(包括 Pixel Shader 3.0 和 Vertex Shader 3.0 两个着色语言规范)的全面支持。

DirectX 的功能如下:

① DirectX Graphics。

② DirectX Audio。

③ Direct Play。

④ Directlnput Direct Input 为游戏杆、头盔、多键鼠标以及回馈设备等各种输入设备提供了最先进的接口。Direct Input 直接建立在所有输入设备的驱动之上,相比标准的 Win32 API 函数具备更高的灵活性。

⑤ Direct Show。

DirectX 8.0 中添加的部分新特性包括:新的过滤图形特性、Windows Media 格式支持、视频编辑支持、新的 DVD 支持、新的 MPEG-2 传输和程序流支持、对广播驱动程序体系结构的支持、DirectX 媒体对象。

2.OpenGL

OpenGL 是近几年发展起来的一个性能卓越的三维图形标准,它是在 SGI 等多家世界闻名的计算机公司的倡导下,以 SGI 的 GL 三维图形库为基础制定的一个通用共享的开放式三维图形标准。

OpenGL 实际上是一个功能强大,调用方便的底层三维图形软件包。它独立于窗口系统和操作系统,以它为基础开发的应用程序可以十分方便地在各种平台间移植。它具有七大功能:

①建模。

②变换。

③颜色模式设置。

④光照和材质设置。

⑤纹理映射(Texture Mapping)。

⑥位图显示和图像增强。

⑦双缓存动画(Double Buffeting)。

OpenGL 在 Windows NT 下的 OpenGL 的运行机制如图 6-8 所示,在

三维图形加速下的运行机制如图 6-9 所示。

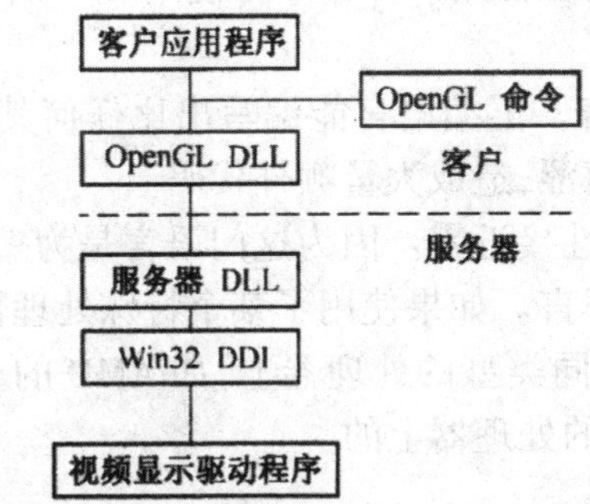

图 6-8　OpenGL 在 WindowsNT 下的运行机制

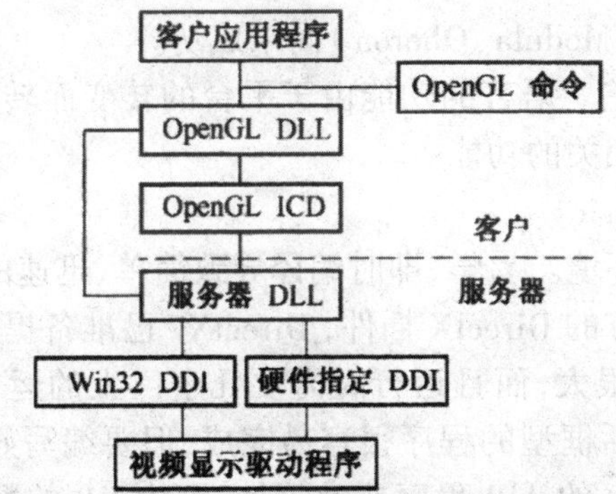

图 6-9　OpenGL 在三维图形加速下的运行机制

3. 游戏编程语言

（1）C 语言

有益于编写小而快的程序。很容易与汇编语言结合。具有很高的标准化，因此其不同平台上的各版本非常相似。但是不容易支持面向对象技术。语法有时会非常难以理解，并易造成滥用。

C 语言的核心以及 ANSI 函数调用都具有移植性，但仅限于流程控制、内存管理和简单的文件处理。其他的东西都与平台有关。如为 Windows 和 Mac 开发可移植的程序。用户界面部分就需要用到与系统相关的函数。

（2）C++

组织大型程序时比 C 语言好得多，很好地支持面向对象机制。通用数据结构，如链表和可增长的阵列组成的库减轻了由于处理低层细节的负担。但是它与 C 语言一样存在语法滥用问题，且比 C 语言慢。大多数编译器不能正确实现整个语言。

其移植性比C语言好,但依然不是很乐观。因为它具有与C语言相同的缺点,大多数可移植性用户界面库都使用C++对象实现。

(3)汇编语言

最小、最快的语言。汇编语言能编写出比任何其他语言快得多的程序。但是难学、语法晦涩,造成大量额外代码。

汇编语言的移植性接近零。因为这门语言是为一种单独的处理器设计的,根本没移植性可言。如果使用了某个特殊处理器的扩展功能,代码甚至无法移植到其他同类型的处理器上,如AMD的3DNow指令是无法移植到其他奔腾系列的处理器上的。

(4)Pascal语言

易学、平台相关的运行(Dephi)非常好。但是,"世界潮流"面向对象的Pascal继承者(Modula、Oberon)尚未成功。

其移植性很差。语言的功能由于平台的转变而转变,没有移植性工具包来处理平台相关的功能。

(5)Visual Basic

整洁的编辑环境。易学、即时编译导致简单、迅速的原型。大量可用的插件。有第三方的DirectX插件,DirectX7已准备提供Visual Basic的支持。但是程序很大,而且运行时需要几个巨大的运行时动态链接库。虽然表单型和对话框型的程序很容易完成,但要编写好图形程序却比较难。调用Windows的API程序非常笨拙,因为VB的数据结构没能很好地映射到C语言中。有OO功能,但却不是完全的面向对象,且Visual Basic具有专利权。

其移植性非常差。Visual Basic是微软的产品,被局限于他们自己的平台上。

(6)Java

二进制码可移植到其他平台。程序可以在网页中运行。内含的类库非常标准且极其健壮。自动分配和垃圾回收避免程序中资源泄露。网上数量巨大的代码例程。但是使用一个"虚拟机"来运行可移植的字节码而非本地机器码,程序代码长,执行速度慢。

其移植性最好,但仍未达到它本应达到的水平。低级代码具有非常高的可移植性,但是,很多UI及新功能在某些平台上不稳定。

(7)创作工具

快速原型——如果游戏符合工具制作的主旨,游戏运行会比使用其他语言快。在很多情况下,可以创造一个不需要任何代码的简单游戏。使用插件程序,如Shockware及IconAuthor播放器,可以在网页上发布很多创作工具生成的程序。

但是其具有专利权，至于将增加什么功能，将受到工具制造者的支配。必须考虑这些工具是否能满足游戏的需要，因为有很多事情是那些创作工具无法完成的。某些工具会产生臃肿得可怕的程序。

因为创作工具是具有专利权的，移植性与它们提供的功能息息相关。有些系统，如 Director 可以在几种平台上创作和运行；有些工具则在某一平台上创作，在多种平台上运行；还有的是仅能在单一平台上创作和运行。

6.4.3 游戏引擎技术

游戏引擎已经发展成为一套由多个子系统共同构成的复杂平台。当前主流的 3D 游戏引擎在功能和性能上尽管各有千秋，但它们的框架和主要模块分类上大同小异。图 6-10 按层次对游戏引擎的主要组成做出归纳。

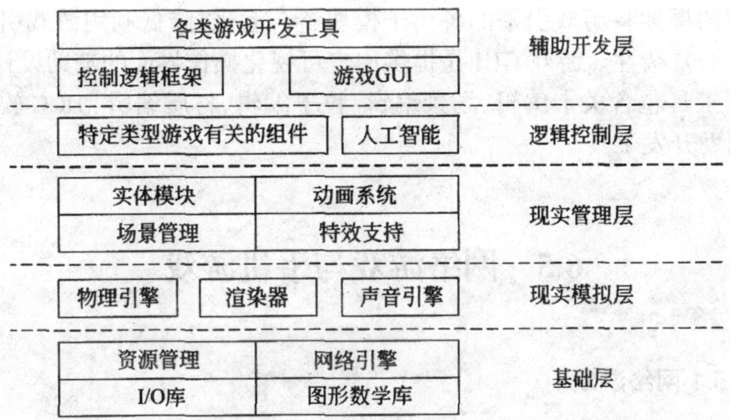

图 6-10　游戏引擎的层次结构

游戏引擎的最底层是基础层，由资源管理、网络引擎、I/O 库和图形数学库四部分组成，主要用于处理与平台相关的组件。其中资源管理能够管理游戏资源，提供内存的分配和释放，在内存有限的情况下正确地调度资源；图形数学库提供有关 3D 的数据结构，如向量、矩阵、四元数、直线、平面等，以及相应的操作，如矩阵的转置、求逆等；网络引擎分局域网和互联网交互两种，解决数据通信、用户并发、系统计费和道具管理等方面的问题；I/O 库提供键盘、鼠标、摇杆和其他外设输入设备的支持。

游戏引擎的第二层是现实模拟层，由物理引擎、渲染器和声音引擎三部分组成。其中物理引擎一方面提供游戏世界中的物体之间、物体和场景之间的碰撞检测和力学模拟，另一方面提供物体的运动模拟；渲染器提供具有真实感的图像，包括图形、纹理、模型和动画的渲染、光照和材质处理、LOD 管理等，是游戏引擎的核心之一；声音引擎提供音效、语音和背景音乐的播放。

游戏引擎的第三层是现实管理层，由实体模块、动画系统、场景管理和特效支持四部分组成。其中实体模块将游戏世界中的物体抽象为通用的数据结构，提供相关的操作；动画系统提供渐变动画、蒙皮骨骼动画效果；场景管理组织游戏物体在室外（室内）的位置和相关的特性；特效支持提供粒子系统和自然模拟（如水纹、雨、烟等），使游戏画面更为漂亮。

游戏引擎的第四层是逻辑控制层，由特定类型游戏有关的组件和人工智能两部分组成。其中特定类型游戏有关的组件针对特定应用提供专门的处理方法，例如 FPS、SLG、RPG 游戏组件；人工智能提供游戏运行的逻辑处理，运用智能技术提高游戏的可玩性。

游戏引擎的第五层是辅助开发层，由控制逻辑框架、游戏 GUI 和游戏开发工具三部分组成。其中控制逻辑框架是针对不同类型的游戏，提供相应的框架将游戏引擎的各个子模块整合起来，降低利用游戏引擎进行开发的复杂性。游戏 GUI 是提供用户可视化操作界面的辅助设计；游戏开发工具包含关卡编辑、场景编辑、粒子编辑、材质编辑、DCC 软件插件等辅助开发工具。

6.5 网络游戏与手机游戏

6.5.1 网络游戏

网络游戏是通过数字化网络传递信息的一种互动娱乐方式，是信息化与社会文化交织在一起的产业。

网络游戏是由客户端和服务器端两部分组成，其中，服务器端又是网络游戏的核心。随着网络游戏的复杂度越来越高，规模越来越大，对游戏服务器的设计要求也越来越高。网络游戏服务器是很复杂的服务器系统之一，因为它要一方面保证游戏数据计算的正确性和一致性，另一方面要应付大量同时在线的用户，与此同时，还要兼顾系统运行管理的便捷性、反作弊、反外挂、系统的安全性等。

目前主要的网络游戏体系结构通常有以下 4 种：Client/Server（C/S）

结构、Browser/Server（B/S）结构、对等结构（P2P）和分布式结构。在实际应用中，这 4 种方式往往互相借鉴，交叉运用。

（1）C/S 体系结构

C/S 体系结构是当前网络游戏使用得最多的一种结构。常见的 C/S 体系结构如图 6-11 所示。服务器端是由一个服务器组构成的，包括登录服务器、数据库服务器和游戏服务器等。登录服务器是游戏的唯一入口，客户端首先连接的就是登录服务器，这样登录服务器就可以起到两个方面的作用：一是使得游戏运营商能够对用户和收费等项目进行统一的管理；二是向导作用，负责向客户端提供游戏类型及游戏服务器列表以及游戏服务器当前在线人数等信息。数据库服务器主要负责游戏中大规模数据的管理和访问，如在线用户、各类怪物等数据。数据库管理历来是网络游戏服务器的瓶颈之一，把数据库服务器独立出来，更有助于游戏服务器的良好运行。

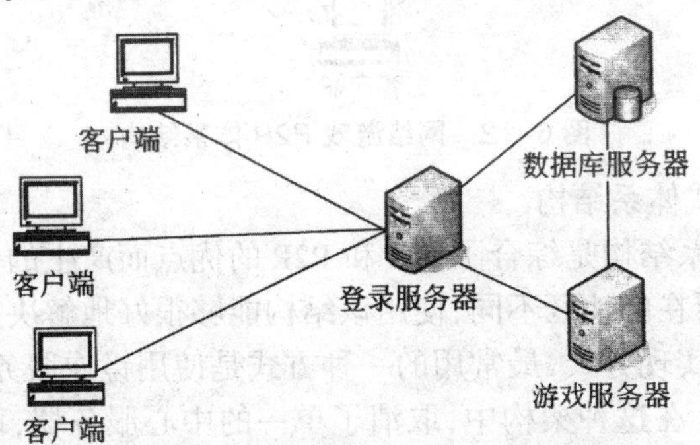

图 6-11　网络游戏 C/S 体系架构

游戏服务主要负责与用户的交互、游戏的逻辑计算、游戏 NPC（Non-Player-Controlled Character，非玩家控制角色）的 AI 等处理等功能。由于游戏服务器的工作量比较大，往往在大型网络游戏中是由一组服务器来构成的。

（2）B/S 体系结构

B/S 体系结构是随着 Web 的兴起而出现的一种网络游戏结构模式。在这种结构模式下，所有客户端的数据都是从服务器端动态加载的，系统功能的实现就集中在服务器端，这就使系统的开发、维护和使用得到简化。

B/S 结构目前主要用于网页游戏的开发，对于需要 3D 效果的 MMORPG 游戏，Web 浏览器的功能不够强大，但是这种瘦客户端的思想已经渗透到了 MMORPG 游戏的开发中，当前有些开源的网络游戏引擎已经开始尝试使用 B/S 结构。

(3)P2P 体系结构

一个常见的网络游戏 P2P 体系结构如图 6-12 所示。在该结构中，没有明显的客户端和服务器的区别，每台主机既要充当客户端又要充当服务器来承担一些服务器的运算工作，整个游戏被分布到多台计算机上，各个主机之间都要建立起对等连接，通信在各个主机之间直接进行。现在市面上出现了很多格斗类的网络游戏，这种游戏对实时性要求比较高，所以大部分都采用了 P2P 体系结构。

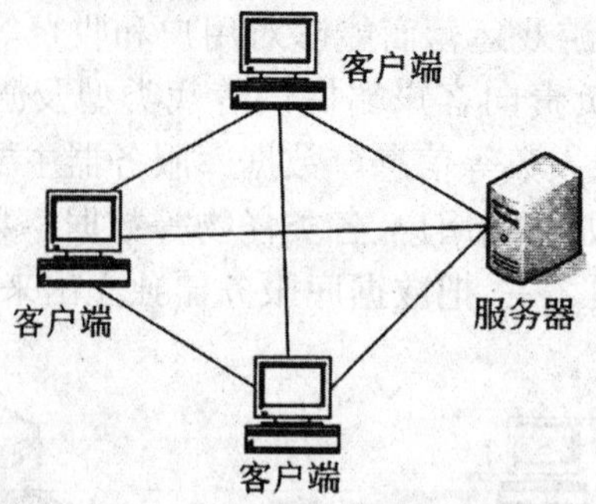

图 6-12　网络游戏 P2P 体系结构

(4)分布式体系结构

分布式体系结构是综合了 C/S 和 P2P 的优点而产生的一种更好的结构，由于玩家所在的地区不同，使用该结构能够很好地解决此问题。这种结构有很多种实现方式，最常用的一种方式是使用镜像服务器来构建，如图 6-13 所示。在这种架构中，取消了单一的中心服务器，取而代之的是通过分布式技术连接起来的多个镜像服务器，这些镜像服务器都保存着相同的游戏数据。分布式体系结构具有高科扩展性、高可靠性和高性价比，不失为网络游戏服务器的新方案。

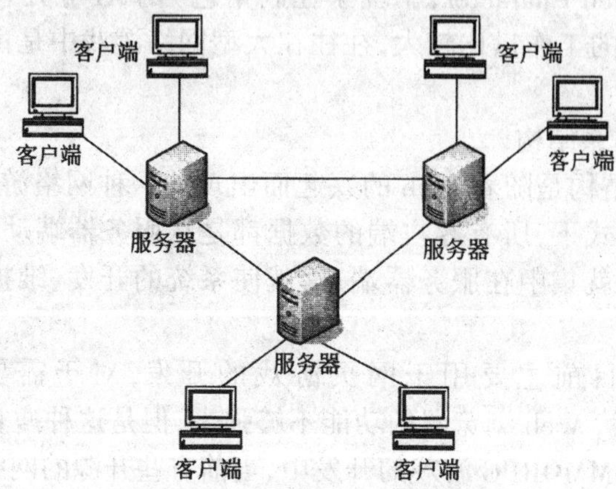

图 6-13　网络游戏分布式体系结构

6.5.2 手机游戏

手机游戏是指运行在手机上的游戏软件，手机游戏的发展是伴随着手机硬件的发展而发展的。早期的手机硬件性能较低，只能内嵌一些简单游戏，如俄罗斯方块、贪食蛇等，随着手机性能的提高，特别是智能手机的出现，目前很多手机已经开始支持 3D 游戏了。

1. 手机游戏的特点

由于手机游戏是运行在手机之上的，所以手机游戏的特点也就是手机的特点。

（1）拥有庞大的用户群体

工业和信息化产业部发布的数据显示了我国手机用户已于 2011 年 5 月突破 9 亿户，而根据国际电信联盟最新公布的统计数据显示，截至 2015 年年底，全球手机用户数量已达 75 亿，其中智能手机用户数量 19.1 亿。在除美国之外的几个发达国家，手机用户都比计算机用户要多，因此手机游戏潜在的市场比其他任何平台都要大。

（2）便携性

就目前来看，手机和 PC 相比，虽然其在玩游戏方面的性能还不是太高，但由于人们可随身携带，也就是可在任何闲暇之余来玩游戏，因此手机游戏很可能成为人们消遣时间的首选。

（3）支持网络

因为手机本身就是网络设备，因此手机游戏在网络的支持下不仅可以实现大型多人在线游戏，而且还可以实现小型的在线休闲游戏。

2. 手机游戏的分类

（1）根据游戏显示方式不同进行分类

根据游戏显示方式不同，可以将手机游戏分成文字类游戏和图形类游戏两种。

文字类游戏是以文字交换为游戏形式的游戏，这种游戏一般都是通过玩家按照游戏本身发给您的手机的提示，来回复相应信息进行的游戏。文字类游戏由于是通过文字描述来进行的，所以在游戏过程中，需要玩家进行过多的想象，使得游戏相对比较单调。

图形类游戏是用户通过控制图形元素进行交互的游戏，这种游戏需要控制游戏中的一个图形元素，可能是小球、动物或者是人物造型，与游戏场景中的其他图形元素进行交互，如《极品飞车》等。图形类游戏根据图形的维度又可以分为二维图形游戏和三维图形游戏。图形游戏相对比较直观，是手机游戏发展的方向。

（2）根据是否联网进行分类

根据游戏是否联网可以将手机游戏分为单机游戏和网络游戏两种。

单机游戏的模式多为人机对战，无须网络的支持。

网络游戏是基于无线互联网，可供多人同时参与的手机游戏。目前网络游戏又以 MMORPG（大型多人在线角色扮演网游）类型和休闲类游戏占主导地位。

3. 常见的手机游戏平台

随着手机用户的不断增大，手机游戏市场所蕴涵的无限商机和巨大潜力越来越被重视，许多厂商纷纷推出了功能强大的手机游戏平台。由于手机生产厂商众多，以及这些厂商采用的技术相差也较大，所以手机游戏的平台也种类繁多，但总的趋势是开源的、跨平台的。

目前常用的手机游戏平台有 Android、iOS、Windows Phone、BlackBerry 等。以当前最流行的 Android、iOS 为例说明。

（1）Android

Android 是基于 Linux 开放性内核的操作系统，是 Google 公司 2007 年 11 月 5 日公布的手机操作系统。第一部 Android 智能手机发布于 2008 年 10 月，此后 Android 逐渐扩展到平板电脑及其他领域上，如电视、数码相机、游戏机等。2011 年第一季度，Android 在全球的市场份额首次超过塞班系统，跃居全球第一。2013 年的第四季度，Android 平台手机的全球市场份额已经达到 78.1%。2013 年 9 月 24 日全世界采用 Android 系统的设备数量已经达到 10 亿台。2014 第一季度 Android 平台已占所有移动广告流量来源的 42.8%，首度超越 iOS。

（2）iOS

iOS 是由苹果公司为 iPhone 开发的操作系统，它主要是给 iPhone、iPod touch 以及 iPad 使用。iOS 操作简单、直观，性能良好，引领着智能手机的潮流。iOS 系统主要采用的开发语言为 Objective-C、C、C++。

App Store 是苹果公司创立的为第三方软件提供者提供的一个软件销售平台。该平台使得第三方软件提供者参与软件开发的积极性空前高涨，从而使得手机软件业进入了一个高速、良性发展的轨道。App Store 允许用户从 iTunes Store 或 mac app store 浏览和下载一些为了 iPhone SDK 或 mac 开发的应用程序。用户可以购买或免费试用，让该应用程序直接下载到 iPhone 或 iPod touch、iPad、Mac，其中包含游戏、日历、翻译程序、图库以及许多实用的软件。

6.6　游戏业的重要发展趋势

游戏行业目前不仅是最具活力的行业之一，同时也是变化非常剧烈和快速的一个行业。因此，把握游戏业的重要发展趋势，对于把握游戏的未来发展方向，了解新的游戏技术，确定开发目标等都具有重要的意义。就目前而言，游戏从业者对于下述几个行业趋势应该给予较高的重视。

1.VR/AR/MR 的热潮

虚拟现实（VR）/ 增强现实（AR）/ 混合现实（MR）这 3 种相通但又存在明显差异的技术，自 2015 年以来成为世界范围内 IT/ 互联网 / 游戏业界最关注的技术之一，2016 年甚至被称为虚拟现实元年。这一年中世界范围内推出的最有代表性的 3 个公司的虚拟现实头盔产品。虽然目前 3 种技术的已有产品在成熟度上均还不能达到令人满意的程度，但由于已经成为所有 IT 巨头的主要关注点之一，因此整体的技术发展速度非常快。但与之对应的是，目前对于如何真正发掘 VR/AR/MR 技术的应用潜力，如何开发出能充分体现其特色的 VR 游戏或应用，普遍还缺乏深入的认识和研究，但人们基本公认这些技术必然会对游戏的形态、内涵和外延都带来巨大的变化和推动。因此对于游戏开发者而言，时刻保持对该领域的新技术、新产品的关注，以及对如何应用这些技术和产品于游戏的实际开发，是具有非常重大意义的。

2.F2P 成为移动游戏绝对主流

F2P（Free to Play）即免费游戏，最早是从 PC 网游兴起并逐渐成为移动游戏纷纷效仿的模式。其商业模式主要是“游戏本体免费 + 内置广告”或“游戏本体免费 + 游戏内购”。目前，F2P 模式在移动平台已经成为绝对主流的付费模式。

和传统的付费购买的游戏相比，免费游戏的兴起实际上深刻影响了移动游戏的各个方面，包括游戏的设计思路、热门游戏类型等。因此，这同样是游戏开发者必须重视的一个重要趋势。

3. 独立游戏的兴起

独立游戏（Indie Game）一般是指没有商业资金的影响或者不以商业

发行为目的,由个人或小团队独立完成制作的游戏作品。独立游戏的兴起对于激发整个游戏界的活力,为玩家带来更多新颖的游戏作品具有非常重要的积极意义。

随着诸如 Unity3D 这样的免费游戏引擎的出现,以及游戏开发门槛的不断降低,越来越多的优秀的独立游戏作品开始出现,而业界对于独立游戏的重视与支持也在不断提高。个人开发者们可以通过越来越多的诸如“独立游戏节”或者各种独立游戏大赛这样专门的独立游戏活动来为自己的作品获得曝光率。

第7章　数字媒体存储技术及应用

7.1　存储概述

7.1.1 存储的发展史

存储是数据的“家”。处理、传输、存储是信息技术最基本的三个概念，任何信息基础设施、设备都是这三者的组合。历史学家发现：每当存储技术有一个划时代的发明，在这之后的300年内就会有一个大的社会进步和繁荣高峰。

存储技术是伴随着人类新的发明而产生的。存储是信息跨越时间的传播。几千年前的岩画、古书，以及近代的照相技术、留声机技术、电影技术、计算机技术等的发明，都极大丰富了人们的信息获取渠道。这些都是和存储技术的发明分不开的。

（1）打孔纸卡

打孔纸卡是最早的数据存储媒介，在1725年由Basile Bouchon发明，用来保存印染布上的图案。但是，关于它的第一个真正的专利权，是Herman Hollerith在1884年9月23日申请的，这个发明用了将近100年，一直用到了20世纪70年代中期。其实这张卡片上能存储的数据少得可怜，事实上几乎没有人真的用它来存储数据。一般它是用来保存不同计算机的设置参数的。

（2）穿孔纸带

Alexander Bain（传真机和电传电报机的发明人）在1846年最早使用了穿孔纸带。纸带上每一行代表一个字符。显然穿孔纸带的容量比打孔纸卡大多了。

（3）计数电子管

1946年RCA公司启动了对计数电子管的研究，这是用在早期巨大的电子管计算机中的，一个管子长达 10 英寸（1 英寸 =2.54 cm），能够保存 4 096 bit 的数据。糟糕的是，它极其昂贵，所以在市场上昙花一现，很快就消失了。

（4）盘式磁带

在 1950 年，IBM 最早将盘式磁带用在数据存储上。因为一卷磁带可以代替 1 万张打孔纸卡，于是它马上获得了成功，成为直到 20 世纪 80 年代之前最为普及的计算机存储设备。

（5）磁鼓

一支磁鼓有 12 英寸长，一分钟可以转 12 500 转。它在 IBM 650 系列计算机中被当成主存储器，每支可以保存 1 万个字符（不到 10 KB）。

（6）软盘

第一张软盘发明于 1969 年，当时是一张 8 英寸的大家伙，可以保存 80 KB 的只读数据。4 年以后的 1973 年一种小一号，但是容量为 256 KB 的软盘诞生了——它的特点是可以反复读写。从此一个趋势开始了——磁盘直径越来越小，而容量却越来越大。到了 20 世纪 90 年代后期，已经可以找到容量为 250 MB 的 3.5 英寸软盘。

（7）硬盘

1956 年 9 月世界上第一块硬盘 mM350RAMAC 诞生。它的总容量只有 5 MB，使用了 50 个直径为 24 英寸的磁盘。硬盘作为微型计算机主要的外围存储设备，随着设计技术的不断提高而广泛应用，不断朝着容量更大、体积更小、速度更快、性能更可靠、价格更便宜的方向发展。

（8）光盘

自 20 世纪 70 年代人类发明激光以后，各国科学家就开始了高密度光学存储器的研究与开发。荷兰飞利浦（Philips）公司的研究人员开始研究利用激光来记录和重放信息，并于 1972 年 9 月向全世界展示了长时间播放电视节目的光盘系统，这就是 1978 年正式投放市场并命名为 LV（Laser Vision）的光盘播放机。那个时候的光盘是只读的，虽然不能写，但是能够保存达到 VHS 录像机水准的视频，使得它很有吸引力。从此，利用激光来记录信息的革命便拉开了序幕。40 多年来在光存储技术方面已取得了举世瞩目的成就。

DVD 是使用了不同激光技术的 CD，它采用了 780 nm 的红外激光，这种激光技术使得 DVD 可以在同样的面积中保存更多的数据。

（9）闪存

20 世纪末出现了闪存。闪存是一种新型的 EEPROM（可擦可编程只读存储器）内存。它的历史并不长，但却取得了飞速发展，新的种类不断出现。有市面上常用的“U 盘”,有数码照相机、MP3、MP4 上用的 CF (Compact Flash)卡、SM (Smart Media)卡, MMC (Multi Media Card)卡以及移动硬盘等。它们携带和使用方便,容量和价格适中,存储数据可靠性强,因此普及很快。

几十年来,传统的存储设备更新换代,身形由当年的巨大越变越小,容量却从当年的微小越变越大。同时,存储速度也得到大幅提升。不可同日而语。从最原始的打孔设备到磁带设备,再到软盘、光盘、硬盘、磁盘阵列和固态硬盘,存储成本已经大大降低,传输速度和效能大大提高,大数据信息时代已经来临。如今,机械硬盘(磁盘)、固态硬盘存储容量已达到 TB 的级别,主流的存储器芯片 DRAM、SDRAM、Flash 等存储设备的寿命越来越长,体积越来越小、速度越快而功耗越来越小。

7.1.2 数字存储概述

数字媒体存储的对象是数字媒体信息。我们知道数字媒体信息包括数字化的文本、图形、图像、音频、视频、动画等多媒体信息。但无论什么媒体信息,最终存储的都是数据。所以在存储层面上,数字媒体存储技术本质上就是数据存储技术。而媒体信息的数据与一般数据在存储上又有其特别之处,主要体现在两个方面:一是数据量大;二是要满足实时传输的需求。

数字媒体存储的概念来源于数据存储。数据存储技术(Data Storage Technology)就是根据不同的应用环境,通过采取合理、安全、有效的方式将数据保存到合适的存储介质上,并能保证有效的访问。数据存储包含两个层面的内容:首先是在物理层面上,即提供数据临时或长期驻留的物理媒介,该媒介必须保证数据存放的安全可靠性,以及数据访问接口的有效性;另一个是在系统层面上,为保证数据能够完整、有效、安全地被访问所使用的方法或行为。数据存储技术就是把这两个层面结合起来,为客户提供数据存放的解决方案。

数字媒体具有数据量大、数据带宽高等特点,所以,在数据存储技术中,数字媒体对存储的要求比通常数据的存储容量更大、带宽更高。数字媒体的存储技术要解决两方面的问题:①大容量数据的存储——大容量数据存储介质和安全高效的数据接口;②基于带宽网络的数据共享——网络存储技术。

7.2　大容量数据存储技术

大容量存储技术的发展是基于大容量的存储介质。一般来说，大容量存储介质主要有磁带、光盘和硬盘。磁带是最早也是最廉价的存储介质；硬盘的访问快速而高效，是数据存储的主力军；光盘是后起之秀，因为其对环境要求低，便于携带而被重视。下面介绍这 3 种存储技术，并着重介绍硬盘存储技术，因为硬盘是大容量存储技术中最主要的存储介质。

7.2.1 磁带存储技术

早在 20 世纪 20 年代，德国就诞生了世界上第一个用于记录声音的发明——磁带。计算机发明以后，磁带存储是最早一代大容量数据存储技术。1952 年 IBM 公司发布了计算机业内第一台数据磁带机，开启了用磁带记录数据的历史。

磁带可以说是最古老的存储介质，自从硬盘问世以后，磁带这种线性寻址访问方式，由于速度慢，并对环境要求高等缺点使其退出了民用市场，但在工业级的应用中，磁带存储设备仍然有其用武之地。

磁带是所有存储器设备发展中单位存储信息成本最低、容量最大、标准化程度最高的常用存储介质之一。近年来，由于采用了具有高纠错能力的编码技术和即写即读的通道技术，大大提高了磁带存储的可靠性和读写速度。

7.2.2 光盘存储技术

光盘存储技术是在 20 世纪 70 年代研究成功的。1971 年，IBM 公司与 RCD 公司合作制造出了世界上第一片只读光盘，开创了光盘的发展历史。1985 年飞利浦与索尼公司共同制定的光盘记录数据的黄皮书，奠定了光盘的技术标准——CD-ROM。随后，CD-ROM 得到了极大的普及，光盘技术也得到了迅速发展，各种光盘技术层出不穷。DVD 及可擦写的磁光盘，以及大容量的蓝光盘相继问世。在大容量的多媒体数据的存储技术中，光盘技术日益受到重视。

1. 光盘存储的工作原理

光存储器是指利用光学原理存取信息的存储器。其基本工作原理是利用激光改变一个存储单元的性质,而性质状态的变化就可以表示存储的数据,识别性质状态的变化就可以读出存储的数据。

光盘又称为CD(Compact Disk,压缩盘),是通过冲压设备压制或激光烧刻,从而在其上产生一系列凹槽来记录信息的一种存储媒体(图7-1)。光盘的存储介质不同于磁盘,它属于另一类存储器,主要利用激光原理存储和读取信息。光盘片用塑料制成,塑料中间夹入了一层薄而平整的铝膜,通过铝膜上极细微的凹坑记录信息。CD-R盘片直径为12 cm,可以存储650 MB的数据或74 min CD质量的音乐或VHS质量的视频。CD-R盘片共由5层组成。其中,记录层的主要成分是涂有特殊性质的有机染料,这些染料在激光的作用下会产生变化,从而达到记录数据的目的。CD-R的工作原理是利用较高功率的激光在空白的光盘片上刻出可供读出的反光点,为了达到这个目的,CD-R盘片上必须涂抹一些用激光就可以改变其反光特性的特殊颜料。CD-R盘片都使用有机染料作为记录层的主要材料。CD-R盘片在开始时是没有任何内容的,当有一束较强的激光照射时,记录层的感光染料转变成具有不同反光特性的点阵。在标准的CD-ROM驱动器中用较弱功率的激光照射,变色的点阵对激光进行不同的反射,从而使得驱动器可以读出存储在其中的数据。

DVD是数字视盘(Digital Video Disk)和数字通用盘(Digital Versatile Disk)的缩写。它是能够保存视频、音频和计算机数据的容量更大、运行速度更快的压缩盘片。DVD的特点是存储容量比CD盘大得多,最高可达到17 GB。一片DVD盘的容量相当于25片CD-ROM(650 MB),而DVD盘的尺寸与CD相同。DVD所包含的软、硬件要遵照正在由计算机、消费电子和娱乐公司联合制定的规格,目的是能够根据这个新一代的CD规格开发出存储容量大和性能高的兼容产品,用于存储数字电视和多媒体软件。DVD-ROM光驱与普通光驱的结构基本是相同的,只是DVD盘的记录凹坑比CD-ROM更小,且螺旋存储凹坑之间的距离也更短。要读取DVD盘片上的数据,需使用频率更高、波长较短的635 ~ 650 nm红外激光器,这样才能读取窄轨上的数据。目前主要的DVD-ROM品牌有明基、三星、先锋、LG、索尼、飞利浦、志美等。在光存储产品家族中,除了CD-ROM、DVD-ROM或者光盘刻录机CD-RW产品之外,还出现了集三种类型光驱功能于一身的全能光驱——Combo。Combo又称为全能光驱或者康宝。

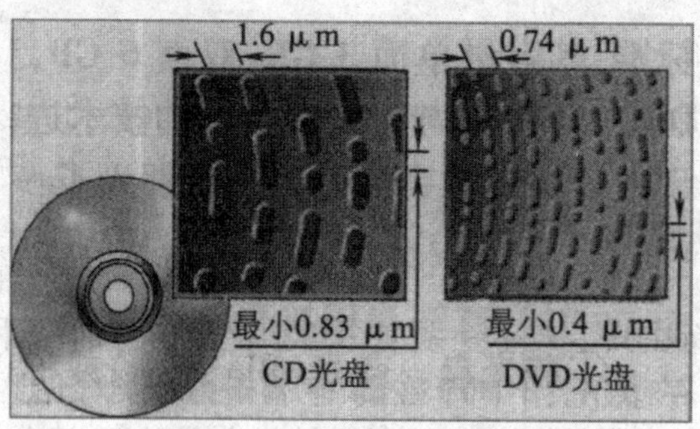

图 7-1 光盘的基本结构

2. 光盘存储器分类

光盘有多种类型，按读写方式有如下 3 种类型：

只读型：只读存储器（Read Only）。

一次写型：只写一次式存储器（Write Once），又称写入后直接读出式 DRAW（Direct Read After Write）。

可重写型：又称可擦式（Erasable）或可逆式（Reversible），可以不断重复地写入的类型。

3. 光盘存储器的主要性能指标

光盘的基本结构与硬盘存储系统类似，光盘存储系统由光盘和光盘驱动器所组成。光盘的主要指标为最小光道间距、最小记录长度、扫描速率和存取时间等。

光盘的主要性能指标如下：

①光盘直径：在一定程度上决定光盘机的大小规模及用途。

②存储密度：指在存储媒体的单位长度和单位面积内所存储的二进制位数。由最小光道间距、最小记录长度等指标决定。光盘的线密度一般可达 1 000 位 /mm，道密度为 600 道 /mm，密度为 10^7 ~ 10^8 位 /cm^2。

③存储容量：可存储在光盘中的数据总量。直径 120 cm 的光盘单面的存储容量从 650 MB 到 8.5 GB。

④数据传送率：单位时间内从数据源传送到光盘的二进制位数或字节数，一般可达 20 ~ 50 Mbit/s。

⑤存取时间：把信息写入或从光盘上读出信息所需的时间。光盘的存取时间一般为 100 ~ 500 ms，平均在 250 ms 左右。

⑥信噪比：信噪比越大，可靠性越高。

⑦误码率：在光盘上读出信息时，出现差错的位数与读出的总位数之比。光盘的原始误码率很高，一般为 10^{-4} ~ 10^{-5}，通过各种误码校正措

施可将误码率降低到 10^{-10} ~ 10^{-11} 的水平。

4. 光盘的格式

光盘有很多种格式，下面列出市场主流的几种格式：

（1）只读型

① CD-ROM。CD-ROM 格式是比较经典的只读光盘。由飞利浦、索尼和微软于 1988 年公布的多媒体数据存储格式，能在直径为 5 in 的光盘上存储 650 MB 的数据。

② DVD-ROM。DVD-ROM 格式是 DVD 家族中最基本的格式。它是 DVD-Video 和 DVD-Audio 的基础。被广泛应用于计算机领域。DVD-ROM 的文件系统采用 UDF 和 ISO9660 标准，与电脑的操作系统兼容，它在数据存取、多媒体、计算机游戏方面有广泛应用。

（2）可重写型

① DVD-RW。DVD-RW 是于 1999 年由 Pioneer 公司主导的 DVD-RW 联盟推出的可重写光盘，被 DVD 论坛认可。直径有 120 mm 和 80 mm 两种，直径为 120 mm 的光盘单面存储容量为 4.7 GB，双面为 9.4 GB；直径为 80 mm 的光盘单面存储容量为 1.46 GB，双面为 2.92 GB。DVD-RW 可反复刻录 1 000 次，兼容性好，以 DVD 视频格式来保存数据。可用于影碟机和计算机多媒体。缺点是格式化时间较长。

② DVD-RAM。DVD-RAM 是由东芝和松下等 DVD 论坛的数家公司推出的可重写光盘。其容量单面 4.7 GB，适合于数据存储，但兼容性较差。最大的优点是可重写次数可达 10 万次，且格式化时间较短。

③ DVD+RW。DVD+RW 是由众多 IT 巨头所倡导的，具体是由 Philips、Sony、Yamaha、Mitsubishi、HP、Thomson、Ricoh 七大厂商为主导的 DVD+RW 联盟制定的。于 1999 年推出第一个标准，其容量单面 3 GB，双面 6 GB，到 2003 年，其信息容量单面为 4.7 GB，双面达到 9.4 GB。DVD+RW 对与 DVD-RW 的技术进行了很好的改进，保持了 1 000 次的重复刻录次数，并主要用于数据保存。在该光盘中还埋入了一种“Media ID”的数据，能有效防止非法翻版。DVD+RW 正逐步取代 DVD-RW 成为只读 DVD 中的主流格式。

（3）新一代光盘技术

蓝光（Blu-ray）或称蓝光盘（Blu-ray Disc，BD）利用波长较短（405 nm）的蓝色激光读取和写入数据，并因此而得名。而传统 DVD 需要光头发出红色激光（波长为 650 nm）来读取或写入数据。通常来说，波长越短的激光，越能够在单位面积上记录或读取更多的信息。

各光盘系列性能对比如表 7-1 所示。

表 7-1　各光盘系列性能对比表

光存储类型	记录波长（nm）	单面容量（GB）	光道间距（μm）	最小记录长度（μm）	存储时间（ms）	数据传输率（Mbit/s）
CD 系列	780	0.6 ~ 0.8	1.6	0.83	100	4.32
DVD 系列	630/650	4.7	0.74	0.44	30	26 ~ 27
Blu-ray 系列	405	20 ~ 35	0.32	0.2	10 ~ 20	50 ~ 100

5. 光盘塔与光盘库

（1）光盘塔

光盘塔是由多个 SCSI 接口的 CD-ROM 驱动器串联而成的，光盘预先放置在 CD-ROM 驱动器中，事实上相当于多个 CD-ROM 驱动器的“堆砌”。光盘塔一次可共享的 CD-ROM 光盘的数量与其所拥有的 CD-ROM 驱动器数量相等。用户访问光盘塔时直接访问 CD-ROM 驱动器中的光盘，访问速度较之光盘库稍快。

（2）光盘库

光盘库是一种带有自动换盘机构（机械手）的光盘网络共享设备。光盘库一般由放置光盘的光盘架、自动换盘机构（机械手）和驱动器 3 部分组成。光盘库作为一种存储设备已开始渐渐被运用于各个领域，如银行的票据影像存储、保险机构的资料存储，以及其他所有的大容量的资料存储的场合。

7.2.3 硬盘存储技术

利用磁的性质记录信息的方式是数据存储的主要方式，基于磁的数据记录方式主要为磁盘与磁带，硬盘最早是由 IBM 公司在 20 世纪 50 年代发明的存储介质，是磁盘的一种（磁盘一般分为硬盘和软盘，但本章中所提磁盘均指硬盘）。但真正在市场上得到广泛应用的硬盘是在 20 世纪 70 年代。从那以后一直到现在，无论是个人还是专业用户，它一直是数据存储领域中的主流存储设备，是计算机中必不可少的存储设备。

与其他存储介质相比，硬盘具有定位迅速、访问速度快、存储容量大、可靠性好等优点，不足之处就是造价相对较高，携带不太方便。

有关硬盘的知识，我们先谈论它的结构及其特点，以便后面的进一步讨论。

1. 硬盘的结构

硬盘是高精密度的机电一体化产品，主要由硬盘片、主轴和主轴电机、磁头和移动臂等部分组成。其中硬盘片的组织结构为盘面、磁道和扇区：

盘面：盘片的上下两个面，又名磁头号，按上到下的顺序从0依次编号（一个硬盘最多有255个磁头，即盘面）。

磁道：硬盘在低级格式化时被划分成的同心圆轨迹，按外到里的顺序从0依次编号（每一个盘片最多有1 023个磁道）。

扇区：每段圆弧为一个扇区，从1开始编号，每个扇区中的数据作为一个单元同时读出或写入（每个磁道的扇区数最大为63）。

柱面：硬盘中各盘片上同一位置的磁道构成一个柱面。每个圆柱上的磁头由下而上从0开始编号。数据的读写是按照柱面进行。

只有在同一柱面所有的磁头全部读写完毕后磁头才转移到下一柱面，因为选取磁头只需要通过电子切换，而选取柱面则必须通过机械切换，即寻道、换道。

硬盘读写时都是以扇区为最小寻址单位的，扇区的大小固定为512字节。

柱面、磁头、扇区三者简称CHS，扇区的地址又称CHS地址。现在CHS编址方式已经不再使用，而转为较为灵活的LBA编址方式。LBA编址方式不再划分柱面和磁头号，其数据的含义由操作系统内部解释，而对外提供的是一个线性地址。较早的LBA地址是28位，寻址范围为137 GB。目前均采用48位线性地址，理论上寻址范围为144 PB（144 000 TB=144 000 000 GB）。不过，在32位的操作系统下，由于受系统寻址能力的限制，一般只能访问到2.2 TB（2 200 GB）的容量。

硬盘必须格式化后才能使用。所谓硬盘的格式化操作，就是在盘面上划分磁道和扇区，并在扇区中填写扇区号等信息的过程。

硬盘上的信息的平均存取时间为AST（Average Seek Time），计算如下：

$$AST=寻道时间+旋转等待时间+数据传输时间$$

寻道时间：磁头沿径向移动，移到要读取的扇区所在磁道的上方所需时间（大约7.5 ~ 14 ms）；

旋转等待时间：指定扇区旋转到磁头下方所需要的时间（大约4 ~ 6 ms，转速：4 200/5 400/7 200/10 000 r/min）。旋转等待时间一般按平均旋转等待时间计算，例如一个7 200 r/min的硬盘，每旋转一周所需时间为 $60\times1\,000/7\,200\approx8.33$ ms，则平均旋转延迟时间为 $8.33\div2=4.165$ ms（最多旋转 1 圈,最少不用旋转,平均情况下,需要旋转半圈)。

数据传输时间:完成传输所请求的数据所需要的时间(大约 0.01 ms/扇区)。

2. 影响硬盘性能的指标

对于硬盘来说,一次硬盘的连续读出或者写入叫作一次 I/O。

影响硬盘性能的因素有:

转速:是影响硬盘连续 I/O 时吞吐量性能的首要因素。

寻道速度:是影响硬盘随机 I/O 性能的首要因素。

单碟容量:容量越高密度越大,在相同的转速和寻道速度条件下,会显示出更高的性能。

接口速度:都已经能满足从硬盘所能达到的最高外部传输带宽。

关于硬盘性能主要的评价指标有两个:IOPS(I/O per Second)和吞吐量(throughput),两个指标互相独立又相互关联。

IOPS:每秒能进行 I/O 的次数,指的是系统在单位时间内能处理的最大的 I/O 频度。有时在传输过程中,由于信道的原因,一个数据块会被分割成多块(Block),但对于硬盘来说,也被视为一个 I/O。IOPS 的计算方法:

IOPS 的理论最大值 =1 000 ms/(寻道时间 + 平均旋转等待时间)

假设硬盘平均物理寻道时间为 3 ms,硬盘的转速为 7 200 r/min,按前面的计算方法,其平均旋转等待时间为 4.17 ms,则 IOPS 理论最大值为 1 000/(3+4.165)≈ 140。

这个理论最大值只是理论上的一个估算值,在实际运行中,硬盘的 IOPS 值并不是固定的,它与被传输的 I/O 数据块的大小有关。如果在不频繁换道的情况下,每次 I/O 都写入很大的一块连续数据,则此时 IOPS 是比较低的;如果磁头频繁换道,但每次 I/O 的数据如果较大,IOPS 可接近最低值;如果在不频繁换道的条件下,每次写入最小的数据块,如 512 字节,那么此时的 IOPS 将接近最高值。

吞吐量是用来计算每秒在 I/O 流中传输的数据总量。这个指标在一般的硬盘性能计算工具中都会显示(如文件复制中的传输速度),一般用 Kbit/s、Mbit/s 或 Gbit/s 来表示。广义上的吞吐量在用来表述硬盘传输的性能时常常等同于“带宽”。但带宽会包括通道中所有数据的总传输量的最大值,包括 I/O 包头等所有的冗余信息,而吞吐量则是只包括被传输的实际数据,两者还是有些许区别的。当然这些冗余信息相对数据量来说还是比较小的,一般可以忽略。

IOPS 和吞吐量之间存在线性的变化关系,而决定它们变化的变量就

是每个 I/O 的大小(每次 I/O 的数据量)。其关系可由以下公式表示:

吞吐量 =IOPS× 平均每个 I/O 的大小

从该公式可以看到,当被传输的 I/O 次数比较少的情况下,每个 I/O 所需传输的时间就会比较少,因此单位时间内传输的数据量(吞吐量)就多;反之,吞吐量就少(见图 7–2)。

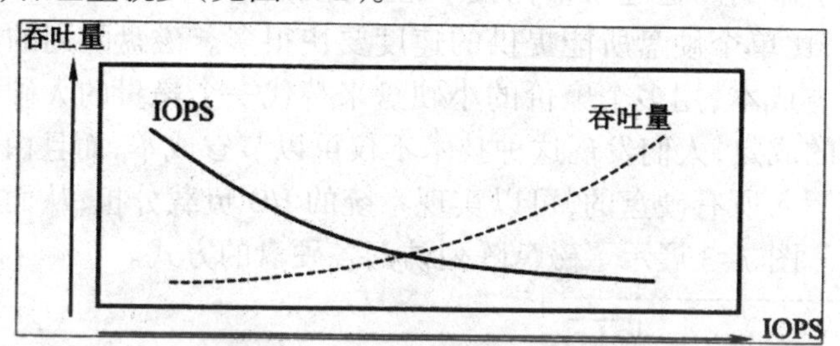

图 7–2　IOPS 与吞吐量的关系

对于同一个硬盘,随着每次 I/O 读写数据大小的不同, IOPS 的数值也在做相应的改变。例如,每次 I/O 写入或者读出的都是连续的大数据块时, IOPS 相对会低一些;在不频繁换道的情况下,每次写入或者读出的数据块小,相对来讲 IOPS 就会高一些。也就是说, IOPS 也取决于 I/O 块的大小,采用不同 I/O 块的大小测出的 lOPS 值是不同的。对一个具体的 IOPS,可以了解它当时测试的 I/O 块的尺寸。并且 IOPS 都具有极限值,表 7–2 列出了各种硬盘的 IOPS 极限值。

表 7–2　不同硬盘类型的 IOPS 值

硬盘类型	IOPS	硬盘类型	IOPS
FC 15 000 r/min	180	SATA 10 000 r/min	290
FC 10 000 r/min	140	SATA 7 200 r/min	80
SAS 15 000 r/min	180	SATA 5 400 r/min	40
SAS 10 000 r/win	150		

3. 磁盘条带化技术

硬盘系统对 IOPS 是有限制的。当达到这个限制时,后面需要访问硬盘的进程就需要等待,这就是所谓的硬盘冲突。当多个进程同时访问同一个硬盘,超出了 IOPS 的限制时,会出现进程等待的现象,即发生了硬盘冲突。

避免硬盘冲突是优化 I/O 性能的一个重要目标,而 I/O 性能的优化与其他资源(如 CPU 和内存)的优化有很大的区别, I/O 优化最有效的手段是将 I/O 最大限度地进行平衡,其中比较有效的技术手段是条带化技术。

条带（Stripe）是一种通过硬件控制器将多个硬盘驱动器合并为一个卷的方法。条带的一般做法是在各硬盘相同的偏移处横向进行逻辑分割，从而形成条带。条带完全是由程序实现的，是一个逻辑映射。

将多个硬盘连接在一起，由一个硬盘控制器来控制其 I/O 操作的方法称为磁盘阵列。通过条带化技术，把每段数据分别写入到阵列中的不同硬盘上，比单个硬盘所能提供的速度要快很多。磁盘阵列的技术最初是为了节省成本，用多个廉价的小硬盘来替代一个昂贵的大硬盘。随着存储技术的成熟，人们发现这种技术不仅可以节省成本，而且由于数据是被并行地写入所有硬盘的，可以实现系统的 I/O 负载分担，从而提高其数据吞吐量。图 7–3 展示了磁盘阵列访问各硬盘的方式。

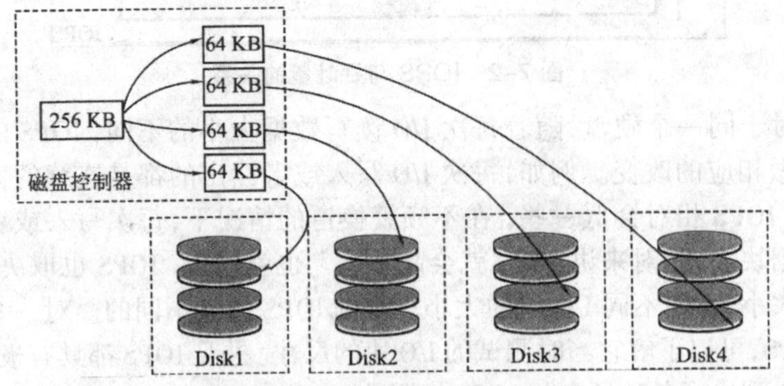

图 7–3　磁盘阵列访问磁盘的方式

在磁盘阵列中，条带元素的大小是根据硬盘的吞吐能力来决定的，以扇区为基本单位。条带大小等于条带元素大小乘以组中的硬盘数。例如，假设条带元素大小为 128 个扇区（默认）。如果组中有 5 个硬盘，则条带大小 =5×128=640 个扇区。

4. 磁盘阵列与 AAID 技术

将多个硬盘组织起来，可提供比单个硬盘更多的存储容量和更高的带宽服务，被称为磁盘阵列。磁盘阵列以有无硬盘控制器来分类，可分为 JBOD（无控制器）和 RAID（有控制器）两种。

严格意义上讲，JBOD 不能称之为“阵列”，因为 JBOD 内部既没有控制器，也没有缓存，硬盘之间也没有提高性能和安全性的任何手段。

与 RAID 阵列相比较，JBOD 最主要的问题是在单独的硬盘出现故障的恢复能力。一个驱动器的故障就可能导致整个 JBOD 的失效。其主要的优势在于它的低成本，可以将多个硬盘合并到共享电源和风扇的盒子中，因此它提供了一种经济的节省空间的配置存储方式。随着更高容量的硬盘驱动器投入市场，采用具有几百 GB 的硬盘建立 JBOD 配置也成为可能。

RAID（Redundant Array of Inexpensive Disk）是指带硬盘控制器的磁盘阵列，该技术诞生于1987年，由美国加州大学伯克利分校提出，最初研制它的目的是为了组合小型的廉价硬盘来代替大的昂贵硬盘，以降低大批量数据存储的费用。同时也希望通过冗余信息的方式，使得单一硬盘失效时不会丢失数据，因此开发出不同级别的RAID数据保护技术，并在此基础上逐渐致力于提升数据访问速度。对于大型存储系统来说，一方面要求数据能够高速访问，另一方面，也要求数据必须有良好的安全性，因此，RAID技术应运而生。

RAID的基本思想是基于条带技术，将多个硬盘连接成为一个磁盘阵列组，使性能达到甚至超过一个价格昂贵、容量巨大的硬盘；另外，通过增加冗余硬盘的方式，便于实现硬盘数据被破坏后的恢复，以保证数据安全。RAID通常被用在服务器的附属存储设备，或作为独立的存储设备在网络上共享。RAID使用完全相同的硬盘组成一个磁盘阵列，并对其进行统一的数据管理。数据冗余可以有多种不同的方式，因此RAID可分为不同的类型。各种类型均在数据可靠性及读写性能上做了不同的权衡。在实际应用中，用户可以依据自己的实际需求选择不同的RAID方案。

RAID针对不同的应用可使用不同的技术，称为RAID等级。目前业界公认的标准是RAID 0至RAID 7。值得注意的是，RAID等级并不代表技术的高低，最终选择哪一种RAID等级的产品，完全视用户的操作环境及应用而定，与等级的高低没有关系。下面介绍几种主流的RAID等级。

（1）RAID 0

RAID 0也称无容错设计的条带磁盘阵列，是最简单的RAID结构。其实现方式就是把多块硬盘串联在一起创建一个大的卷集，由RAID控制器将数据分割成大小相同的数据条带，同时写入阵列中的磁盘。磁盘之间的连接既可以使用硬件的形式通过智能磁盘控制器实现，也可以使用操作系统中的磁盘驱动程序以软件的方式实现。RAID 0的结构如图7-4所示。

RAID 0具有成本低、读写性能高、存储空间利用率高等特点，适用于临时文件的转储等对速度要求极其严格的特殊应用。但由于没有数据冗余，其安全性大大降低，构成阵列的任何一块硬盘的损坏都将带来灾难性的数据损失。这种方式其实没有冗余功能和安全保护，只是提高了磁盘读写性能和整个服务器的磁盘容量。

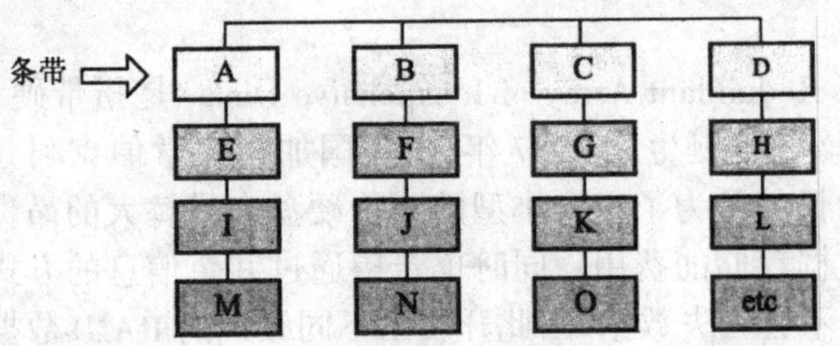

图 7-4　RAID 0（无容错设计的条带磁盘阵列）结构示意图

（2）RAID 1

RAID 1 又被称为镜像双工磁盘阵列，每一个磁盘都具有一个对应的镜像盘。对任何一个磁盘的数据写入都会被复制到镜像磁盘中。系统可以从一组镜像盘中的任何一个磁盘读取数据。显然，磁盘镜像肯定会提高系统成本，因为我们所能使用的空间只是所有磁盘容量总和的一半。如果一块磁盘的数据发生错误，或者硬盘出现了坏道，另一块硬盘可以弥补由于磁盘故障而造成的数据损失和系统中断。RAID 1 的结构如图 7-5 所示。

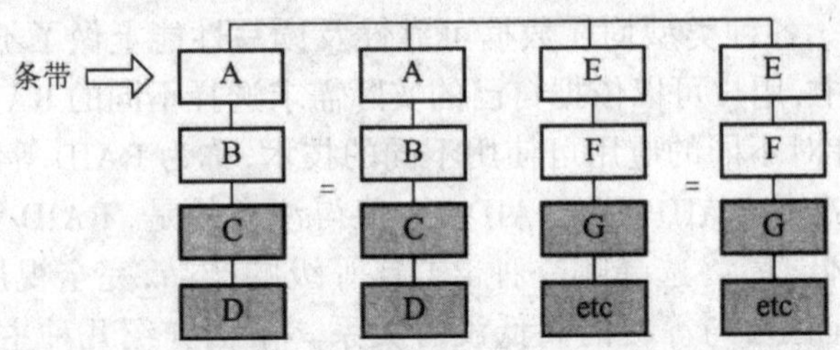

图 7-5　RAID I（镜像双工磁盘阵列）结构示意图

RAID 1 和 RAID 0 是两个极端情况，RAID 0 对数据没有任何保护措施，RAID 1 则对虚拟逻辑盘上的每个物理 Block，都在物理上进行了一份镜像备份，也就是说数据有两份。对于 RAID 1 的写操作来说，如果使用两个完全独立的磁盘控制器，则与单块磁盘的写性能相同。而对于 RAID 1 的读操作请求，可以像 RAID 0 一样并发，速度得到了提升。

（3）RAID 3

RAID 3 称为奇偶校验并行传输磁盘阵列，每 4 位增加 1 位校验信息。数据与 RAID 0 一样是分成条带存入磁盘阵列中，这个条带深度的单位为字节 / 扇区而不再是比特。如果一块磁盘失效，奇偶校验盘及其他数据盘通过奇偶校验运算可以重新产生数据；如果奇偶校验盘失效则不影响数据使用。RAID 3 的结构如图 7-6 所示。

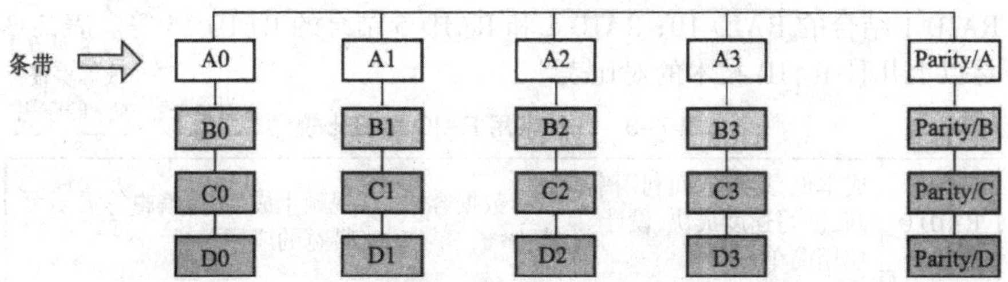

图 7–6 RAID 3（奇偶校验并行传输磁盘阵列）结构示意图

RAID 3 只能查错不能纠错。它一次处理一个条带，像 RAID 0 一样以并行的方式来处理数据。因为校验位比较少，因此计算时间相对而言比较短，写入速率与读出速率都很高。RAID 3 对于大量的连续数据可提供很好的传输率，但对于随机数据来说，奇偶盘会成为写操作的瓶颈。利用单独的校验盘来保护数据虽然没有镜像的安全性高，但是硬盘利用率得到了很大的提高，为（N–1）/N，N 是一个条带上的磁盘数。

（4）RAID 5

RAID 5 也被称为分布式奇偶校验阵列，是目前应用最广泛的 RAID 技术。它与 RAID 3 不同的是没有固定的校验盘，而是按某种规则把奇偶校验信息均匀地分布在阵列所属的硬盘上，所以在每块硬盘上既有数据信息也有校验信息。这一改变解决了争用校验盘的问题。RAID 5 也是以数据的校验位来保证数据的安全，任何一个硬盘损坏，都可以根据其他硬盘上的校验位来重建损坏的数据。RAID 5 的结构如图 7–7 所示。

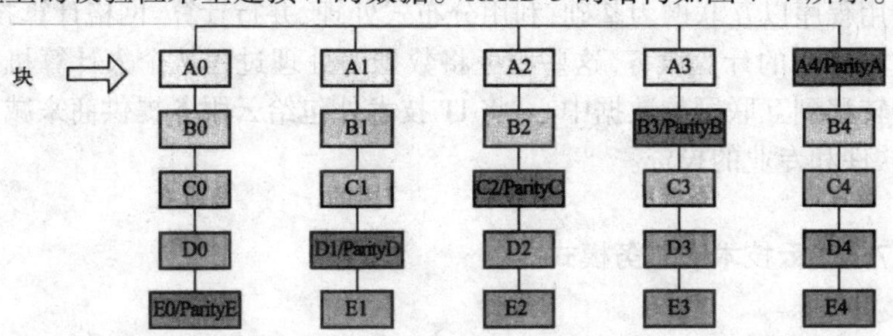

图 7–7 RAID 5（分布式奇偶校验阵列）结构示意图

RAID 5 的存储单位也是块，与 RAID 3 相比，其重要区别在于 RAID 3 每进行一次数据传输，需涉及所有的阵列盘。而对于 RAID 5 来说，大部分数据传输只对一块磁盘操作，可进行并行操作。其优点是提供了冗余性，支持一块磁盘掉线后仍然正常运行，磁盘空间利用率较高，为（N–1）/N，读取速度较快为 N–1 倍。不足之处是仍有“写损失”，而且如果 1 块硬盘出现故障，整个系统的性能将大大降低。

RAID 技术还有很多种，还可以将两种技术混合使用，如 RAID 0 和

RAID 1 结合的 RAID 10；RAID 1 和 RAID 5 结合的 RAID 15 等。表 7–3 是以上几种 RAID 技术的对比表。

表 7–3 几种常用 RAID 等级比较

RAID 0	成本低、存储空间利用率高、读写速度最快、设计使用简单	没有数据容错能力	视频生成、图像编辑等需要大带宽的应用
RAID 1	两倍的读取速率、100% 容错	成本高	金融和财务等对数据的安全性要求极高的应用
RAID 3	读写速率高，尤其是对大量连续数据；硬盘利用率高	没有多任务功能、控制器设计较复杂	用于多媒体、动画、图形等以连续性档案写入为主，一次存取的数据量较大的应用
RAID 5	具备多任务及容错功能、硬盘利用率高	具有写损失、控制器设计复杂、价格较高	适合于企业档案服务器、Web 服务器、在线交易系统等多任务、存取频繁，且数据量不是很大的应用

7.3 云存储技术

云计算技术（Cloud Computing Technology）是将各种计算资源和商业应用程序以互联网为基础，利用分布式处理、并行计算、网格计算技术，提供给用户的计算服务，这些服务将数据的处理过程从个人计算机或服务器转移到互联网的数据中心，将 IT 技术外包给云服务提供商来减少硬件、软件和专业的投资。

7.3.1 云技术的服务模式

云技术有 3 种重要的服务模式：

①软件即服务（Software-as-a-Service，SaaS）：以服务的方式将应用程序提供给互联网用户。用户不需要在自己的电脑上安装这些软件，而是以租赁方式使用网络上的软件。

②平台即服务（Platform-as-a-Service，PaaS）：以服务方式提供应用程序开发和部署平台。用户不需要直接购买这样的平台，可在网络上租赁这些平台进行自有程序的开发与部署。

③基础设施即服务（Infrastructure-as-a-Service，IaaS）：以服务的形

式提供服务器、存储和网络硬件以及相关软件。用户不需要直接购买这些硬件，而可以通过网络租赁这些硬件设施。

可以看出，所谓云技术，就是将原来需要用户自己购买的软件、平台或基础设施，以租赁方式通过互联网提供给用户。因此，云技术就是一种基于互联网的计算技术租赁服务模式。

7.3.2 存储结构

1. DAS 存储结构

DAS（Direct Attached Storage）存储设备是通过电缆(通常是 SCSI 接口电缆）直接连接到服务器。I/O（输入 / 输出）请求直接发送到存储设备。DAS 也可称为 SAS（Server-Attached Storage），服务器附加存储。它依赖于服务器，其本身是硬件的堆叠，不带有任何存储操作系统。如图 7-8 所示，这种存储结构式将数据存储在各服务器的磁盘族或磁盘阵列等存储设备中。

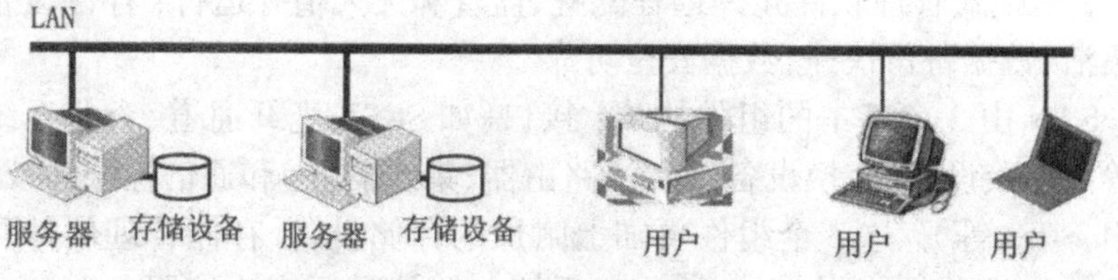

图 7-8 DAS 的存储结构

DAS 是最早在网络中采用的存储系统。它的存取速度快，建立方便。但是，它也存在一些明显的问题。一方面该技术不具备共享性，每种客户机类型都需要一个服务器，从而增加了存储管理和维护的难度。另一方面，当存储容量增加时，扩容变得十分困难；而且当服务器发生故障时，数据也难以获取；对于整个环境下的存储系统管理，工作烦琐而重复，没有集中管理的方案。目前 DAS 基本被 NAS 所代替。

2. NAS 存储结构

NAS（Network Attached Storage）是直接挂网的存储器，即是一个网络的附加存储设备，允许客户机与存储设备之间进行直接的数据访问，通过 TCP/IP 进行通信，以文件 I/O 方式进行数据传输。通常，它通过集线器或交换机直接连在网络上。NAS 设备的物理位置很灵活，既可以放置在数据中心的工作组内，也可以放在其他地点，通过物理链路与网络连接起来。

一个 NAS 包括处理器、文件服务管理模块和多个硬盘驱动器用于数据的存储。如图 7-9 所示，它通过负责实现文件 I/O 操作的设施，把优化的存储设备直接挂在网上，使数据的存储与处理相分离。文件服务器只用于数据的存储，主服务器只用于数据的处理。

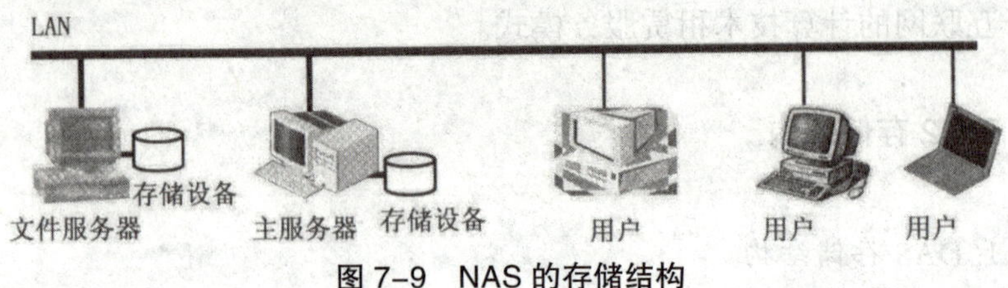

图 7-9　NAS 的存储结构

3. SAN 存储结构

SAN（Storage Area Network）即存储区域网络。它是一种通过光纤集线器、光纤路由器、光纤交换机等连接设备将磁盘阵列、磁带等存储设备与相关服务器连接起来的一个集中式管理的高速存储专用子网。SAN 可实现大容量存储设备数据共享；高速计算机与高速存储设备能够高速互连；集中式管理软件允许远程配置、监管和无人值守运行；存储设备配置灵活，数据备份快速，数据安全可靠。

SAN 由 3 个基本的组件构成：接口（如 SCSI、光纤通道、企业系统连接等）、连接设备（交换设备、网关、路由器、集线器等）和通信控制协议（如 IP 和 SCSI 等）。这 3 个组件再加上附加的存储设备、存储管理软件和独立的 SAN 服务器就构成一个 SAN 系统。SAN 是用来连接服务器和存储装置（大容量磁盘阵列和备份磁带库等）的专用网络。图 7-10 为 SAN 的存储结构示意图。

由图 7-10 可以看出，在 SAN 中，任何一台服务器不再经由 LAN，而是通过 SAN 直接访问任何一台存储装置，从而摆脱了 LAN 由于超载形成的瓶颈。

FC-SAN（光线通路存储区域网络）是一个由 FC 协议组成的存储区域网络。FC 作为一个以太网的替代品来考虑。FC 是 SAN 存储方案中的重要技术。FC 可实现处理器与多个海量存储设备间的并行通信，允许的传输速度理论值达到 4 000 Mbit/s，服务器系统可以通过电缆远程连接，最大可跨越 10 km 的距离。

4. IP-SAN 存储结构

为了克服 SAN 应用带来的问题，出现了 IP-SAN（基于 IP 的存储网络）。IP-SAN 是构建在 TCP/IP 网络上的存储系统。在进行数据传输时，

TCP/IP 数据包中传输的是 SCSI 格式的数据块，当数据到达 IP-SAN 服务器时，IP-SAN 服务器将 IP 数据包转换为存储设备使用的 SCSI 格式的数据。有些存储设备具有数据转换的能力，在这种情况下，物理上并不需要一个独立的 IP-SAN 服务器。

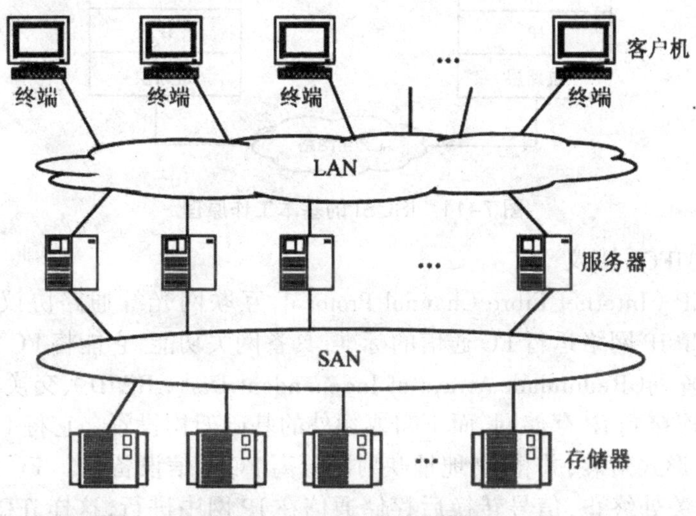

图 7-10　SAN 的存储结构

目前，使用 IP 网络实现数据块传输的协议主要有 iSCSI、iFCP 和 FCIP。

（1）iSCSI 协议

iSCSI（Internet SCSI，互联网小型计算机系统接口）协议是一种在以太网上进行数据块传输的标准。该技术重要的贡献体现在两个方面：第一，SCSI 技术是被磁盘、磁带等设备广泛采用的存储标准；第二，沿用 TCP/IP，TCP/IP 在网络方面是最通用、最成熟的协议。

iSCSI 协议定义了通过 TCP/IP 网络发送、接收块级存储数据的规则和方法。iSCSI 的基本工作原理如图 7-11 所示。

当启动端需要向存储器发送数据时，发送相应的 SCSI 命令，该命令经 iSCSI 进行处理后发送到网络处理模块（TCP/IP），网络处理模块加入 IP 包头后经网络适配卡送到 TCP、IP 网络中，经网络传送到目标器。目标器经过反向的解析过程，还原成 SCSI 命令，由存储设备进行相应的处理，将结果送回启动器，完成数据存储的任务。

iSCSI 的应用方面主要包括：实现异地间的数据交换；实现异地间的数据备份及容载。iSCSI 存在诸多优点，使 iSCSI 成为一项值得关注的技术。

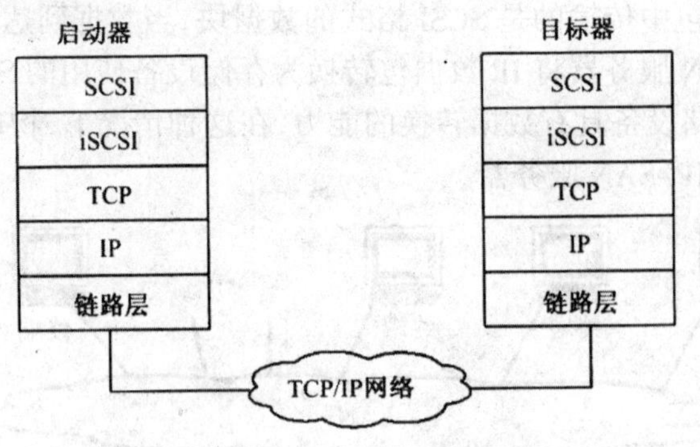

图 7-11　iSCSI 的基本工作原理

（2）iFCP 协议

iFCP（Internet Fibre Channel Protocol，互联网光纤通路协议）协议基于 TCP/IP 网络运行 FC 通信的标准，具备网关功能，它能将 FC 独立磁盘冗余阵列（Redundant Arrays of Independent Disk，RAID）、交换机以及服务器连接到 IP 存储网，而不需要额外的基础架构投资。它将 FC 数据以 IP 包形式封装，并将 IP 地址映射到分离 FC 通信设备上。FC 信号在 iFCP 网关处终止，信号转换后存储通信在 IP 网中进行，这样 iFCP 就打破了传统 FC 网的距离（约 10 km）限制。

（3）FCIP 协议

FCIP（Fibre Channel over IP，基于 IP 的光纤通路）是一种 IP 的存储联网技术，利用 IP 网络通过数据通道在 SAN 设备之间实现 FC 协议的数据传输，把真正的全球数据镜像与 FC-SAN 的灵活性、IP 网络的低成本相结合，降低远程操作的成本，从而把成本节省和数据保护都提升到了一个新的高度。

7.3.3 存储系统类别

不同类型的数据具有不同的访问模式，需要使用不同类型的存储系统。总体来讲有 3 类存储系统：块存储系统、文件存储系统和对象存储系统。

1. 块存储系统

块存储系统指的是能直接访问原始的未格式化的磁盘。这种存储的特点是速度快，空间使用率高。块存储多用于数据库系统，它可以使用未格式化的磁盘对结构化数据进行高效读写。而数据库最适合存放的是结构化数据。

2. 文件存储系统

文件存储是最常用的存储系统。使用格式化的磁盘为用户提供文件系统的使用界面。当你在计算机上打开和关闭文档的时候,所看到的就是文件系统。尽管文件系统在磁盘上提供了一层有用的抽象,但是它不适合于管理大量的数据,或者超量使用文件中的部分数据。

3. 对象存储系统

对象存储指的是一种基于对象的存储设备,具备智能、自我管理能力,通过 Web 服务协议实现对象的读写和存储资源的访问。它只提供对整个对象(Object)的访问,简单来说就是通过特定的 API 对其进行访问。对象存储的优势在于它可以存放无限增长的内容,最适合用来存储包含文档、备份、图片、Web 页面、视频等非结构化或半结构化的数据。除此之外,对象存储还具有低成本、高可靠的优点。

7.3.4 云存储的内涵

云存储是在云计算概念上延伸和发展而来的一个新的概念。存储技术的发展如图 7-12 所示。

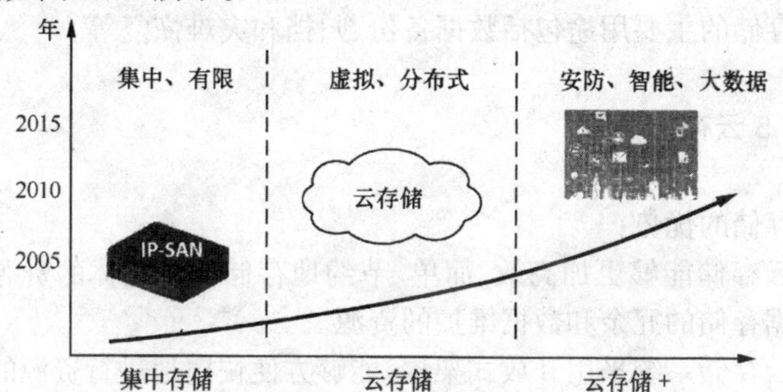

集中存储:传统 NVR/NAS/SAN 存储,多设备独立运行,存储容量有限。
云存储:海量设备容量虚拟化整合,分布式存储。
云存储 +:数据挖掘,智能分析,助力行业大数据应用。

图 7-12　存储技术的发展

相对传统存储而言,云存储改变了数据垂直存储在某一台物理设备的存放模式,通过宽带网络集合大量的存储设备,通过存储虚拟化、分布式文件系统、底层对象化等技术将位于各单一存储设备上的物理存储资源进行整合,构成逻辑上统一的存储资源池对外提供服务。云存储系统的基本架构如图 7-13 所示。

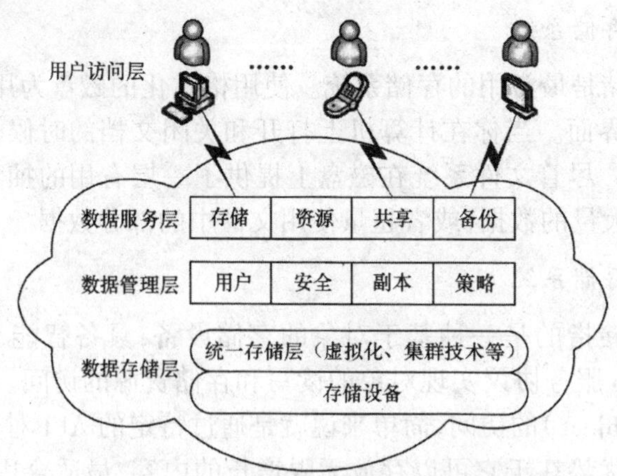

图 7-13 云存储系统的基本架构

云存储系统可以在存储容量上从单设备 PB 级横向扩展至数十、数百 PB；由于云存储系统中的各节点能够并行提供读写访问服务，系统整体性能随着业务节点的增加而获得同步提升；同时，通过冗余编码技术、远程复制技术，进一步为系统提供节点级甚至数据中心级的故障保护能力。容量和性能的按需扩展极高的系统可用性，是云存储系统最核心的技术特征。

云存储的主要用途包括数据备份、归档和灾难恢复等。

7.3.5 云存储优势

云存储的优势：

①云存储能够更加高效、简单、节约地存储传统媒体的资源，并且能减少数据存储的冗余和数据维护的资源。

②云存储系统采用开放式架构，能够方便快捷地进行资源的上传、管理和共享。

③云存储系统具有良好的可扩展性，且与多种协议兼容。

④三网融合趋势下，云存储系统的建设有利于对互联网和电视网上分散的海量资源进行良好的整合和调度。

7.4　存储技术的应用

7.4.1 虚拟存储

虚拟存储（Storage Virtualization）就是把多个存储介质模块（如硬盘、RAID）通过一定的手段集中管理起来，所有的存储模块在一个存储池中得到统一管理。这种可以将多种、多级、多个存储设备统一管理起来，并能为使用者提供大容量、高速数据传输性能的存储系统，就称为虚拟存储。

根据应用环境的不同，按照存储虚拟的实现方案来分类，主要有以下 3 种：

①基于存储设备的虚拟一般是存储厂商实施的，如同真实的设备一样，对用户和管理员透明。

②基于主机的虚拟存储依赖于代理或管理软件，它们安装在一个或多个主机上，实现存储虚拟化的控制和管理。

③基于网络的虚拟实施，介于服务端和设备端之间，其特点为充分利用网络资源，在实现过程中，既能使用户感觉不到虚拟化的存在，而且操作上屏蔽各种细节，具有很高的扩展性、灵活性，是目前存储技术的发展趋势。

7.4.2 云存储

云存储技术是近年来随着云计算技术的发展而发展起来的一种新型存储技术，它是一种提供大规模的数据存储和分布式计算的业务应用架构体系，各种不同类型的数据存储设备以“云”的方式存在于网络系统中，并通过分布式网络应用软件集合成逻辑上统一的“存储池”。同时，存储设备可通过标准的、虚拟化的接入方式实现容量扩展，从而以较低成本便可使“存储池”的容量扩充到海量量级。对用户而言，则允许使用虚拟化桌面等方式访问云存储的数据资源和业务系统，从而实现大规模数据存储和高效快速的资源分析和数据处理。

7.4.3 媒资管理系统中的分级存储模式

媒资管理是媒体资产管理（Media Asset Management，MAM）的简称。媒体资产（视 / 音频、动画、图形、文本等）是有关企业所拥有的有价值的媒体信息资料。媒资管理系统是一个端到端的对各种类型的媒体资产（视音频、动画、图形、文本等等）进行其生命期内全面管理的总体解决方案。它完全满足媒体资产拥有者收集、保存、发布各种媒体信息的功能要求和工作流程管理，为媒体资产的消费者提供了对媒体内容在线检索、提取的方法，实现了安全、完整地保存媒体资产和高效、低成本地利用媒体资产。

1. 在线存储

在线数据是指存放高优先级的媒体数据，要求访问的效率特别高（称为热数据），要有足够的读写速度和网路带宽，以保证用户的即时访问。在电视台应用中，在线的要求是能够实时地显示视 / 音频素材。所以在线存储一般采用 FC 磁盘阵列，以保证访问的效率。

在线存储根据应用系统对数据流的不同需求采用不同的网络架构，具体可采用 SAN、iSCSI、NAS 等存储方式。

2. 近线存储

近线数据是指存放的媒体数据无实时访问要求，访问的频率相对较低，所以对速度和带宽的要求相对比较低（称为温数据）。对电视台来说，这类数据一般是已播出不久，近期可能有再利用价值的媒体数据，其数据量远比正被访问的热数据来得多。

由于数量庞大，又没有实时性要求，所以这部分数据存储主要考虑低成本的保存方式。同时需要考虑与在线系统的数据交换性能、可靠性、运行成本、系统的可扩展性（容量与性能）等因素。

近线存储系统一般由存储软件、存储服务器和自动化数据流磁带库组成，存储介质为数据流磁带。存储性能主要取决于带库性能、分级存储服务器的数据交换性能及与在线系统间的网络传输性能。

3. 离线存储

离线数据是指所存放的数据确定在相当一段时间内肯定不会再使用的数据，但这些数据又具有一定的保存价值（称为冷数据）。这些数据由于暂时不会访问，所以不必挂在线上，可以将其存放在低成本的磁带库或制成光盘保存。如果是数据备份，则要求其物理位置应远离在线系统，以保证数据安全。

超出磁带库容量的数据流磁带及其他存储介质如 DVD 可做离线保存、管理，系统将记录其存储排架位置，通过人工将磁带放入系统进行数据输出。采用这种方式，将大大节约存储成本。整个管理由软件完成。离线存储概念的引入使得媒体资产管理系统的存储可以无限扩展。

7.5　数字媒体存储技术的发展趋势

随着数字媒体技术的不断发展，大容量的存储技术以及网络存储技术也在不断进步之中。一方面在网络的存储功能上会不断增强，另一方面系统的应用效率也会不断提升。对于存储技术的发展，可以在以下几个方面加以关注：

①在以光纤为基础的存储技术方面，主要在信息数据的传输效率上高，在未来的发展中会有很大的潜力。

②在未来的网络存储技术会逐渐走向融合，从而将存储的效率不断提升。随着新一代以太网的推出，基于宽带以太网的 iSCSI 技术也越来越受到业内追捧，并促进了 SAN 与 NAS 的融合发展。

③网络存储技术的发展正在向着智能化以及虚拟化的方向迈进。虚拟化的网络存储技术能够对不同接口协议的物理存储设备进行整合，然后再结合主机加以创建本地逻辑设备虚拟存储卷，这样就能实现存储的动态化管理，进一步提升存储的效率与水平。

④近几年，云计算技术的快速发展导致存储技术面临新的需求、新的挑战，推动了高性能存储技术的飞跃发展，产生了如谷歌公司、Apache 公司、亚马逊公司等一些主流的云存储技术，并且部署在云平台上投入商用。

第8章 数字媒体传输技术及应用

8.1 流媒体技术

传统的媒体播放方式是先将多媒体信息全部下载到客户端,然后使用相应的播放器进行播放。由于多媒体信息量大,因此这种方式需要用户等待时间过长。流媒体技术的出现,在一定程度上使互联网传输音/视频难的局面得到了改善。

流媒体(Streaming Media)也称流式媒体,简单说就是应用流媒体技术在网络上传输的多媒体文件,而所谓流媒体技术,就是把连续的影像和声音信息(视、音频文件)经过压缩处理后,放到网络服务器上进行分段传输,客户端计算机无须将整个视、音频文件下载到本地,便可以即时收听和收看的网络传输技术。流媒体技术的出现,极大地改善了在网络上观看和传输影音文件的体验。宽带网络的发展使诞生于中速网络的流媒体成为未来的主流技术,它推动了互联网整体架构的革新,转变了传统互联网的内容表现形式,赋予宽带应用更多的娱乐性和互动性。

流媒体技术实现了媒体数据的边下载边播放,只是在开始时稍微有一些延迟,用户不必等待下载时间,便可连续观看,体验度较好。流式传输过程中,音视频服务器向用户传送的信息可供用户先行观看,剩余文件部分交由后台继续下载,用户本身是感受不到后台下载过程的。流式传输克服了必须下载完整个文件才能观看的缺点,大幅度缩短启动延迟时间,减小了缓存空间。

8.1.1 流媒体技术原理

流媒体是媒体在网络上一种新的流式传输方式。流式传输方式是将整个音频/视频等多媒体文件经过特殊的压缩方式分成一个个压缩包,由服务器向用户计算机连续、实时传送。在采用流式传输方式的系统中，用户不必等到整个文件全部下载完毕，而是只需经过几秒或几十秒的启动延时，将开始部分内容下载到客户端，多媒体文件的剩余部分将在后台的服务器内继续下载，因此用户可以边下载边观看。

为了支持边下载边播放，首先需要在客户端的计算机上创建一个缓冲区，在播放前预先下载一段数据作为缓冲，在网络实际连线速度小于播放速度时，播放程序就会取用缓冲区内的数据，这样可以避免播放的中断，也使得播放品质得以保证。流媒体技术是网络技术及杪音频技术的有机结合。在网络上实现流媒体技术，需要解决流媒体的制作、发布、传输及播放等方面的问题。

流媒体也指采用流式传输的方式在互联网上播放的媒体格式，它通过将视频文件经过特殊的压缩方式分成一个个的小数据包，由视频服务器向用户计算机连续、实时传送，用户不需要将整个视频文件完全下载之后才能观看，只需经过短暂的缓冲就可以观看这部分已经下载的视频文件，文件的剩余部分将继续下载。

此外，用户可以用流媒体来进行实时广播，或者将它作为存档文件，以便在需要时再使用。这样的话，那些错过现场直播的人们，可以在以后有空的时候，通过流媒体来观看以前的直播。不管是要用流媒体来实时广播，还是要将它作为存档文件保存，流媒体文件的传输都受到带宽的限制，因为流媒体是实时的，所以数据的发送量受到用户接收数据能力的限制。

流媒体是实时的，在网页上点击链接，数秒钟后就可以看到或听到流媒体了。利用这个特性，可以进行实时广播。对于流媒体，数据在播放后便被抛弃，因而可以做到合理的版权保护。此外，流媒体服务器端支持用户对流媒体的控制，用户可以控制媒体的播放。与用户的互动性是流媒体的另一优点。

不同格式的流媒体文件需要用不同的播放软件进行观看，有不少大型的多媒体播放软件集成了流媒体的播放技术。通常，编码由专门的压缩编码软件来完成，而使用者收听和收看网络影音文件则是一个解压缩的过程，这是由专门的播放器来完成的。

带宽的随机性是流媒体系统必须处理的问题。即便从理论上保证用户的带宽是不变的，但事实上这根本不可能。带宽不停地在零和最大值之间波动。流媒体播放器利用缓冲器来解决这个问题。在文件被播放之前，计算机的内存将先存储该文件前几秒钟的内容。这使得媒体播放器可以在带宽变小时，仍有储备的数据播放。流媒体播放器按照固定的速率播放流。如果带宽变小了,新的数据不能到达,媒体播放器就读取缓冲器中的数据播放。如果缓冲器中的数据也播放完了,媒体播放器只能停下来,等着有新的数据补充到缓冲器中。在保证缓冲器中的数据总是满的情况下,流媒体播放器基本上能够避免由于因特网传输数据的随机性所造成的影响。

8.1.2 流媒体系统的组成

基本的流媒体系统主要包括 3 个组件,即播放器、服务器和编码器。

(1)播放器

流媒体播放器是一种能够与流媒体服务器通信的软件,能够播放或丢弃收到的流媒体,它既可以像应用程序那样独立运行,也可以作为 Web 浏览器的插件。流媒体播放器通常都提供对流的交互式操作,比如播放、暂停、快放等。某些播放器还提供一些额外功能,比如录制、调整音频或视频,甚至提供文件系统记录你喜欢的流媒体文件。

(2)服务器

文件在编码之后,即被存放在流媒体服务器上。流媒体服务器处理来自客户端的请求。服务器在流媒体传输期间,同用户的播放器保持双向通信。这种通信是必需的,因为用户很有可能会暂停或快放一个文件。除了要响应播放器,流媒体服务器还必须及时处理新接收的实时广播数据,将其编码。事实上,流媒体服务器可能同时处理多个任务,一边要处理多个新接收的实时广播数据,一边要响应观众发出的请求,而且还要处理服务器硬盘上备份的数据流。许多流媒体服务器还提供各种额外功能,比如数字权限管理(DRM)、插播广告、分割或镜像其他服务器的流,还有组播。

QuickTime、RealSystem 和 Windows Media 的流媒体服务器几乎具备一样的功能,它们之间最大的不同在于它们运行的平台以及它们发送的流媒体格式不同。这 3 种软件都是成熟的,且功能完备,而且这 3 种软件都被广泛使用。QuickTime 和 RealSystem 都使用 RTSP 协议来发送流媒体文件,而 Microsoft 则使用它自己的协议 MMS。这 3 种流媒体服务器都支持它们自己的文件格式,而这些格式都可以在相应的媒体播放器中播放。

(3)编码器

在观看或收听流媒体之前,原始音频 / 视频文件必须先转换为流媒体文件,以便在因特网上传播。这项工作由流媒体编码器来完成。编码过程包括两项工作:一是在尽可能保证文件原有声音影像质量的情况下尽量降低文件的数据量；二是按照容错格式将转换后的文件打包，这种处理方式能避免数据传输时发生丢失。

8.1.3 流媒体传输过程

流式传输过程需要缓存。因为在流式传输过程中，媒体内容在传输过程中首先被分解为许多包，每个包传输是断续的异步传输。由于网络是动态变化的，各个包选择的路由可能不尽相同，故到达客户端的时间延迟也就不等，那么先发的数据包可能后到，后发的数据包先到。因此，在客户端需要通过缓存系统来弥补延迟和抖动的影响，在客户端对数据包进行重组，从而保证数据包的顺序正确，使媒体数据能连续输出，而不会因为网络暂时拥塞使播放出现停顿。因为高速缓存使用环形链表结构来存储数据，从而已经播放的内容可以被丢弃，空出的缓存空间可以重新被用来缓存后续尚未播放的内容。因此需要的缓存空间不是太大。

流式传输的基本过程如图 8-1 所示。

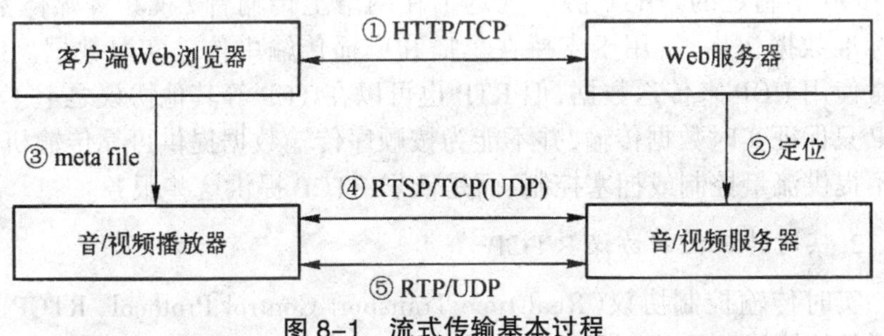

图 8-1　流式传输基本过程

①用户在客户端 Web 浏览器上选择某一流媒体服务后，Web 浏览器与 Web 服务器之间使用 HTTP/TCP 交换控制信息。

②通过这些控制信息把需要传输的实时数据从原始信息中检索出来。

③客户机上的 Web 浏览器启动音 / 视频播放程序，并使用 HTTP 从 Web 服务器检索相关参数对音 / 视频播放程序进行初始化。这些参数可能包括目录信息、音 / 视频数据的编码类型或与音 / 视频相关的服务器地址。

④音 / 视频播放器程序与音 / 视频服务器运行实时流控制协议（RTSP），以交换音 / 视频传输所需的控制信息。与 CD 播放机的功能相似，RTSP 提供了播放、快进、快倒、暂停及录制等命令的方法。

⑤音 / 视频服务器使用 RTP/UDP 协议将音 / 视频数据传输给播放程序，一旦音 / 视频数据到达客户端，音 / 视频播放程序即可播放输出。

在流式传输中，使用 RTP/UDP 和 RTSP/TCP 两种不同的通信协议与音/视频服务器建立联系，是为了能够把服务器的输出重定向到一个不同于运行音/视频播放程序所在客户机的目的地址。实现流式传输一般都需要专用服务器和播放器。

8.1.4 流媒体传输协议

由于传统网络数据传输使用的TCP协议需要较大的开销，因此不太适合实时数据的传输。所以在流式传输技术中，需要专门的协议来实现实时数据传输。在流式传输的实现方案中，一般采用HTTP与TCP协议来传输控制信息，支持流媒体传输的网络协议主要有实时传输协议RTP、实时传输控制协议RTCP、实时流协议RTSP以及资源预订协议RSVP等。

1. 实时传输协议RTP

实时传输协议(Real time Transport Protocol, RTP)是用于互联网上针对多媒体数据流的一种实时传输协议，由IETF的多媒体传输工作小组于1996年制定的。RTP协议规定了在网络上传输音/视频等媒体数据的标准数据包格式，用于支持在单播和广播传输中传输实时数据。RTP通常使用UDP来传送数据，但RTP也可以在TCP等其他协议之上工作。RTP只保证实时数据传输，并不能为按顺序传输数据提供可靠传输机制，也不提供流量控制或拥塞控制，而是依靠RTCP提供这些服务。

2. 实时传输控制协议RTCP

实时传输控制协议(Real time Transport Control Protocol, RTCP)是实时传输协议RTP的姊妹协议，通常和RTP一起提供流量控制和拥塞控制服务，RTCP本身并不传输数据，只是为RTP传输提供服务质量保障。RTCP包中收集媒体传输相关的统计信息，如已传输的数据包的数量、丢失的数据包的数量、单向和双向网络延迟等统计资料，因此，网络应用程序可利用RTCP的这些统计信息动态地改变传输速率，甚至改变有效载荷类型。

3. 实时流协议RTSP

实时流协议(Real Time Streaming Protocol, RTSP)是由Realnetworks和NetScape共同提出的。RTSP协议以客户服务器方式工作，它定义了如何有效地通过IP网络一对多传送多媒体数据的媒体播放控制协议。用来使用户在播放从互联网下载的实时数据时能够进行控制，如暂停/继续、后退、前进等。因此RTSP又称为“互联网录像机遥控协议”。

RTSP在体系结构上位于RTP和RTCP之上，它使用TCP或RTP完成数据传输。HTTP 与 RTSP 相比，HTTP 传送 HTML，而 RTP 传送的是多媒体数据。HTTP 请求由客户机发出，服务器做出响应；使用 RTSP 时，客户机和服务器都可以发出请求，即 RTSP 可以是双向的。RTSP 的控制功能，不仅要有协议，而且要有专门的媒体播放器和媒体服务器。

4. 资源预订协议 RSVP

资源预订协议（Resource Reserve Protocol，RSVP）是网络控制协议，使用 RSVP 可在互联网网上预留一部分网络资源（即带宽），能在一定程度上为流媒体的传输提供特殊服务质量 QoS。

8.1.5 流媒体传输方式

实现流式传输有两种方法：顺序流式传输和实时流式传输。

1. 顺序流式传输

顺序流式传输是顺序下载，在下载文件的同时用户可以观看在线内容，但是在给定时刻，用户只能观看已经下载的部分，而不能跳到还未下载的前头部分，顺序流式传输不像实时流式传输在传输期间根据用户连接的速度做调整。由于 HTTP 服务器本身可以支持顺序下载，因此不需要其他特殊协议，所以顺序流式传输也经常被称为 HTTP 流式传输。由于顺序流式传输的这些特点，因此它不适合长片段和有随机访问需要的情况。顺序流式文件是放在标准 HTTP 或 FTP 服务器上，易于管理，基本上与防火墙无关。

2. 实时流式传输

与 HTTP 流式传输不同，实时流式传输需要专用的流式传输媒体服务器，并且应用实时传输协议（如 RTSP 等），实时流式传输必须保证媒体信号带宽与网络连接匹配，从而便于传输的媒体可被实时观看到。实时流式传输适合现场事件播发，也支持随机访问，用户可快进或后退以观看前面或后面的内容。理论上，实时流一经播放就可不停止，但实际上，可能发生周期暂停。实时流式传输必须匹配连接带宽，这意味着在以调制解调器速度连接时图像质量较差。而且由于出错丢失的信息被忽略掉，网络拥挤或出现问题时，视频质量很差。实时流式传输需要特定服务器，如 Apple QuickTime、RealNetWorks 和 Windows Media 流媒体服务器。这些服务器允许对流媒体信息的发送实现多级别的控制，其系统设置、管理等要比 HTT'P 服务器复杂得多。实时流式传输需要专门的实时流传输网络协议，如 RTSP（Realtime Streaming Protocol）或 MMS（Mictosoft Media

Server)。实时流式传输所需协议在存在防火墙的情况下容易出现问题,往往会导致客户端不能正常视听。

8.1.6 流媒体的文件格式

流媒体文件格式主要有.mov、.asf、.3gp、.viv、.swf、.rt、.rp、.ra、.rm。下面仅对RM、QuickTime、ASF三种格式进行介绍。

RM(RealMedia)格式是由RealNetworks公司开发的流媒体文件格式,这类文件的扩展名是.rm,对应的播放器是RealPlayer。它主要包括RealAudio、RealVideo和RealFlash三类文件,其中,RealAudio用来传输接近CD音质的音频数据,RealVideo用来传输不间断的视频数据,RealFlash则是RealNetworks公司与Macromedia公司联合推出的一种高压缩比的动画格式。RealMedia可以根据网络数据传输的不同速率制定不同的压缩比率,从而实现低速率的因特网上进行视频文件的实时传送和播放。

QuickTime格式是由Apple公司开发的流媒体文件格式,是Apple公司面向专业视频编辑、Web网站创建和CD-ROM内容制作领域开发的多媒体技术平台。这类文件扩展名是.mov,对应的播放器是QuickTimePlayer。QuickTime格式具有较高的压缩比率和较完美的视频清晰度等特点,最大的特点是跨平台性,既能支持MacOS系统,同样也能支持Windows系统,是数字媒体领域事实上的工业标准,是创建3D动画、实时效果、虚拟现实、A/V和其他数字流媒体的重要基础。

Microsoft公司的Windows Media的核心是ASF(Advanced Stream Format)。ASF是一种数据格式,音频、视频、图像以及控制命令脚本等多媒体信息通过这种格式,以网络数据包的形式传输,实现流式多媒体内容发布。其中,在网络上传输的内容就称为ASF Stream。ASF支持任意的压缩/解压缩编码方式,并可以使用任何一种底层网络传输协议,具有很大的灵活性。ASF格式(扩展名.asf和.WITIV)对应的播放器是Media Player。ASF格式文件体积小,因此特别适合在互联网上传输。

8.1.7 流媒体的三大平台

RealNetworks、Microsoft、Apple是目前最流行、最成熟的3个流媒体制作、播放、服务端平台,不论在技术上还是市场上都算是处于领先地位。下面从完整性、兼容性以及第三方厂商支持等角度来比较这3种流平台的差异。

1. RealNetworks 的流平台

在完整性方面，由于 RealNetworks 发展流媒体已经很久，从流媒体开始的创作、传送、服务到后端的下载、播放，RealNetworks 在每一个环节都有相应的产品。每个产品都有 Basic 版本和 Plus 版本，前者只是具备一些基本功能，供普通用户免费下载；后者具有完整功能，需要收费，供专用用户使用。完整的产品使得 RealNetworks 平台能够面向用户提供全面的解决方案。

但 RealNetworks 的售价较高，最基本的流媒体入门方案也需要两万多人民币，且服务人数有限制，对于中小企业来说算是不小的花费。若想服务更多的人数则需要对 RealNetworks 进行升级，售价超过几十万人民币，成本高昂。

RealNetworks 的兼容性非常好，它可以说是唯一一个可以横跨 WindowsMac 及 Linux、Solaris、HP/UX 的流媒体服务的平台，提供丰富的流媒体格式，包括 RealMedia 格式、QuickTime 格式等。

在第三方厂商（Third Party Application Software Provider）的支持方面，三大平台各有千秋，都努力让更多的第三方厂商支持自己的流标准。其中 RealNetworks 的第三方厂商最多，并且 RealNetworks 对于第三方厂商有专门的会员计划。

2. Microsoft 的流平台

Microsoft 公司的 Windows Media 流系统平台也提供了较为完整的产品线，虽然较 RealNetworks 产品完整性稍差一筹，但对于一个完全免费的流平台而言，已经非常难得了。Microsoft 的流平台还提供了服务负载模拟程序和屏幕捕捉功能，前者可以帮助用户测试系统服务能力的极限，避免系统超负荷；后者可将屏幕变化过程进行捕捉，包括光标移动的过程，非常适合用于在教育训练领域。

3. Apple 的流平台

Apple 的流平台在完整性上与前两者相比处于劣势，由于 Apple 本身只有 QuickTime（Darwin）Streaming Server（一个开放源码的服务器架构）及 Apple QuickTime Pro，使用者必须另购 Sorenson 的产品 VideoPro2 编码程序来转换影音内容为 QuickTime 流格式。如果要作实况转播，还要选购 Sorenson Broadcaster 将内容流传出去。而且如果要将影音内容编成可对应不同频宽的 Multiple Bit Rate 流格式，使用者必须再买一套 Terran Interactive 公司的 Media CleanerPro，这样对于使用者来说的确不是很方便。不过总的加起来，还是比 RealNetworks 的方案便宜，也没有使用人数的限制，而且对于 Mac 的用户来说，QuickTime 格式始终是最好的选择。

在兼容性方面，虽然 Apple 是将有限的资源集中服务 Mac 用户，但 QuickTime 是真正的 Windows、Mac 双系统相兼容平台。

综上所述，追求产品完整性的大型网站和企业可选择 RealNetworks 作为流媒体平台；中小型企业网站和个人选择 Microsoft 的流平台，除了它极低的价格（用户只需花上网费用下载，其余免费）外，与 Windows 及 Microsoft Office 的最佳兼容性也是重要部分。

8.1.8 流媒体的开发

1.Windows Media 流媒体开发

Windows Media 流媒体开发的过程包括流媒体文件的生成、编辑、发布等内容，主要涉及 Windows Media Server 组件和 Windows Media Encoder 软件。

（1）Windows Media 流媒体的生成

Windows Media Encoder 是 Microsoft 公司开发的一种工具，主要功能是将实况或预先录制的音/视频转为 Windows Media 格式的流媒体文件。本节案例采用 Windows Media Encoder 9 中文简体版。Windows Media 流媒体的生成主要有从视频采集卡中捕获音视频、将已有视频文件转换为流媒体、从计算机屏幕上捕获音视频和实时广播 4 种方法。从视频采集卡中捕获音频或视频的步骤如下：

①在 Windows 中安装并打开 Windows Media Encoder，默认情况下出现【新建会话】对话框，如图 8-2 所示。

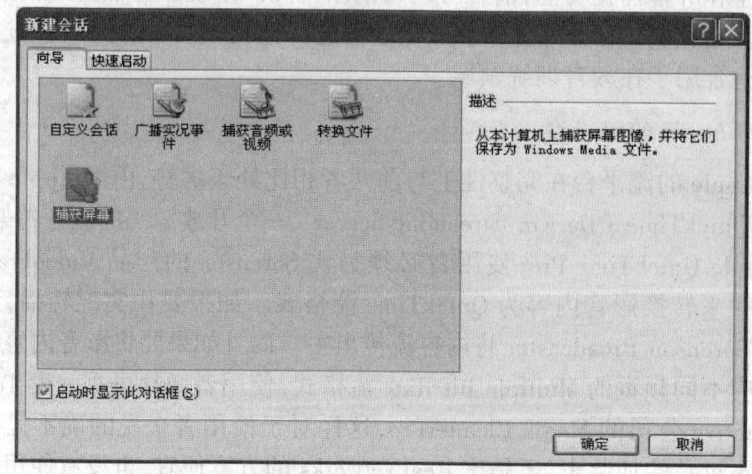

图 8-2 【新建会话】对话框

②在【向导】选项卡中选择“捕获屏幕”选项，单击【确定】按钮，出现如图 8-3 所示的【新建会话向导 – 屏幕捕获会话】对话框。

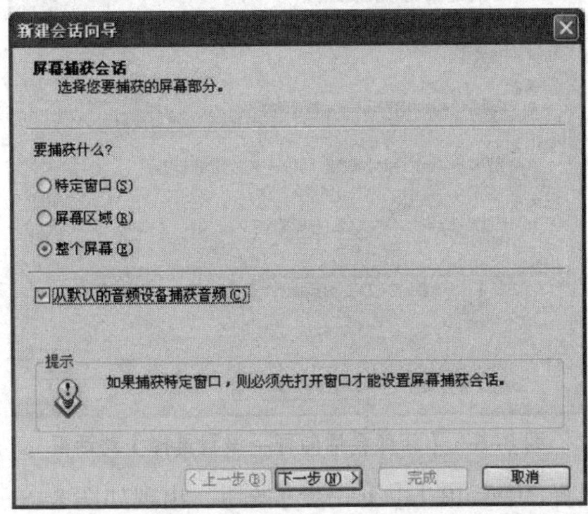

图 8-3　【新建会话向导 – 屏幕捕获会话】对话框

③在【新建会话向导 – 屏幕捕获会话】对话框中选择“整个屏幕”，并勾选“从默认的音频设备捕获音频”，单击【下一步】按钮，在如图 8-4 所示的对话框中选择存放流媒体文件的位置。

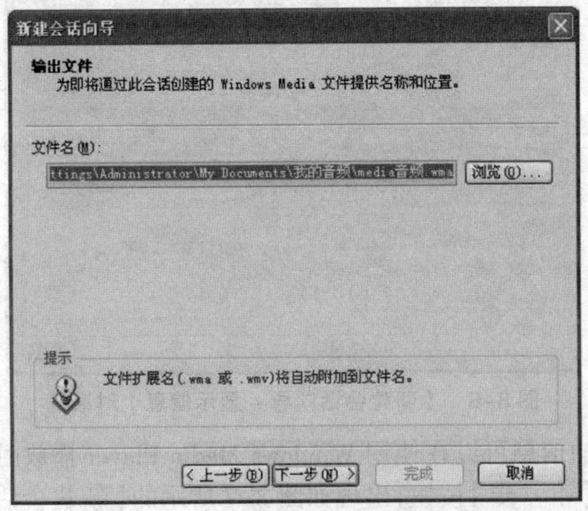

图 8-4　【新建会话向导 – 文件名】对话框

④单击【下一步】按钮，出现如图 8-5 所示的【新建会话向导 – 设置选择】对话框。如果所生产的文件输出比较小，可以选择“低”选项；如果生成的文件属于中等，质量较好，可以选择“中”选项；如果生成的文件要求较高的质量，可以选择“高”选项。

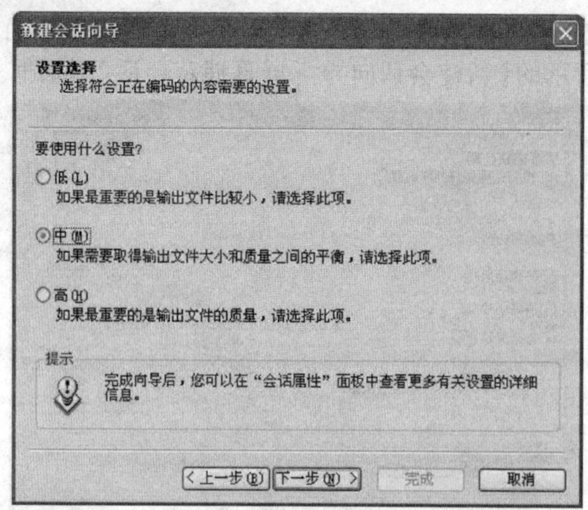

图 8-5 【新建会话向导 - 设置选择】对话框

⑤本节选择“中”,单击【下一步】按钮。出现如图 8-6 所示的【新建会话向导 - 显示信息】对话框,可输入标题、作者、版权、描述等信息。

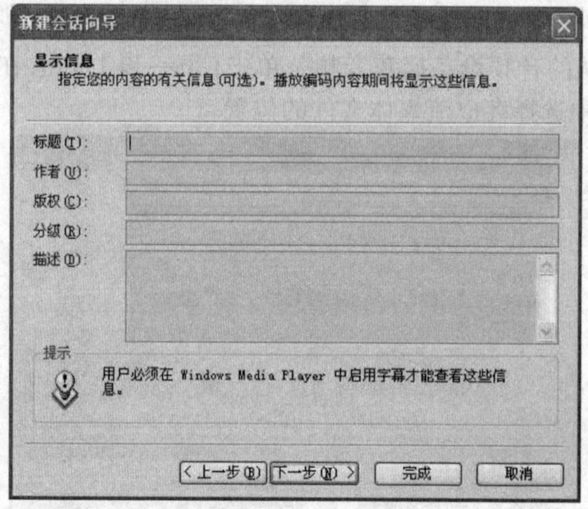

图 8-6 【新建会话向导 - 显示信息】对话框

⑥输入的信息可以在使用 Windows Media Player 播放时启用字幕查看到。单击【下一步】按钮,出现如图 8-7 所示的【新建会话向导 - 设置检查】对话框。

⑦检查会话设置,若有问题,单击【上一步】按钮,重新设定;若没有问题,单击【完成】按钮,出现如图 8-8 所示的【Windows Media 编码器】操作界面。

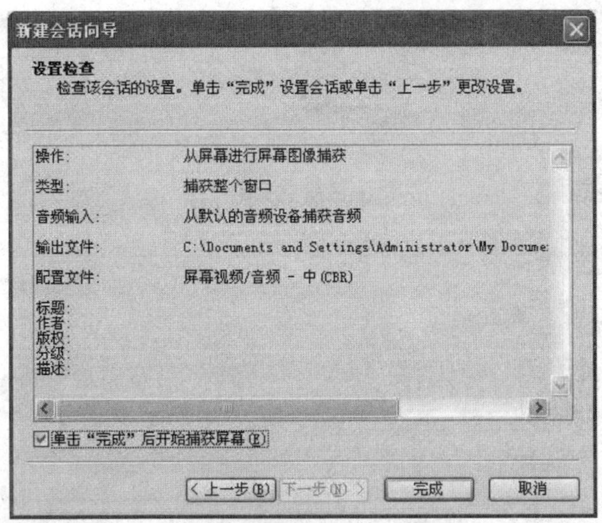

图 8-7　【新建会话向导 – 设置检查】对话框

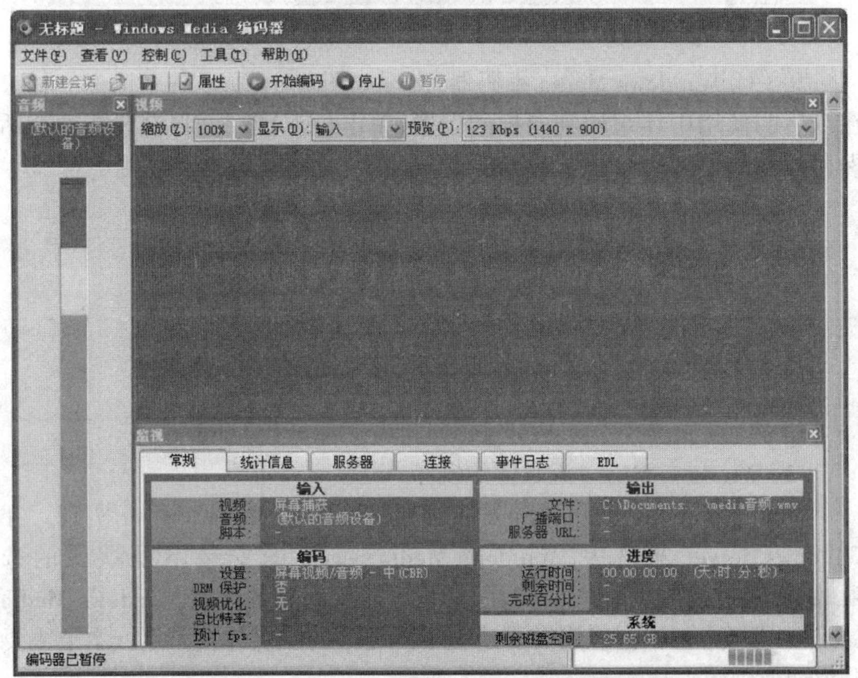

图 8-8　【Windows Media 编码器】操作界面

⑧单击【开始编码】按钮,出现编码器捕获的对话框,捕获视频内容;单击【停止】按钮,完成视频捕获,出现如图 8-9 所示的【编码结果】对话框。

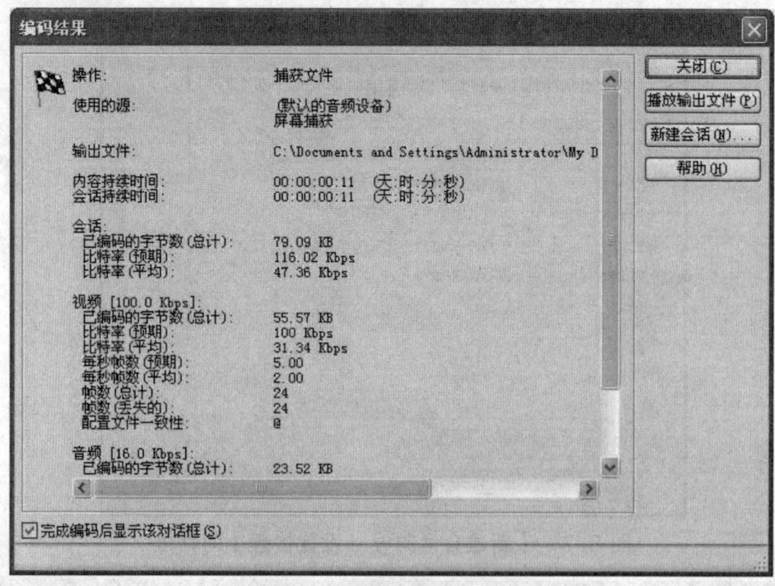

图 8-9 【编码结果】对话框

⑨关闭 Windows Media 编码器,出现如图 8-10 所示的对话框。如果在以后的使用中还想用到同样的设置,单击【是】按钮,将设置好的会话保存为 .wmv 文件,以便今后继续使用。

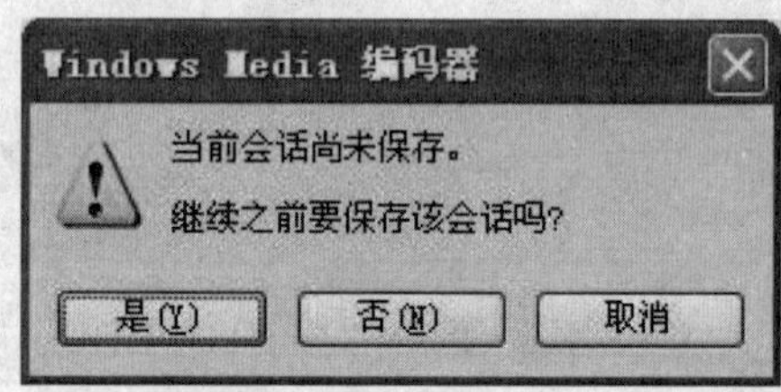

图 8-10 【Windows Media 编码器】对话框

(2)Windows Media 流媒体的发布

Windows Media 流媒体的发布通过 Windows Media Server 实现。在 Windows Server 2003 中,Windows Media Server 的安装不是默认的选项,需要通过控制面板添加安装,安装后需要启动并配置 Windows Media Services 服务,再根据应用需要建立不同类型的流媒体发布点。本节主要介绍如何创建点播发布点和广播发布点。

安装 Windows Media Service 的步骤如下:

①安装 Windows Media Services。在 Windows Server 2008 中选择【开始】→【控制面板】→【添加或删除程序】→【添加 / 删除 Windows 组件】命令,出现【Windows 组件向导】对话框。

②选择 Windows Media Services 选项，单击【下一步】按钮进行安装，安装完毕后选择【开始】→【程序】→【管理工具】→【Windows Media Services】命令，启动 Windows Media Services 服务器，打开【Windows Media Services】对话框，如图 8-11 所示。

创建点播发布点的操作步骤如下：

①右键单击【发布点】，在弹出的快捷菜单中执行【添加发布点(向导)】命令，如图 8-12 所示，出现欢迎页面，单击【下一步】按钮，出现【添加发布点向导】对话框，如图 8-13 所示，单击【下一步】。

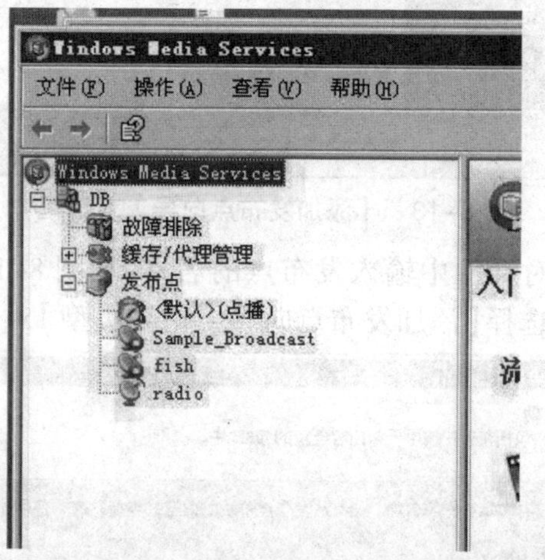

图 8-11　【Windows Media Services】对话框

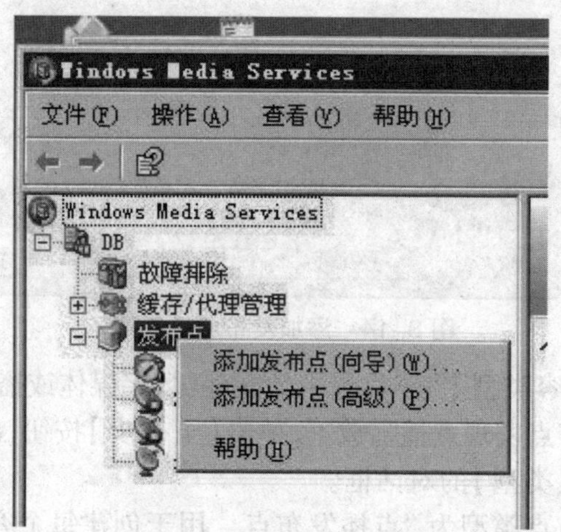

图 8-12　选择【添加发布点(向导)】命令

图 8-13 【添加发布点向导】对话框

②在弹出的对话框中输入发布点的名称，如图 8-14 所示，单击【下一步】按钮，出现选择【添加发布点向导 - 内容类型】对话框。

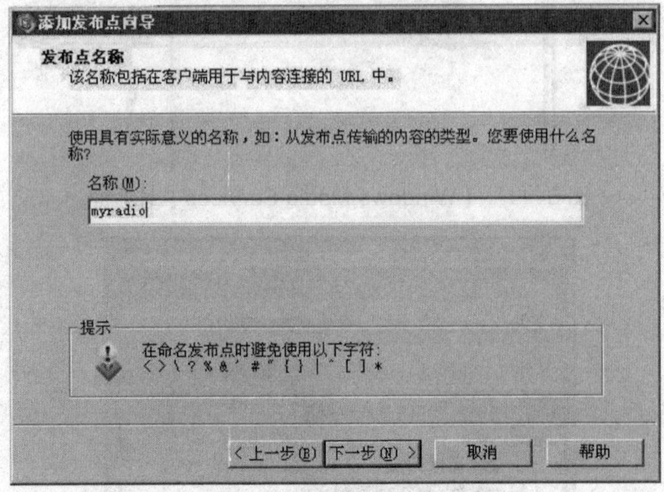

图 8-14 添加发布点的名称

③选择【内容类型】为"目录中的文件(数字媒体或播放列表)(适用于通过一个发布点实现点播播放)"，单击【下一步】按钮，出现【添加发布点向导 - 发布点类型】的对话框。

④选择发布点类型为"点播发布点 - 用于创建每个客户端都可以对流进行控制(例如，快进)的方案。"，单击【下一步】按钮，出现【添加发布点向导 - 目录位置】对话框。

⑤选择默认的目录位置，并选中"允许使用通配符对目录内容进行

访问(允许客户端访问该目录及其子目录中的所有文件)",单击【下一步】按钮,出现【添加发布点向导 – 内容播放】对话框。

⑥选中"无序播放(随机播放内容)"复选框,单击【下一步】按钮。选择"是,启用该发布点的日志记录"单选按钮,单击【下一步】按钮,出现【添加发布点向导 – 发布点摘要】对话框,该对话框中记录了发布点的属性设置。

⑦检查发布点设置,若有问题,单击【上一步】按钮,重新设定;若没有问题,单击【下一步】按钮,出现【添加发布点向导】对话框。

此时可以选中"完成向导后"复选框,选择"创建公告文件(.asx)或网页(.htm)"单选按钮,再单击【完成】按钮,弹出【单播公告向导】对话框,选择"目录中的所有文件"命令。

⑧单击【下一步】按钮,出现【单播公告向导 – 访问该内容】对话框,输入 URL(可以使用主机名或者 IP 地址),单击【下一步】按钮,出现【单播公告向导 – 保存公告选项】对话框。

⑨创建网页并保存,保存在 wwwroot 目录下,选中"将在网页中嵌入播放机的语法复制到剪贴板"复选框,单击【下一步】按钮,出现【单播公告向导 – 编辑公告元数据】对话框。

⑩编辑公告元数据,单击【下一步】按钮,然后单击【完成】按钮,出现【测试单播公告】的对话框。

⑪单击【测试公告】右侧的【测试】按钮,将会打开 Windows Media Player 播放流媒体文件;单击"测试带有嵌入的播放机的网页"右侧的【测试】按钮,将会打开播放流媒体文件的网页。

创建实况广播发布点的操作步骤如下:

①建立广播实况发布点。在 Windows Server 2003 中右击【发布点】,在弹出的快捷菜单中选择"添加发布点(向导)"命令,弹出【添加发布点(向导)】对话框。

②输入发布点名称,单击【下一步】按钮,出现如图 8–15 所示的对话框。

③选择"编码器(实况流)"单选按钮,单击【下一步】按钮,出现如图 8–16 所示的对话框。

④选择"广播发布点客户端共享播放体验;用于创建与观看电视节目类似的方案。使用广播发布点可以从编码器传递流。"单选按钮,单击【下一步】按钮,出现如图 8–17 所示的对话框。

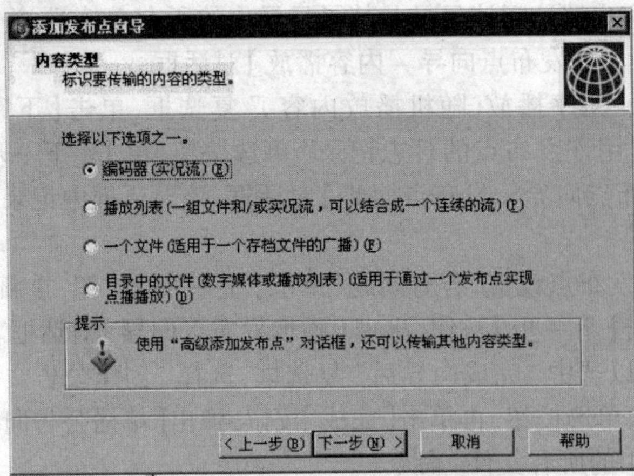

图 8-15　选择发布点的内容类型

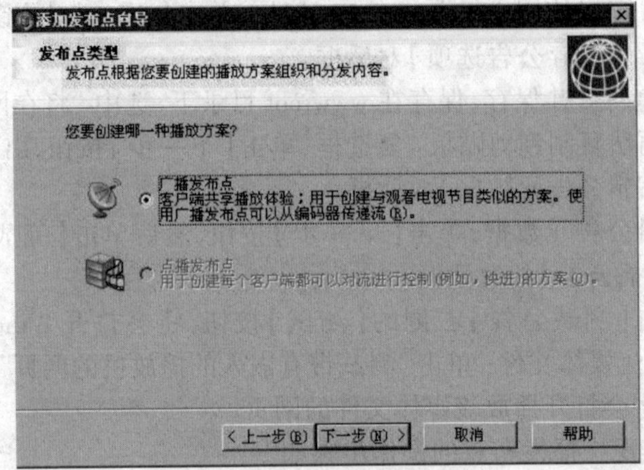

图 8-16　选择发布点类型

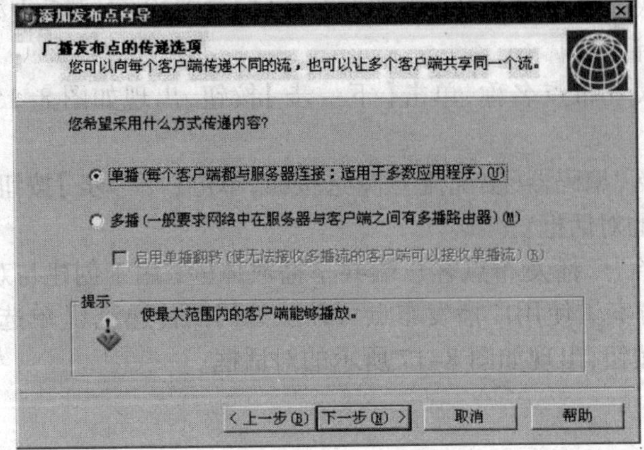

图 8-17　选择传递方式

⑤选择“单播(每个客户端都与服务器连接；适用于多数应用程序)”单选按钮，单击【下一步】按钮，出现如图 8-18 所示的对话框。

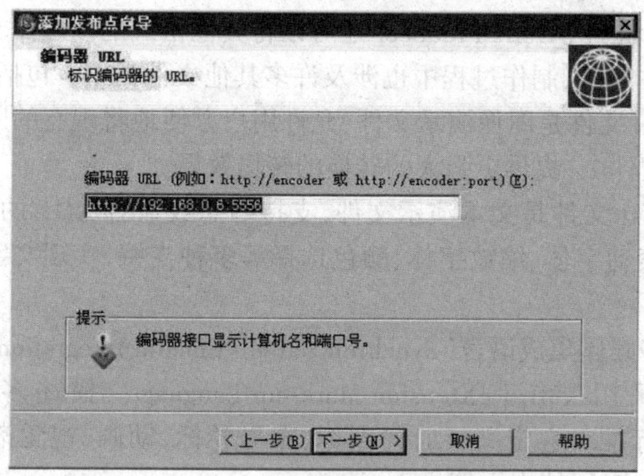

图 8-18　输入编码器所在主机名及端口号

⑥输入编码器所在机器的主机名及端口号，单击【下一步】按钮，完成添加发布点向导，如图 8-19 所示。

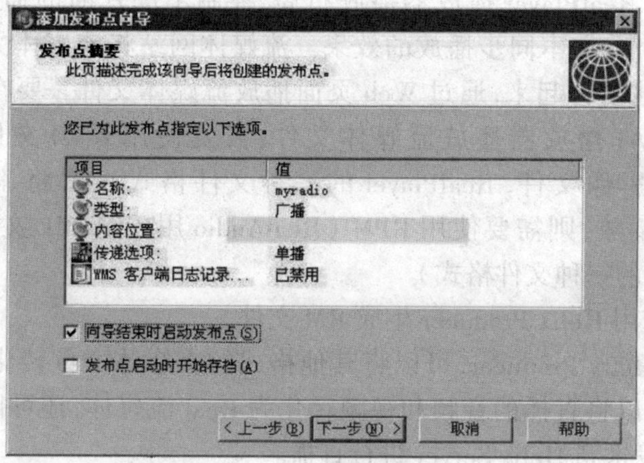

图 8-19　完成添加发布点向导

⑦检查广播发布点设置，若有问题，单击【上一步】按钮，重新设定；若没有问题，单击【下一步】按钮，同样询问是否“创建公告文件(.asx)或网页(.htm)”，后续设置步骤和点播发布点的创建一样。也可直接单击【完成】按钮，成功添加广播发布点。

2. Real 流媒体开发

(1)Real 流媒体的生成

Helix Producer 是 Real 流媒体制作流程中最关键的软件，使用 Helix

Producer 生成的流媒体文件被放置在 Helix Server 的内容目录下，可以实现点播功能。若在编码的同时，将其立即发送到 Helix Server，可以实现直播功能。此外，Helix Producer 还可以将其他格式的多媒体文件转换为 Real 流媒体文件，制作过程中也涉及许多其他文件类型。包括：

RealPix 文件是图像演示文件，允许用户方便地将现有的图片格式添加到演示文件中，提供更强大的转换的转场效果。

RealText 文件是文本演示文件，支持静态或兼容 XML 的文本文件，提供包括滚动字体、缩放字体、颜色选择等多种支持，实现文字的动态演示效果。

同步多媒体集成语言（Synchronized Multimedia Integration Language，SMIL）是采用 XML（eXtension Mark-up Language）描述多媒体而提出的建议标准。它定义了时间卷标、布局卷标、动画、视觉渐变（Visual Transitions）和媒体嵌入等。

SMIL 将直播文件、图像、广告、文本等元素组合到一个媒体文件中进行发布，通过将 RealAudio、RealVideo、RealPix 与 RealText 组合在一起，控制 RealPlayer 播放器播放布局，控制不同片断的播放时间，达到视频、图像、文本同步播放的效果。流媒体网站将流媒体文件与网页文件有机地结合起来，通过 Web 页面播放流媒体文件。要在网页中调用 RealPlayer 播放器播放流媒体文件，需要使用 RAM 文件（RAM 即 RealAudio 影像文件，RealPlayer 的一种文件格式）；要将流媒体嵌入在网页中播放，则需要使用 RPM（RealAudio 用于 HTML 文件的插件，RealPlayer 的一种文件格式）。

（2）使用 Helix Producer 生成 RM 文件

通过 Helix Producer，可以将其他格式的多媒体文件转化为 Real 流媒体，也可以将直播的音频和视频转化为 Real 流媒体，还可以在编码的同时立即发送到 Helix Server 进行直播。

1）使用文件作为输入。

①打开 Helix Producer Plus，选择【文件】→【新建工作】命令，一个未命名的工作（Untitled1）出现在接口下面的任务栏中，如图 8-20 所示。

②在主窗口中间左侧的【输入文件】设置区中单击【浏览】按钮，如图 8-21 所示，弹出【Select Input File】对话框，如图 8-22 所示。

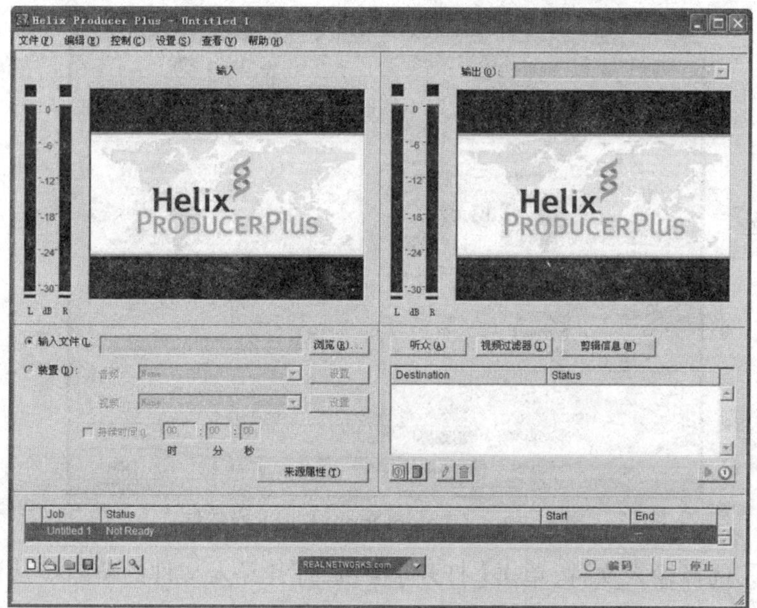

图 8-20　Helix Producer Plus 操作界面

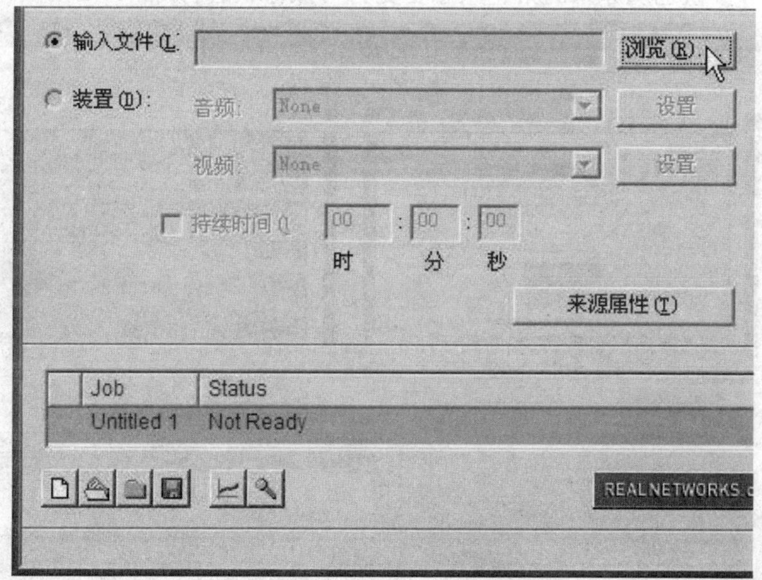

图 8-21　选择【浏览】按钮

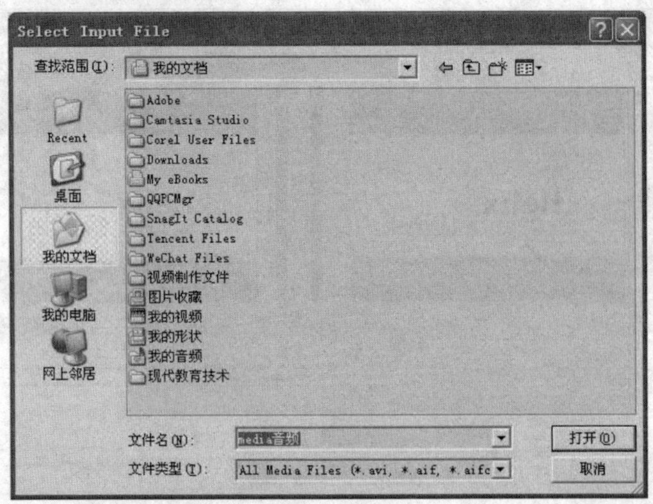

图 8-22 【Select Input File】对话框

③选择输入文件，单击【打开】按钮，打开导入文件的窗口。从任务栏中的 Status 可以观察到从原来的“Not Ready”变为“Ready”，右下方的【编码】按钮也从原来的禁止状态变更为可操作状态，如图 8-23 所示。

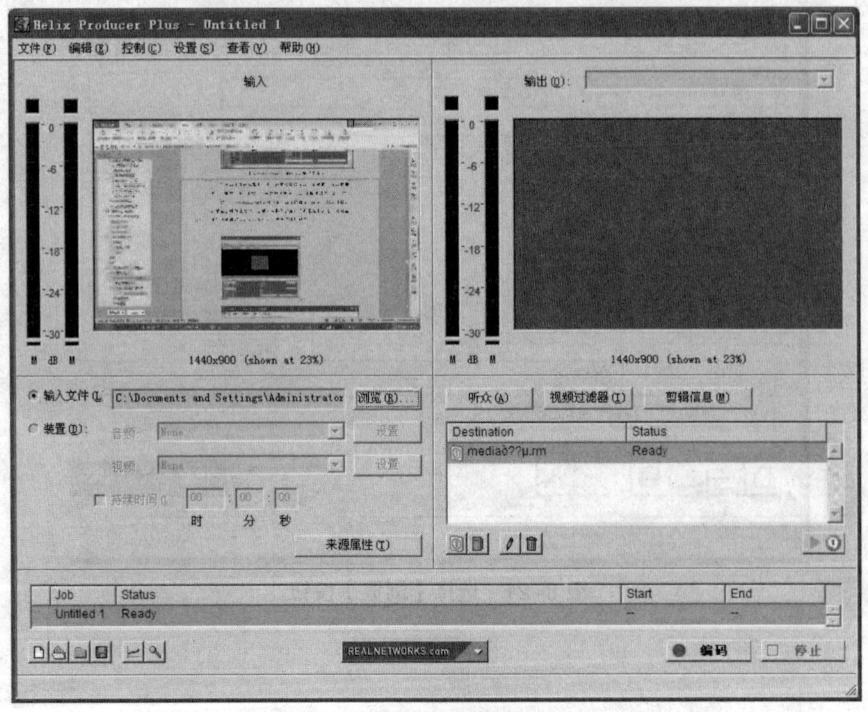

图 8-23 导入文件

④选择【文件】→【添加文件目的地】命令，弹出【另存为】对话框，如图 8–24 所示。

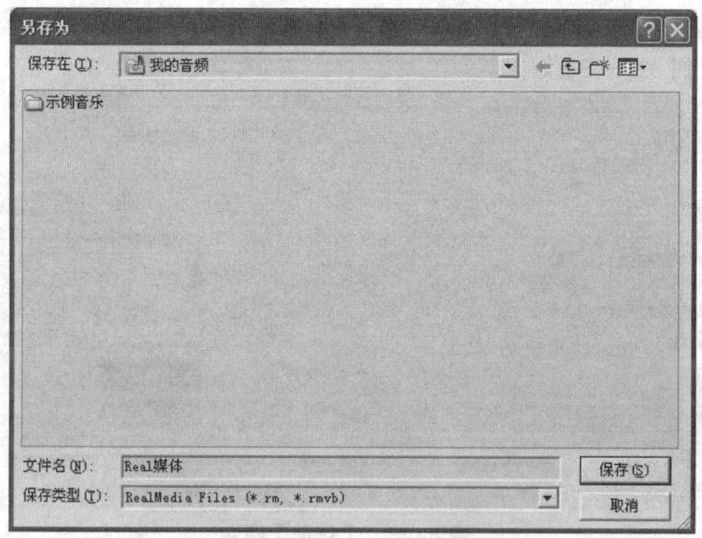

图 8–24 【另存为】对话框

⑤设定编码后的文件名、保存类型和存放位置后，单击【保存】按钮，返回到主窗口。

⑥设置完成后，单击【编码】按钮，开始编码，可以在主窗口上方【输入】、【输出】区域中看到编码效果。

2）对视频源文件进行修改。

Helix Producer 可以在编码过程前对视频源文件进行修改，使编码后的流媒体文件更适合播出后的需要。具体操作步骤如下：

①在主窗口中，单击【视频过滤器】按钮，弹出如图 8–25 所示的处理视频的对话框。

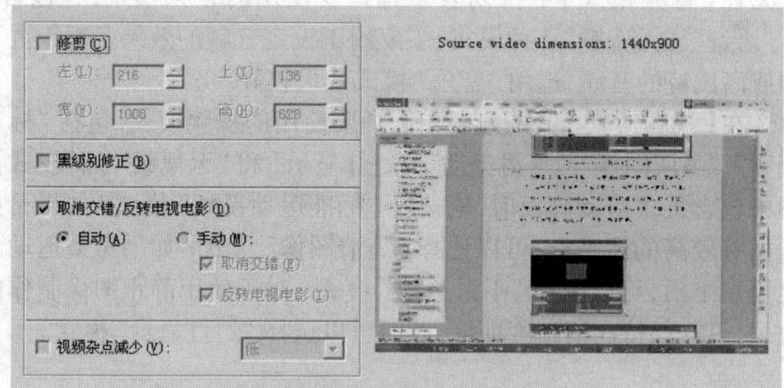

图 8–25 处理视频

②选中【修剪】复选框，如图 8-26 所示，可通过下面 3 种方法对视频源进行修剪：直接输入数值；拖动预览画面的黄色标线；将鼠标指针放置在预览区域，鼠标指针变成“十”字形状后拖动。编码后的视频最小可以修剪到 32 × 32 像素。

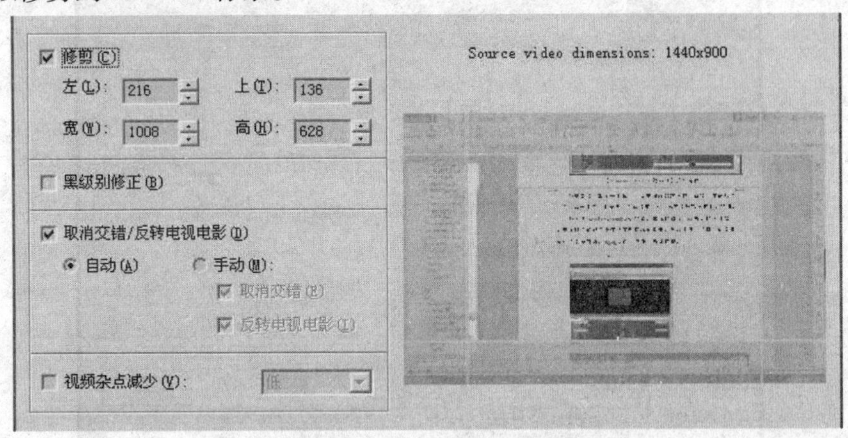

图 8-26 【修剪】命令

③选中【黑级别修正】复选框，可以调整视频亮度，对曝光过度或饱和度不足的视频，可以使用该项功能。

④选中【视频杂点减少】复选框，可以对因为采集卡、摄像机、存储设备等原因导致视频上出现的杂点进行改善。

3）对编码进行详细设置。

在使用 Helix Producer 对多媒体文件编码前，可以对编码进行详细设置。具体操作步骤如下：

①在主窗口中，单击【听众】按钮，弹出如图 8-27 所示的设置编码的对话框。

②在【音频模式】下拉列表中选择要使用的音频模式，它包含“音乐”“语音”“无音频”3 种模式，主要用于设定音频的效果。对于混合的音频或高比特的音频，选用“音乐”模式效果较好。

③在【视频模式】下拉列表中选择要使用的视频模式，包括“标准运动视频”“高调图像”“平滑运动”“幻灯显示”和“无视频”5 种模式。当视频中包含很多运动画面时，应选择“标准运动视频”模式；如果希望运动画面有较高的清晰度，可以选择“高清图像”模式；如果希望运动画面过渡更加平滑，可以选择“平滑运动”模式；对于使用静止图像制作的切换效果，只需保持高清晰度即可，此时可以选择“幻灯显示”模式。

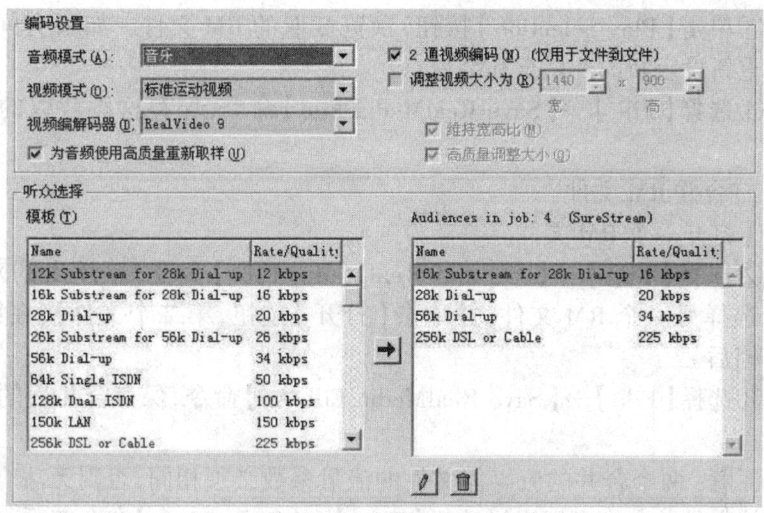

图 8-27 【听众】编码设置对话框

④在【视频编译码器】下拉列表中选择要使用的译码器，包括“RealVideo G2 with SVT”“RealVideo 8”和“RealVideo 9”三种编译码器。RealVideo 9 编码的视频效果最佳，在 160 kbit/s 速率下能够达到 VHS 的画面质量，在 500 kbit/s 速率下接近 DVD 的画面质量。当然，播放时要求安装 RealOne Player 及以上的播放器。

⑤在【听众选择】选项组中定义一组数据传输速率。该栏目的 SureStream 功能，能够以几种不同的速率传输相同的音、视频内容。这些不同速率传输的音、视频集成在一个流媒体文件中，这个文件会根据目标用户上网速率自动发送对应的内容。

（3）Real 流媒体编辑

在 Helix ReMMedia Editor 中可以对 RM 文件进行分割、合并以及添加标题、制作者等信息。

1）分割 RM 文件。

运行 Helix RealMedia Editor 9。

① 选择【File】→【Open RealMedia File】命令，在弹出的【Open RealMedia File】对话框中选择要分割的 RM 文件，单击【打开】按钮，打开要分割的 RM 文件。

②单击【Play】按钮，播放到合适位置后，单击【Stop】按钮，然后单击【In】按钮，将当前位置确定为开始点；再单击【Play】按钮继续播放，播放到合适位置后，再单击【Stop】按钮，然后单击【Out】按钮，将当前位置确定为结束点(也可以拖动红色标线到相应位置，然后单击【In】、【Out】按钮确定开始点和结束点)。

③单击【Play Selection】按钮，预览截取的 RM 文件。如果有问题，可以重新设定新的开始点和结束点。

④选择【File】→【Save RealMedia File】命令，保存这段截取的 RM 文件。

2）合并 RM 文件。

①打开一个 RM 文件。

②选择【File】→【Append RealMedia File】命令，在弹出的对话框中选择另一个 RM 文件，并单击【打开】按钮，第二个文件接在第一个文档后。

③选择【File】→【Save RealMedia File As】命令，保存合并后的 RM 文件。

注意：两个合并的流媒体文件的流量参数必须相同，否则无法合并。流媒体文件的参数可以通过选择【Toos】→【Stream Info】命令查看。

3）修改 RM 文件信息。

①选择【Tools】→【Clip Info】命令，弹出【Edit Clip Information】对话框。

②在其中直接修改【Title】标题、【Author】作者等信息即可。

（4）Real 流媒体发布

Helix Server 是发布 Real 流媒体的专用服务器端软件，安装 Helix Server 需要安装文件和软件使用许可文件。安装文件可以在 Real 的官方网站上下载，在下载以前，需要填写表单，许可文件被发送到表单中填写的 E-mail 地址中。在 Real Networks 公司的网站上提供了一种免费的许可文件供用户使用。

1）安装 Helix Server。

①双击安装文件，弹出【Setup of Helix Server】对话框，提示安装。

②单击【Next】按钮，弹出要求【License File Location】输入许可文件的路径的界面。

③单击【Browse】按钮，弹出【打开】对话框。

④输入许可文件名，单击【打开】，将许可文件载入，返回许可文件路径界面，单击【Next】按钮，弹出接受协议的界面。

⑤在界面中单击【Accept】按钮，弹出安装目录的界面。

⑥输入 Helix Server 的安装目录，单击【Next】按钮，设置用户名和密码的界面。

⑦输入 Helix Server 管理员的用户名和密码（该密码非常重要，登录 Helix Server 管理器时需要），单击【Next】按钮，弹出设置 RTSPPorts

的界面。

⑧ RTSPPorts 主要用于 Helix Server、RealPlayer、QuickTime 之间的通信。这也是最重要、最常用的 Ports。接受默认值 554，单击【Next】按钮，弹出设置 HTTPPorts 的界面。

⑨ HTTPPorts 用于连接 Helix Server 和网络浏览器之间的通信，这个 Ports 的默认值为"80"，如果安装了 IIS，会发生冲突。将 Ports 值改为"8080"，单击【Next】按钮，弹出设置 MMSPorts 的界面。

⑩ MMSPorts 主要用于 Helix Server 和 Windows Media Player 之间的通信，保留其默认值"1755"，单击【Next】按钮，弹出设置 AdminPorts 的界面。

⑪ AdminPorts 用于 Helix Server 和 Helix Server 管理器之间的通信，基于安全上的考虑，这个 Ports 是随机产生的，因此要记住该值。单击【Next】按钮，弹出服务安装的界面。

⑫默认将 Helix Server 作为 NT 操作系统的服务安装，可以将 Helix Server 的启动、关闭等所有的设置在【设置汇总】界面中显示。如果设置不对，可以单击【Back】按钮返回。单击【Finish】按钮，弹出对话框后，单击【OK】按钮，完成 Helix Server 的安装。

2）使用 Helix Server。

①安装 Helix Server 后，首先要初始化软件。选择【开始】→【程序】→【Helix Server】→【Helix Server】命令。打开命令窗口。初始化结束后，关闭命令窗口即可。

②选择【开始】→【程序】→【Helix Server】→【Helix Server Administrator】命令，弹出登录对话框。

③输入安装 Helix Server 时设置的用户名和密码，单击【确定】按钮，弹出 Administrator 界面，该界面是基于 Internet Explorer 的。

④选择菜单区域中选择【Server Setup】→【Ports】选项，可以对服务器的 Ports 进行重新设置。

⑤在菜单区域中选择 Samples，可以对 RealVideo9、Flash、RealPix、RealText、SMIL、MPEG-1、MP3、MPEG-4、QuickTime、Windows Media 等媒体进行演示。

除了 Server Setup 外，还可以实现安全设置、日志监控、广播设置和内容管理等功能。

8.1.9 流媒体的播放方式

流媒体放在服务器上后，任何人都可以去下载或播放它。事实上，多个用户可能同时播放同一个文件,而每个用户都可以对他们自己的文件进行控制。用户可以随心所欲地暂停、快放、倒带或重播文件。例如,在远程教育中,人们可以在不同的地方上课,通过流媒体,学生可以利用不同的时间学习,还可以根据自己的节奏来调整学习进度。在实时播放中,尽管很多人可能想在事件发生的那一刻实时地观看整个事件的发展,但也有很多人希望事后也能看到发生的事件。

按照播放方式,流媒体可分为点播方式和广播方式;按照通信方式,可将流媒体分为单播方式和组播方式。

1. 视频点播

随着多媒体技术、通信技术以及硬件存储技术的发展,人们已不再满足以往单一、被动的信息获取方式,而是希望主动参与节目之中。视频点播(Video on Demand,VOD)正是这样一种交互式业务,引起有线电视界和通信界的高度重视。

交互式 VOD 系统由前端处理系统、宽带交换网络、用户接入网、用户终端设备(机顶盒加电视机或计算机)等几个部分组成。VOD 系统既可采用集中处理结构,也可采用集中管理、分布处理的方式;并可灵活地选用 HFC、FTTB、FTTC、ADSL、VDSL 等多种接入方式,用户机顶盒可根据需要采用与接入方式匹配的接口,通过电视机、PC 进行视频、音频、数据的显示和通信。

在点播过程中,用户通过自己的 VOD 终端,向就近的 VOD 业务接入点发起第一次通信呼叫,要求使用 VOD 业务,经 VOD 业务上行通路(如计算机网、电信网、有线电视网等)向视频服务器发出请求;系统迅速做出反应,在用户的电视屏幕上显示点播单,并对用户信息进行审核,判定用户身份;用户根据点播单做出选择,要求播放某个节目,系统则根据审核结果,决定是否提供相应的服务。在较短的时间间隔内向指定的设备播放所要求的节目,并随时准备响应新的请求。

VOD 系统由视频信息源、传送网络和用户终端三大部分组成。视频服务提供商提供视频信息源,将节目存储在视频服务器中。视频服务器随时根据用户的需求,将各种信息资源向用户提供丰富的视频服务。传送网络是连接视频服务提供商与远地用户住宅的通信系统,通过传输网络传送视频信号和回送用户的选择和命令。用户通过简便易用的用户终端(机顶盒)将压缩的视音频信号解码后输出至显示设备,即可欣赏自己需要的节目。

(1)视频信息源

视频信息源由视频服务器、节目选择计算机和记账计算机等设备组成。用于存储视频资源并提供检索能力的设备称为视频服务器,它是 VOD 系统的中央控制和服务部分,是最关键的设备。视频服务器的高速数据传输能力保证了用户对大量的影片、视频节目、游戏、商务信息以及其他服务近乎即时的访问。VOD 视频服务器保存着大量经压缩的图像节目并能通过网络为用户提供所需的节目拷贝,也可以包含实时的 MPEG 编码器来接入实况转播。VOD 视频服务器通过与用户之间直接的、实时双向交互来控制节目的播放,包括节目的选择、播放过程的开始与终止、播放速度的控制以及不同节目之间的动态切换等。

(2)传输网络

传输网络用于传送用户的节目选择信息和分配视、音频服务媒体流。VOD 系统对网络的吞吐量、延迟和延迟变化等性能指标均有较高的要求。由于音频信号压缩后的数据量相对较少,受网络性能的影响在听觉上比较明显;对于视频信号来说,偶尔的视频包丢弃是允许的,因为下一帧图像会马上补充过来,在视觉上不会造成很大的影响,在网络带宽受限的情况下,可以通过降低视频图像的分辨率和适当减少帧速率来尽量保证音频信息的传送质量。传输网络由干线传输系统和分配系统组成。干线传输系统可以有光纤、同轴电缆和无线传输方式等供选择;分配系统有光纤、铜线(ADSL 等)、混合光纤同轴电缆(HFC)和无线(LMDS)等实现方式。在中国大陆,电信企业的一般做法是采用 ADSL/HDSL/VDSL 技术,在公用交换电话网(PSTN)中传输节目;而广电部门一般采用 HFC 技术,在有线电视网(CATV)系统中播出节目。

(3)用户终端

视频服务器提供经过压缩的视、音频数字信号,而用户使用的是模拟电视机,因此是无法接收的,这就要使用一种称为“机顶盒”的设备把压缩的视、音频数字信号解压缩并转换为模拟信号。目前用户设备主要有两种结构:第一种结构将网络终端(NT)从机顶盒分离开来,两者间多采用 E1/V24 接口,可提供 2 Mbit/s 下行连接和双向控制连接;第二种结构将 NT 集成进机顶盒,机顶盒的基本功能是对 MPEG 信号解码并与普通电视机接口,还有人机接口、条件接入(编码)、口令控制、智能卡和信用卡阅读器等其他功能,也可以使用 PC 作为用户终端。

2. 实时广播

实时广播要求事件的影像文件被实时编码,并将文件流直接发送到服务器上,服务器将获得的文件流直接向观众广播。实时广播需要的带宽要比点播大得多,因为所有人将在同一时间观看广播的影像。此外,实时广播还需要多个流服务器,以此来分担巨大的访问负载。

3. 单播方式和组播方式

单播方式是指在媒体服务器与客户端之间需要建立一个单独的数据通道,从一个媒体服务器送出的每个数据包只能传送给一个客户端。每个客户端必须分别对媒体服务器发送单独的查询,而媒体服务器必须向每个客户端发送数据包的复制。这样会给服务器造成沉重的负担,响应需要很长时间。

组播方式是指需要在组播技术构建的具有组播能力的网络中,媒体服务器只需要发送一个数据包,然后由路由器一次将数据包复制到多个通道上,从而使发出申请的客户端都共享同一个信息包。信息可以发送到任意地址的客户端,减少网络上传输的信息包的总量。网络利用效率大大提高,成本大大下降。

8.1.10 流媒体技术的应用

随着互联网的发展,流媒体技术在一定程度上突破了网络带宽对多媒体信息传输的限制,因此被广泛运用于互联网直播、网络电台、音 / 视频点播、远程教育、广告、音 / 视频会议、远程医疗等互联网信息服务的方方面面,对人们的工作和生活将产生深远的影响。

1. 广告及其销售

用内容丰富、图文声像并茂的流媒体效果制作广告,其效果远远超过静态网页广告。基于流媒体服务平台,在节目播出中插入适当的动态画面、动态文本滚动广告、音 / 视频广告,具有广泛的社会效益和经济效益。流媒体广告可以分为三类:音 / 视频广告、包括加配音的图片广告、包括实时文字插播的文字广告。

2. 视频点播

VOD 是视频点播技术的简称,也称为交互式电视点播系统,即根据用户的需要播放相应的视频节目。视频点播系统中,将影视节目、音乐等节目以特殊的压缩编码形式存储在服务器的节目库中,从而使其适合在网络上传输。用户可以在网络上欣赏节目库中自己喜爱的任意节目,或者任意节目中的任何一段,并随心所欲地进行控制。节目内容除了影视节目、音乐外,还可以提供文本、图像等各种文件的共享,并有方便的检索功能,让用户可以快捷地找到点播的内容。就当前而言,很多大型的新闻娱乐媒体都在互联网上提供基于流技术的音 / 视频节目。

3. 音 / 视频会议

用摄像机或投影仪获得现场音视频信号后，通过 Web 站点进行基于互联网的现场直播，或者保存为流格式文件后，必要时播放。

基于流媒体平台的网上音 / 视频会议系统，并且将其划分为多个虚拟会议室通过传输介质传送给各个用户。只要客户端具备音视频采集等网上会议系统的条件，申请获得账号后，就可以利用租用的网上视频会议系统进行会议。网上音 / 视频会议可以极大地提高办公效率，而且较之传统的模拟视频会议系统更加灵活方便和节约成本。这种先进、实用、低廉的信息交流平台一经问世便得到社会各界的关注，一些机关、企业、高校纷纷建立视频会议系统，为信息的快速交流提供了可靠的保障。

视频会议系统主要由视频会议终端、控制管理软件、多点控制器、信道（网络）及控制管理软件等组成。

视频会议系统终端的主要功能：完成视频、音频、数据、信令等各种数字信号的采集、编辑、处理和显示，再将符合国际标准的压缩数字信号码经线路接口送到信道，或从信道上将标准压缩数字信号码经线路接口送到终端。此外，终端还要形成通信的各种控制信息，如同步控制和指示信号、远端摄像机的控制协议、定义帧结构和加密解密处理等。

视频会议系统终端设备主要包括以下几部分：

（1）视频编解码器及附属设备

会议视频由视频输入设备如摄像机等将模拟视频信号输入编码器，经编码器数字化、压缩处理后，成为数据码流，经数字信道传送到接收端，接收后解码为模拟视频信号，由监视器显示出发送端的图像。终端设备的核心部件是视频编码器，按 H.261 标准压缩视频信号（352 像素 ×288 像素，每秒 30 帧，逐行扫描方式）。

（2）音频编解码器及附属设备

音频输入设备有麦克风、调音设备和回声抑制器等，输出设备有扩音机、扬声器等。麦克风用于接收与会者的发言，扬声器用于播放远端会场的发言。调音设备用于调节本会场的麦克风、扬声器的音色和音量。回声抑制器用来消除串入话筒中的少量对方的语音信号，保证发送的只有本端会场的发言。

（3）多点控制单元（Multi-point Control Unit，MCU）

由于目前各种网络本身的控制功能还不能满足会议系统所要求的多点对多点的控制，因此除了终端设备、通信线路外，还需要一种设备来控制各个通信会场之间的信息传输与切换，该设备叫多点控制单元 MCU。

(4)多路复用/信号分离设备

本设备是把视频、音频、数据、信令等各种数字信号按照标准组合成数字码流,成为与用户/网络接口兼容的信号格式。

(5)信息处理设备与应用软件

信息处理设备包括电子白板、书写电话等。应用软件通常包括白板系统、应用程序共享系统等,与会人员可以通过这些设备和应用软件来讨论问题和实现数据共享等功能。

(6)系统控制部分

该部分包括端到端的通信规程。两终端要互通,双方要有一个约定、协商,大家按照统一的"步骤"或规程去进行,一经完成握手协议的要求,便建立起正常的通信。

(7)传输网络

会议系统的传输信道可采用光缆、电缆、微波和卫星等数字信道,或者其他类型的传输信道。会议系统标准还允许它在各种计算机网络中传输,如 LAN、WAN、因特网等。

(8)安全保密系统

主要组成部分是加密模块和解密模块。加密模块是将会议终端用户数据加密后在网络上传输,解密模块接收加密数据进行解密得到用户数据。

4. 远程教育与培训

网络在线教育突破了传统的教学局限,使学者不拘于时间和地点方便地享用交互式教学新方式。流媒体在远程教育方面的应用包括实时授课、教学课件点播、网上音/视频会议等。

5. 网络服务商的业务扩展

(1)远程监控服务

对于非关键机构,在必须进行监控的情况下,可以应用网络服务商提供的远程监控服务。这一服务由网络服务商建立、提供、维护一套大型的基于流媒体技术的远程监控系统,而客户只需租用监控服务提供商提供的服务即可。客户向服务商提出服务请求,说明监控的对象,配合服务商安装好监控端和客户端软硬件,就可以随时查看被监控的对象了。这些软硬件包括客户端的摄像头、采集卡或网络视频服务器、采集编码上传的软件、必要的计算机及其用户端软件等。

(2)流媒体主机租用服务

流媒体主机服务提供商与网络运营商合作,能够为客户提供宽带流媒体服务。客户共享他们所提供的共享服务器硬件、网络带宽和机房设施，能够大大提高设备的利用率和降低运营成本，从而极大地降低用户的开销。

流媒体主机租用服务的客户应该是中小企业、公司和那些没有足够的经费建立自己独立流媒体服务器的各种机构，而这些机构又需要在自己的业务范围内应用流媒体技术和节目来提高自己的诸如：广告质量、进行网上在线培训或在线服务、召开音 / 视频会议等。这些机构共享流媒体主机租用服务商提供的流媒体服务器和其他设施，而网络运营商则与主机租用服务商合作提供流媒体带宽和必要的保障。

（3）流媒体的内容分发网络服务

流媒体的内容分发网络服务是在客户与数据源之间，由网络缓存或网络代理（Contents Dehvery Network，CDN）提供一个服务层，使客户端请求的网络内容能够以最佳方式被就近的 CDN 设备所响应，而不是直接按照网络地址由数据源服务器响应。这样可以节约因特网带宽，提升用户访问的响应速度和提高用户访问的服务质量。其工作方式是将网站的内容发布到最接近客户的网络“边缘”，使客户能够就近取得所需的内容，从而提高用户访问网站的响应速度。这种服务适合处理访问量大的网站的日常流量，也适合处理由于突发事件所引起的爆发流量。

目前还有很多公司在开发流媒体的新技术，挖掘流媒体的新应用。例如，三大流媒体平台开发新的压缩编码技术，提高流媒体传输质量。此外，有些公司尝试流媒体在电子商务方面的应用等。随着流式媒体技术趋向成熟，流媒体技术的不断发展和完善，以及用户对流媒体需求的增加，流媒体技术定会更上一层楼，流媒体市场将会越来越广阔，业务内容将更加丰富。

8.2　P2P 技术

P2P 是 Peer-to-Peer 的缩写，Peer 在英语里有“地位、能力等同等者”“同事”和“伙伴”等意义。因此，P2P 被称为“伙伴对伙伴”或“对等连接”或“对等网络”。P2P 打破了传统的 C/S（Client/Server，客户 / 服务器）体系结构和 B/S（Browser/Server，浏览器 / 服务器）体系结构中以服务器为中心的模式。在网络中的每个节点的地位都是对等的。总体来讲，P2P 是一种分布式网络，网络的参与者共享他们所拥有的一部分硬件资源（处理能力、存储能力、网络连接能力、打印机等），这些共享资源需要由网络提供服务和内容，能被其他对等节点（Peer）直接访问而无须经过中间实体。在此网络中的参与者既是资源（服务和内容）提供者（Server），又是资源（服务和内容）获取者（Client）。因此，P2P 使网络沟通更畅通，使用户资源获得更直接的共享和交互，图 8-28 所示。

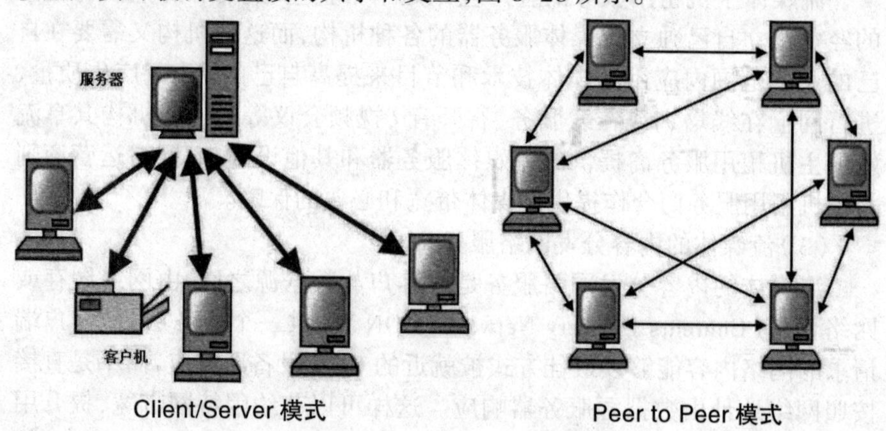

图 8-28 P2P 架构示意图

8.2.1 P2P 技术特点

（1）非中心化（Decentralization）

网络中的资源和服务分散在所有节点上，信息的传输和服务的实现都直接在节点之间进行，可以无须中间环节和服务器的介入，避免了可能的瓶颈。

（2）可扩展性

随着用户的加入，不仅服务的需求增加，系统整体的资源和服务能力也在同步地扩充，始终能较容易地满足用户的需要。理论上其可扩展性几乎可以认为是无限的。

（3）健壮性

P2P 架构具有耐攻击、高容错的优点。服务是分散在各个节点之间进行的，部分节点或网络遭到破坏对其他部分的影响很小。

（4）高性能 / 价格比

采用 P2P 架构可以有效地利用互联网中散布的大量普通节点，用更低的成本提供更高的计算和存储能力。

8.2.2 网络体系结构

目前,Internet 的存储模式是“内容位于中心”,现在互联网是以 B/S 或 C/S 结构的应用模式为主的,这样的应用必须在网络内设置一个服务器,信息通过服务器才可以传递。信息或者上传到服务器保存,然后再分别下载(如网站),或者信息按服务器上专有规则(软件)处理后才可以在网络上传递流动(如邮件)。而 P2P 技术的运用将使 Internet 上的内容向边缘移动。简单地说,P2P 就是一种用于不同 PC 用户之间,不经过中继设备之间交换数据或服务的技术,就允许 Internet 用户直接使用对方的文件。

首先,客户不再需要将文件上传到服务器,而只需要使用 P2P 与其他计算机进行共享;其次,使用 P2P 技术的计算机不需要孤岛的 IP 地址和永久的 Internet 连接,这使得占有极大比例的用户可以享受 P2P 技术带来的带宽的变革。从技术角度而言,P2P 可提供机会利用大量闲置资源。这些闲置资源包括大量计算机处理能力以及海量存储能力。P2P 可消除仅用单一资源造成的瓶颈问题。

8.2.3 典型应用系统

随着 P2P 流媒体技术的日渐成熟,基于 P2P 流媒体的应用越来越普及。P2P 流媒体技术广泛用于互联网多媒体新闻发布、在线直播、网络广告、网络视频广告、电子商务、视频点播、远程教育、远程医疗、网络电台、网络电视台、实时视频会议等互联网的信息服务领域。

P2P 文件下载是 P2P 应用中最为广泛的方式之一,它通过在不同用户间直接进行文件交换达到文件共享的目的,该种方式较之传统 C/S 模式下从公共服务器系统下载文件的方式具有速度快、资源丰富等优势。内容下载共享:典型的有 BT、eMule、eDonkey、迅雷等软件,成为用户下载电影、电视剧、软件、资料等首选工具,用户群非常庞大。典型的即时通信有 MSN、QQ、Skype 等软件。QQ、微信等成为一般用户特别是年轻人日常联系的工具,MSN 成为上班一族的首选。音 / 视频在线共享:典型的有 MP3 在线播放、土豆网视频分享等,如图 8-29 所示。

8.2.4 应用前景

P2P 流媒体技术和传统流媒体不同之处在于,用户在播放过程中不仅仅可以从流媒体服务器取得媒体流,还可以从其他用户那里取得媒体流,与此同时,用户还会向其他用户提供媒体流。P2P 流媒体技术能有效缓解服务器压力并有效利用闲置带宽,大大降低流媒体服务器压力,从而在同等条件下支持到更多的流媒体用户,对于流媒体业务发展具有重要意义。P2P 技术可以提高用户收视质量,可以根据网络延时、响应速度等参数选择较快的相邻节点进行连接,从而避免了传统流媒体方式下单一地从局端服务器获取数据的方式。

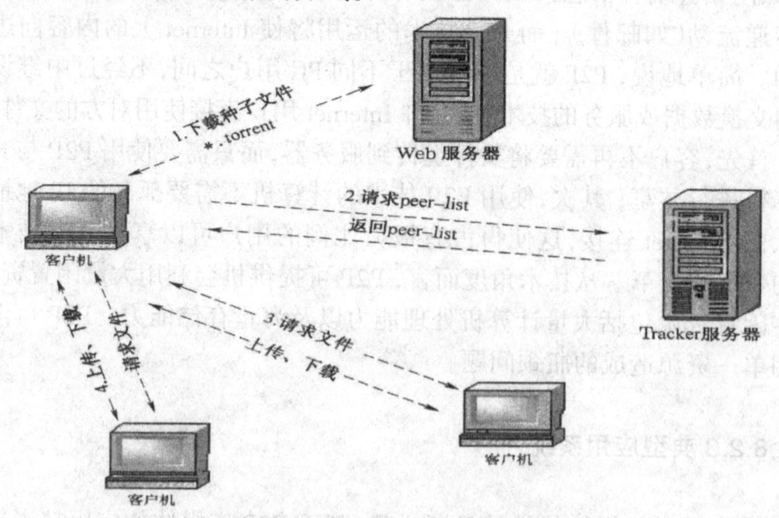

图 8-29　P2P 文件下载应用

P2P 流媒体技术可以用于网络电视,远程教育等多个领域,有很深远、广阔的发展应用前景。流媒体由于加入了 P2P 技术而得到蓬勃发展,随着网络电视 IPTV、无线流媒体、数字家庭等未来流媒体的应用,相信 P2P 流媒体还将会有一个更广阔的前景。随着运营商的加入,P2P 流媒体的研究势必取得更大的进展并将更加广泛地应用于商业领域。

8.3　IPTV 技术

IPTV 是 Internet Protocol Television 的缩写,即交互式网络电视。网络电视在 20 世纪 90 年代中期开始发展,当时通过互联网向大众提供实时视 / 音频流的流媒体技术开始出现。网络电视也叫 IP 电视或 IPTV,是指利用互联网作为传输通路传送电视节目及其他数字媒体业务,在终端设备观看的技术。IPTV 是利用宽带网的基础设施,以家用电视机(或计算机）作为主要终端设备，集互联网、多媒体、通信等多种技术于一体，通过互联网络协议（IP）向家庭用户提供包括数字电视在内的多种交互式数字媒体服务的新兴技术。IPTV 在国内也被称为网络电视，是一种个性化、交互式服务的崭新的媒体形态。

IPTV 与传统 TV 节目的最大区别在于“交互性”和“实时性”，实现的是无论何时地都能“按需收看”的交互网络视频业务。

用户在家中可以有 3 种方式享受 IPTV 服务：计算机、网络机顶盒 + 普通电视机、移动终端（如手机、iPad 等）。它能够很好地适应当今网络飞速发展的趋势，充分有效地利用网络资源。IPTV 既不同于传统的模拟式有线电视，也不同于经典的数字电视。因为传统的和经典的数字电视都具有频分制、定时、单向广播等特点，尽管经典的数字电视相对于模拟电视有许多技术革新，但只是信号形式的改变，而没有触及媒体内容的传播方式。

8.3.1 IPTV 的特点

IPTV 最大的特点是使电视图像业务在高速互联网上的应用成为现实，即 IPTV 给宽带业务注入了电视服务内容。IPTV 可以充分利用宽带资源，用宽带平台整合有线电视资源，为用户提供更多多媒体信息服务的选择。

IPTV 是利用宽带有线电视网的基础设施，以家用电视机作为主要终端电器，通过互联网络协议来提供包括电视节目在内的多种数字媒体服务。特点表现在：

①用户可以得到高质量（接近 DVD 水平的）数字媒体服务。

②用户可以有极为广泛的自由度选择宽带 IP 网上各网站提供的视频节目。

③实现媒体提供者和媒体消费者的实质性互动。IPTV 采用的播放平台将是新一代家庭数字媒体终端的典型代表，它能根据用户的选择配置多种多媒体服务功能，包括数字电视节目、可视 IP 电话、DVD/VCD 播放、互联网游览、电子邮件，以及多种在线信息咨询、娱乐、教育及商务功能。

④将广电业、电信业和计算机业三个领域融合在一起。

由于 IPTV 的技术传输遵循 TCP/IP 协议。这就决定了 IPTV 能够非常容易地将数字电视节目、可视 IP 电话、DVD/VCD 播放、互联网游览、电子邮件，以及多种在线信息咨询、娱乐、教育及商务功能结合在一起，实际上已有效地将广电业、电信业和计算机业三个领域融合在一起，充分体现出 IPTV 在未来竞争中的优势。

目前我国的 IPTV 系统采用客户机 / 服务器模式提供单播和点播（包括 VoD 和时移电视）业务。由于服务器输入 / 输出（I/O）“瓶颈”的限制，一台服务器只能支持有限的并发流（千数量级的并发流）。要解决十万、百万用户同时收看的问题，不仅需要大量服务器，还需要极宽的网络带宽。目前的解决方法：①采用组播来提供广播；②采用内容传送网络（CDN）技术将服务器尽量放到离客户近的地方以减轻网络负荷。现有网络要支持组播，需要进行改造，这不仅导致成本增加还将损失互联网无所不在的通达能力。因此，IPTV 只能在经过改造的局部网络内提供广播业务。对于 IPTV 进一步向网络新媒体演化趋势，目前的客户机 / 服务器模式也不能很好地提供支持。

8.3.2 网络体系结构

DTV 系统结构主要包括流媒体服务、节目采编、存储及认证计费等子系统，主要存储及传送的内容是以 MPEG-4 为编码核心的流媒体文件，基于 IP 网络传输，通常要在边缘设置内容分配服务节点，配置流媒体服务及存储设备，用户终端可以是 D 机顶盒 + 电视机，也可以是 PC。

从物理结构上看 IPTV 系统分为 3 个子系统：网络系统（业务传送平台）、服务端系统（包括节目源、业务平台）、用户端系统组成。

DTV 的业务平台主要包括信源编码与转码系统、存储系统、流媒体系统、运营支撑系统和 DRM 等。IPTV 业务平台一般具有节目采集、存储与服务两种功能。

DTV 系统所使用的网络是以 TCP/IP 协议为主的网络，包括骨干网 / 城域网、内容分发网、宽带接入网。

IPTV 用户接收终端负责接收、处理、存储、播放、转发视 / 音频数据流文件和电子节目导航等信息。

8.3.3 典型应用系统

DTV 业务充分利用高带宽和交互性的优点，提供各种能满足用户有效需求的增值服务，让用户体验到宽带消费物有所值。对于成熟的宽带业务至少应该具备 4 个特点：多媒体化、互动性、人性化、个性化。由具有上述特点的IPTV业务衍生的宽带增值应用很多,典型应用包括以下内容。

(1)直播电视

直播电视类似于广播电视、卫星电视和有线电视所提供的服务,这是宽带服务提供商为与传统电视运营商进行竞争的一种基础服务。直播电视通过组播方式实现直播功能。

(2)时移电视

时移电视能够让用户体验到每天实时的电视节目,或是今天可以看到昨天的电视节目。时移电视是基于网络的个人存储技术的应用。时移电视功能将用户从传统的节目时刻表中解放出来,能够让用户在收看节目的同时,实现对节目的暂停、后退操作,并能够快进到当前直播电视正在播放的时刻。

(3)视频点播

DTV的视频点播是真正意义上的VOD服务,它能够让用户在任何时间、任何地点观看系统可提供的任何内容。通过简单易用的遥控器,让用户有了充分支配自己观看时间的权利。这种新的视频服务方式让传统的节目播出时刻表失去意义,使用户在想看的时候立即得到视频服务的乐趣。

(4)电视上网

尽管目前个人计算机日益普及,但仍有相当一部分人认为计算机过于昂贵、太复杂。这个群体的人们只是喜欢偶尔上上网,收发电子邮件,而不想费神去拥有或学习使用计算机。IPTV业务的出现使他们的愿望得以实现。他们可以利用机顶盒的无线键盘或遥控器在电视机上享受定制的互联网服务,浏览网页和收发电子邮件,享受高科技带来的丰富的信息资源。

(5)远程教育

IPTV所具有的点播功能完全符合远程教育的需求,是远程教育课件点播很好的应用平台。随着信息技术的发展,远程教育作为一种新型教育方式为所有求学者提供了平等的学习机会,使接受高等教育不再是少数人享有的权利,而成为个体需求的基本条件。IPTV业务的应用更使得远程教育贴近授众,人们坐在家中电视机前即随时可以获得想要的学习资料。

8.3.4 应用前景

IPTV 开启了网络变革的大门,它的产生与发展在网络的演进中扮演着重要的角色。尽管 IPTV 可以利用其互联网优势提供服务,但也要有广电系统提供节目等协作,同样,广电也需要电信部门的合作,在未来的发展中,数字电视要如 IPTV 般实现互动点播,就必须依托电信宽带网络的接入。广电的先天优势在节目内容的制作,而电信与互联网的优势则在于网络覆盖宽广,便于与下一代网络发展走向沟通,有较丰富的大型网络设计、运营与管理经验。IPTV 的发展除必须有宽带双向网络基础设施外,还要有丰富的音 / 视频节目,这亦对广电、电信双方自发进行优势互补、共赢合作起到了推动作用。

IPTV 业务使三网产业链条紧密联系起来,使得未来的下一代网络将以 IPv6 为纽带,以用户需求为基础,以多网业务融合为出发点,以灵活的用户接入和信息数字一元化的处理模式,逐渐把目前以电路交换为主的 PSTN 网过渡到以分组交换为主的 D 网,把目前基于 TDM 的 PSTN 语音网和基于 IP/ATM 的分组网进行融合,让电信、电视与数据业务灵活地构建在一个统一的 IP 开放平台上,综合提供现有 PSTN 网、IP 网、ATM 网以及移动网等异构网上承载的电话和 Internet 接入业务,数据业务、视频流媒体业务,数字电视广播业务和移动等业务,满足人们随时随地以及采用何种手段实现通信或个人定制的个性化通信业务和服务,并在 IP 这个全业务网络的统一转发平台上,提供端对端的 QoS 质量保证,使网络全面实现基于数据包的传输,同时实现端对端透明的宽带能力,能和以前网络协同工作,支持广泛的可移动性,并为用户提供多个服务商无限制的接入访问和极为广泛的自由度选择。因此,基于 IP 技术的 IPTV,全面加速了传统的电信网、计算机网和有线电视网业务的相互渗透、相互融合的自然延伸和演进,引领下一代网络走向新领域。

参考文献

[1] 丁向民 . 数字媒体技术导论(第 2 版)[M]. 北京:清华大学出版社,2016.

[2] 杨磊 . 数字媒体技术概论 [M]. 北京:中国铁道出版社,2017.

[3] 谢欣 . 数字媒体技术 [M]. 北京:北京师范大学出版社,2017.

[4] 许志强,邱学军 . 数字媒体技术导论 [M]. 北京:中国铁道出版社,2015.

[5] 周红 . 数字媒体技术与教育应用(基础篇)[M]. 北京:北京理工大学出版社,2013.

[6] 周苏,柯海丰,王文 . 数字媒体技术基础 [M]. 北京:机械工业出版社,2015.

[7] 周苏 . 数字艺术设计基础 [M]. 北京:清华大学出版社,2012.

[8] 周苏,等 . 多媒体技术与应用 [M]. 北京:清华大学出版社,2013.

[9] 郭早早 . 数字媒体美术基础 [M]. 北京:清华大学出版社,2013.

[10] 张铭芮 . 数字媒体导论 [M]. 北京:人民邮电出版社,2013.

[11] 姬秀娟,等 . 数字媒体基础及应用技术 [M]. 北京:清华大学出版社,2014.

[12] 窦巍,等 . 数字动画入门 [M]. 北京:清华大学出版社,2014.

[13]BILL FRANKS. 驾驭大数据 [M]. 黄海,车皓阳,王悦,等,译 . 北京:人民邮电出版社,2013.

[14] 姚宏宇,田溯宁 . 云计算:大数据时代的系统工程 [M]. 北京:电子工业出版社,2013.

[15] 李涛,等 . 数据挖掘的应用与实践:大数据时代的案例分析 [M]. 厦门:厦门大学出版社,2013.

[16] 易向军 . 大嘴巴漫谈数据挖掘 [M]. 北京:电子工业出版社,2014.

[17]MICHAELMINELLI, MICHELE CHAMBERS, AMBIGA DHIRAJ. 大数据分析:决胜互联网金融时代 [M]. 阿里巴巴集团商家业务事业部,译 . 北京:人民邮电出版社,2014.

[18]SCOTF MURRAY. 数据可视化实战 [M]. 李松蜂，译 . 北京：人民邮电出版社，2013.

[19] 哈德利 . 威克姆 .99plot2：数据分析与图形艺术 [M]. 统计之都，译 . 西安：西安交通大学出版社，2013.

[20]PANG-NING.TANG，MICHAEL.STEINBACH. 数据挖掘导论 [M]. 范明，范宏建，等，译 . 北京：人民邮电出版社，2011.

[21] 邱南森 . 数据之美 [M]. 北京：中国人民大学出版社，2014.

[22]MANUELLIMA. 视觉繁美：信息可视化方法与案例解析 [M]. 北京：机械工业出版社，2013.

[23] 陈高雅 . 一图胜千言：信息可视化艺术设计指南 [M]. 北京：机械工业出版社，2015.

[24] 蔡皖东 . 网络信息安全技术 [M]. 北京：清华大学出版社，2015.

[25] 李冬 . 网络存储技术及应用 [M]. 北京：电子工业出版社，2015.

[26]G.somasundaram，Alok Shrivastava. 信息存储与管理：数字信息的存储、管理和保护 [M]. 罗英伟，尹冬生，译 . 北京：人民邮电出版社，2010.

[27] 吴晓雨，张愉，谭笑，等 . 基于深度层级特征的中国传统视觉文化符号识别及应用 [J]. 中国传媒大学学报（自然科学版），2018（2）.

[28] 李闻斌 . 面向视频监控的流媒体服务研究与实现 [J]. 中小企业管理与科技（上旬刊），2018（5）.

[29] 韩冬阳 . 数字游戏：开辟崭新的教育通道——推荐《游戏改变教育——数字游戏如何让我们的孩子变聪明》[J]. 少年儿童研究，2018（4）.

[30] 郑娅莉，谭政 . 基于虚拟空间的文化地图游戏化设计研究 [J]. 现代商贸工业，2018，v.39（20）：173-174.

[31] 周雪岭，董辉 . 智能语音技术助力广播融合发展 [J]. 广播电视信息，2018（3）.

[32] 吴雅琴，鲁张依婵，张红娜，等 . 智能手机视频监控系统的设计与实现 [J]. 物联网技术，2018（2）.

[33] 杨超，徐向旭，刘云飞，等 . 音频信号矢量编码算法 [J]. 海军航空工程学院学报，2018，33（2）.

[34] 陈俊 .UHF RFID 读写器收发前端电路关键技术研究 [D]. 电子科技大学，2018.

[35] 袁新杉 . 对音频处理器几项参数设置的分析 [J]. 西部广播电视，2018（4）.

[36] 赵书杰，孙书为，雷元武 . 一种基于 BT.1120 协议的数字视频输入接口设计 [C]// 第二十一届计算机工程与工艺年会暨第七届微处理器

技术论坛文集 .2017.

[37] 章兵,许志强,梁劲松 .3D 动画电影设计制作流程及其管理探究 [J]. 电视技术,2017(z3).

[38] 陆海星 . 论录音及缩混技术对中国民族器乐声音表现力的塑造及锻造 [D]. 吉林艺术学院,2016.

[39] 杨江涛 . 计算机虚拟现实关键技术研究 [J]. 南方农机,2017(24).

[40] 何中林 . 基于 IP 的网络存储技术研究 [J]. 中国科技信息,2005,2(23).

[41] 张瑞宁 . 浅析数字电影技术的发展 [J]. 视听,2015(2).

[42] 梁维科,李军锋 . 文化视阈下的数字游戏艺术 [J]. 齐鲁师范学院学报,2014,(1).

[43] 徐国治 . 新媒体冲击下的 RR 公司数字电视客户营销策略研究 [D]. 云南师范大学,2014.

[44] 王意洁,等 . 云计算环境下的分布存储关键技术 [J]. 软件学报,2012,23(4).